ほぼ命がけ

サメ図鑑

沼口麻子

講談社

はじめに

サメの「甘噛《あまが》み」

2017年7月20日、「久慈浜《くじはま》海水浴場にサメ30匹《ぴき》 遊泳禁止」というニュースが世間を騒《さわ》がせた。これは珍《めずら》しいことではなく、毎年、海開きのシーズンになるとよく報道される話題だ。「サメ出現」というセンセーショナルなワードに、多くの人は必要以上にサメを恐《おそ》れることになる。このようなニュースを目にするたびに、わたしは強い憤《いきどお》りを感じる。

ちゃんとサメについて理解してから報道してほしい。サメが目撃《もくげき》されたからといって、必ずしも遊泳禁止にする必要はない。むしろ、遊泳禁止にしなければならないことのほうがずっと少ない。そもそも、サメはいつでも海を泳いでいる。それをたまたま目撃した人がいて、報道したら騒がれるし、誰《だれ》にも見つからなければ騒がれないのだから。

それに、みんなが恐れ慄《おのの》くような「人食いザメ」なんて、そもそもこの世に存在しない。

2016年、わたしはテレビ番組のロケで、南太平洋のフィジー諸島を訪《おとず》れた。トランジット先の韓国《かんこく》の仁川《インチョン》空港で、ディレクターさんから渡《わた》された台本にはこう書いてあった。「タイガーシャーク（イタチザメ）は、サメの仲間のなかでも、危険度でホホジロザメに勝《まさ》るとも劣《おと》らないといわれる獰猛《どうもう》なサメです。南太平洋フィジー諸島には、この危険なタイガーシャークが間近で見られる世界でもまれなポイントがあります。ここに、ダイビングにあつい情熱を傾《かたむ》ける俳優・的場浩司《まとばこうじ》と、新進気鋭《きえい》のサメ専門ジャーナリスト・沼口麻子《ぬまぐちあさこ》が赴《おもむ》き、タイガーシャークウォッチングの冒険《ぼうけん》に挑《いど》みます」

温暖な海域でサーファーが被害《ひがい》にあうのは、実際、イタチザメの仕業《しわざ》であることが多い。そう、この撮影《さつえい》のお目当てのサメである。シャークアタックの事例をまとめた記録によれば、ホホジロザメに次いで多くの被害が報告されているのがイタチザメだ。言うなれば、世界で2番目に近づいてはいけないサメ。わたしは思わず肩《かた》を震《ふる》わせた。そんなお近づきになりにくいサメに会うことができるなんて！

いわゆる大型で危険と言われるサメを撮影する場合は、安全面を考慮《こうりょ》し、ケージ

（檻《おり》）の中に人間が入ってカメラを回すスタイルが一般的《いっぱんてき》だ。しかし、今回は違《ちが》う。エサでおびき寄せたサメの群れの中へ身一つで入っての撮影になるという（通常はスタッフ以外がそのエリア内に入ることは禁止されている）。しかも、集まってくるサメは7種！　サメが目の前で乱舞《らんぶ》する姿を想像しただけで、過呼吸になって卒倒《そっとう》しそうになった。

現地に到着《とうちゃく》。まず、ダイビングサービスのマネージャーさんから注意事項《じこう》3つが説明された。

・派手な色のダイビング器材は使わないこと
・海中では常に岩場に背中をくっつけておくこと
・移動の際は、中層を泳がないこと

「これさえ守れば、あなたは安全にイタチザメとダイビングすることができます。もしものことがあっても、わたしたちが全力であなたを守ります」

というマネージャーさんやスタッフさんを見ると、わたしの2倍くらいありそうなガタイの良さで、なんとなく安心できる感じ（実際に大きなサメからどうやって守ってくれるのかまったくわからなかったが）。

さあ、いざ、出港だ。

ダイビングポイントに到着すると、フィーダーと呼ばれる餌付《えづ》け担当のスタッフさんが大きなプラスチックの容器を持って、まずは潜行《せんこう》。合図があってから、わたしたちが潜行し、カメラマンさんが続く。

海底にはもうすでに1000尾《び》は超《こ》えるであろう魚たちが乱舞していた。フィーダーさんが大きな容器に入れていたマグロやシイラの頭のにおいにつられて集まってきたのだろう。

そこに現れたのは全長1・5mくらいのオグロメジロザメ。サンゴ礁域《しょういき》にいる、ダイバーにはお馴染《なじ》みのサメ。わたしは怖《こわ》い経験をしたことはないが、ひとたび戦《せん》闘《とう》態勢に入ると集団で嚙みついてくるのだとか。フィンに嚙みつかれたという話をダイバー仲間から聞いたことがある。これも機会があれば体験してみたいものだ。

水中でマネージャーさんからサメの群れの中に入れという指示が出た。わたしは匍匐前進《ほふくぜんしん》をして少しずつ、そのエリアに入っていった。途中《とちゅう》、たくさんのサメがわたしの上や周囲を泳ぐ。みんなエサにありつこうと、元気いっぱいだ。「狂乱索《きょうらんさく》餌《じ》」という言葉を聞いたことがあるだろうか。これはサメがエサを食べているときに狂乱状態になることを表し、エサだろうがなんだろうが闇雲《やみくも》に嚙みつく習性のこと。

狂乱索餌状態のサメを横目に、彼《かれ》らのターゲットにならないように息を潜《ひそ》めながら、砂地で匍匐前進を続けた。スタッフも誰も見えなくなったので、少し心細くなって、振《ふ》り向《む》いた。するとわたしの真後ろにはガタイのいいマネージャーさんが、鬼《おに》の棍棒《こんぼう》のような長い棒を片手に持ち、わたしの後方を守っていてくれた。気がつくと、左右にも棒を持ったフィジー人のスタッフさんたちが、がっちりとわたしをガードしてくれていた。イタチザメが襲《おそ》ってきたら、その棒で追《お》い払《はら》ってくれるのだ（たぶん）。

ほどなくして2mくらいのレモンザメが近づいてきた。間近で見るのは初めてのサメだ。その名のとおり、レモンに似た体色を持っている。

ホホジロザメやイタチザメに比べれば、人を襲う頻度《ひんど》は低いということだが、鋭《するど》い歯を見せながらこっちに近づいてくる。あまりいい気はしない。近くに来るとUターンをして去っていくが、またこちらにやってくる。明らかにわたしを意識していることがわかる。威嚇《いかく》なのか、偵察《ていさつ》なのか。レモンザメがわたしの目の前で何回もUターンするが、だんだん距離《きょり》が狭《せば》まっていることに気がついた。次の瞬《しゅん》間《かん》、

「噛まれる！」

わたしは身構えた。後ろにいる、わたしを守ることが仕事のはずのマネージャーさんにアイコンタクトして助けてもらおうと振《ふ》り返《かえ》ると、彼は違う方向を見てい

た。おいっ！

さらにそのレモンザメは、カメラマンさんのカメラに勢いよくぶつかっていき、次はフィーダーさんの背後から首元を狙《ねら》ってアタックした。わたしは少し気分が悪くなった。近づいては離《はな》れ、離れては近づいて、レモンザメはわたしたちの間をくるくると順繰《じゅんぐ》りに泳いで、ときに鼻先で小突《こづ》く。だんだんエスカレートしてきているような。そう思った瞬間、口を開けてわたしに向かって泳いできた。

わ――――！

万事休《ばんじきゅう》す。ついに嚙まれると思ったわたしは海中で声を出した。しかしレモンザメは軽くわたしの腕《うで》を小突いただけでくるっとUターンし、その瞬間、目が合うと、レモンザメはニヒルな目線を向けて去っていった。

以前、ある水族館のスタッフさんが「レモンザメはいたずらばっかりしていて、飼育するのがたいへんなんだ」と言っていたことを思い出した。わんぱくな猫《ねこ》や犬がじゃれて甘嚙みするような行動と言ったらいいのか、「いたずらっ子」の所以《ゆえん》はこういうところにあるのかもしれないと納得《なっとく》。わたしは水中で腕を組んで、ゆっくりと首を縦に振ったのであった。

さて、この番組ロケでお目当てのイタチザメに会えたかというと、それは成功！　的場さんとの限られたロケ時間の中で、真打ちは真打ちらしく最後に登場してくれ

わたしに向かってきたレモンザメ。水中カメラを持った手を思い切り伸《の》ばして撮影《さつえい》した

た。1尾のイタチザメは的場さんとわたしの周りをぐるぐるぐるぐる。わたしたちが海からエキジットする（上がる）寸前まで、サメはずっと近くで泳いでくれていた。水面に顔を出すや否《いな》や、船上からわたしたちを狙っていたカメラマンさんに向かって的場さんが大声で叫《さけ》ぶ。

「なんで先に上がっちゃったんだよ!!」

それくらい、イタチザメとの出会いは印象的だった。

全長3・5mくらい、淡《あわ》いブルーグリーンの体色に独特な横縞模様《よこじまもよう》が映《は》え、怖いというより、地球という「神様」が創造した美しい生物という感じ。現地スタッフさんによれば、このくらいの大きさだとまだまだ子どもで、とても臆病《おくびょう》だから人を襲うことはないそうだ。ちなみに5mを超えると極《きわ》めて危険だそうなので、船よりも大きいサメが近づいてきたら、速《すみ》やかに海から上がったほうがいいとのこと。サメは種類や成長段階によっても、生態が異なるのだ。

さて、遅《おく》ればせながら、ここで自己紹介《しょうかい》を。わたしは沼口麻子と申します。肩《かた》書《がき》は「シャークジャーナリスト」。おそらく、世界中でわたしだけが名乗っている肩書だ。なぜなら、わたしが自分で作ったものだから。

わたしは大学と大学院でサメの生態を学び、現在は、サメに特化した取材活動と情報発信を行っている。サメの保全活動をする団体職員でもなければ、大学や研究所に所属している研究者でもなく、新聞社などに帰属する専属の記者でもない。独立したフリーランスという立場で活動をしている。

というより、サメが大好きなので、人生の中でサメに関すること以外をいっさい排除《はいじょ》して、サメを毎日追いかけている、サメ好き人間という紹介のほうがわかりやすいのかもしれない。

サメは現在、地球上で509種が確認《かくにん》されている。魚類最大サイズを誇《ほこ》るジンベエザメから、大きくなっても手のひらサイズの世界最小のツラナガコビトザメまで、サイズをはじめ、生息域や生息水深、生態もさまざま。十鮫十色（ジュッサメトイロ）、百鮫百様（ヒャクサメヒャクヨウ）、多様性に富み、サメはまだまだわからないことだらけ。調べれば調べるほど新しいことがわかり、想像の斜《なな》め上をいくような生態のサメも少なくない。そう、サメはミステリアスなのだ。

冒頭《ぼうとう》で、人食いザメなんて、そもそもこの世に存在しないと断言したが、それは後ほど詳《くわ》しく説明するとして、わたしがまず言いたいことは、ステレオタイプにサメは怖いと決めつけてほしくないということ。５０９種の生物グループをわたしたちは「サメ」と呼んでいる。哺乳類《ほにゅうるい》という生物グループの中には、ヒトよりも強そうなライオンもいるが、小さなハツカネズミだっている。サメ類という生物グループもそんな感じだ。

「久慈浜海水浴場にサメ30匹　遊泳禁止」というニュースの続き。地元の水族館職員が調べたところ、目撃されたのはドチザメというサメだったことがわかった。ドチザメは、水族館のタッチプール水槽《すいそう》にいるくらい安全で、子どもたちがよく触《ふ》れているサメのひとつ。哺乳類でたとえるのならば、ヒツジみたいな感じかな。少なくともライオンではないだろう。

つまり、ドチザメが目撃されたからといって遊泳禁止にする必要があるとはとうてい思えないのだ。その辺をちゃんと判断してから、正しい報道をすべきだろう。

そんなサメにまつわる「誤解」や「偏見《へんけん》」を解くために第1章でサメの相談室を設けて質問に答えることにした。第2章では、わたしが身をもって体験したサメを図鑑仕立《ずかんじた》てで紹介する。さらに気に入ってくれたなら、第3章まで読み進めてシャーキビリティを高めてほしい。

え？　シャーキビリティって？

「サメに対する知識や熱い気持ち」という意味の、わたしが作った造語だ。

では、ページをめくってシャーキビリティを高める旅へ出発。

よろシャーク。

２０１８年４月17日
シャークジャーナリスト　沼口麻子

ほぼ命がけサメ図鑑

目次

サメ図鑑

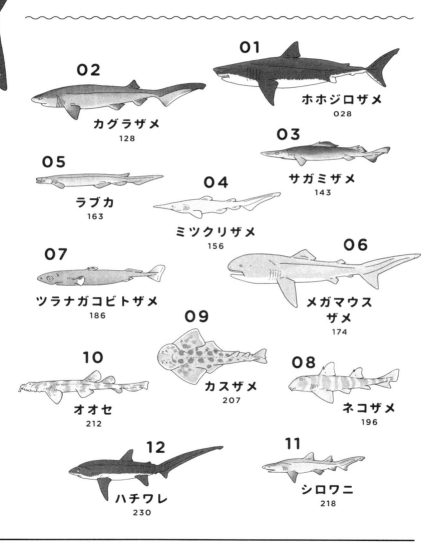

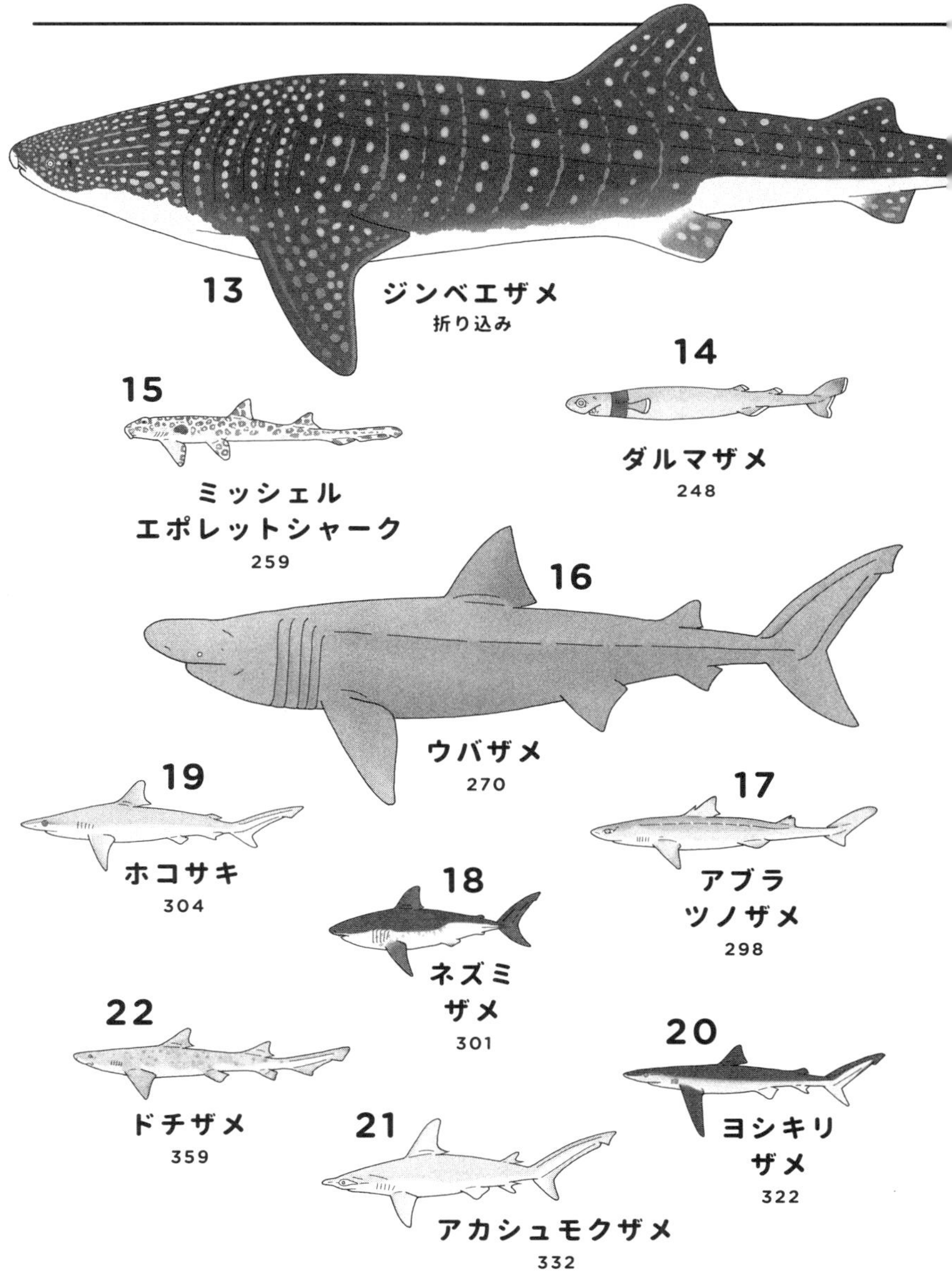
13
ジンベエザメ
折り込み
14
ダルマザメ
248
15
ミッシェル
エポレットシャーク
259
16
ウバザメ
270
17
アブラ
ツノザメ
298
18
ネズミ
ザメ
301
19
ホコサキ
304
20
ヨシキリ
ザメ
322
21
アカシュモクザメ
332
22
ドチザメ
359

はじめに

第1章

サメのよろず相談室

第２章

わたしの体当たりサメ図鑑

第３章

わたしの世界サメ巡礼

ちょっとフカ掘りサメ講座

サメ界ミライのエースたち

本書は、「現代ビジネス」http://gendai.ismedia.jp/
で連載された「サメに恋して」(２０１４年3月27日~２０１５年6月29日)
をもとにあらたに書き下ろしたものです

第1章

サメのよろず相談室

およそ4億年前に地球に誕生し、
魚類最大を誇《ほこ》るジンベエザメから
手のひらサイズのツラナガコビトザメまで、
現在500種以上も確認《かくにん》されているサメ。だが、サメほど
本当の姿を知られていない魚類はいないでしょう。
わたしは声を大にして伝えたい、というか
「誤解」「偏見《へんけん》」、そして「冤罪《えんざい》」を晴らしたいと思います。

「人食いザメ」ってどこにいるんですか？

「人食いザメ」なんて
どこにもいません。

サメから見ればヒトはカメ

「人食いザメ」というイメージは、わたしたち人間がサメに対して勝手に抱《いだ》いている誤解です。彼《かれ》らが好んで人を食べるなんてことはありえません。

データもそれを物語っています。アメリカ人の死因を調べた統計調査によれば、1959年から2010年までの約50年のあいだで、サメに襲《おそ》われて死亡した人は26人。年間平均で0.5人ほどにしかなりません。ちなみに、同じ期間に落雷《らくらい》が原因で亡《な》くなった人は1970人。年間平均で37.9人です。サメに襲われて死ぬ確率は、雷に撃《う》たれて死ぬよりもはるかに低いのです。

それでもサメが人に噛《か》みつくことがあるのは事実ですが、その多くはサーフィン中のできごとです。人がサーフボードにまたがって座《すわ》る、あるいはパドリングをする姿を海中から見上げると、サメの好物であるアザラシやウミガメそっくりに見えるようです。サーフィンのメッカであるハワイでは、アザラシやウミガメを好んで食べるイタチザメ（メジロザメ目メジロザメ科）に、サーファーがアタックされたというニュースがときおり報じられます。わたしが海に潜《もぐ》って出会ったことのあるイタチザメは、「なんだろう、これは？」といったような表情で遠くから近づいてきて、ぎょろりとわたしを観察したあとに、スッといなくなりました。好奇心旺盛《おうせい》な性格なのかもしれません。

また、潜水漁《せんすいりょう》で、潜水夫が持つ漁獲物《ぎょかくぶつ》のにおいがサメを引き寄せ、漁獲物もろとも噛み

学名	英語名
Carcharodon carcharias	(Great)white shark / White pointer

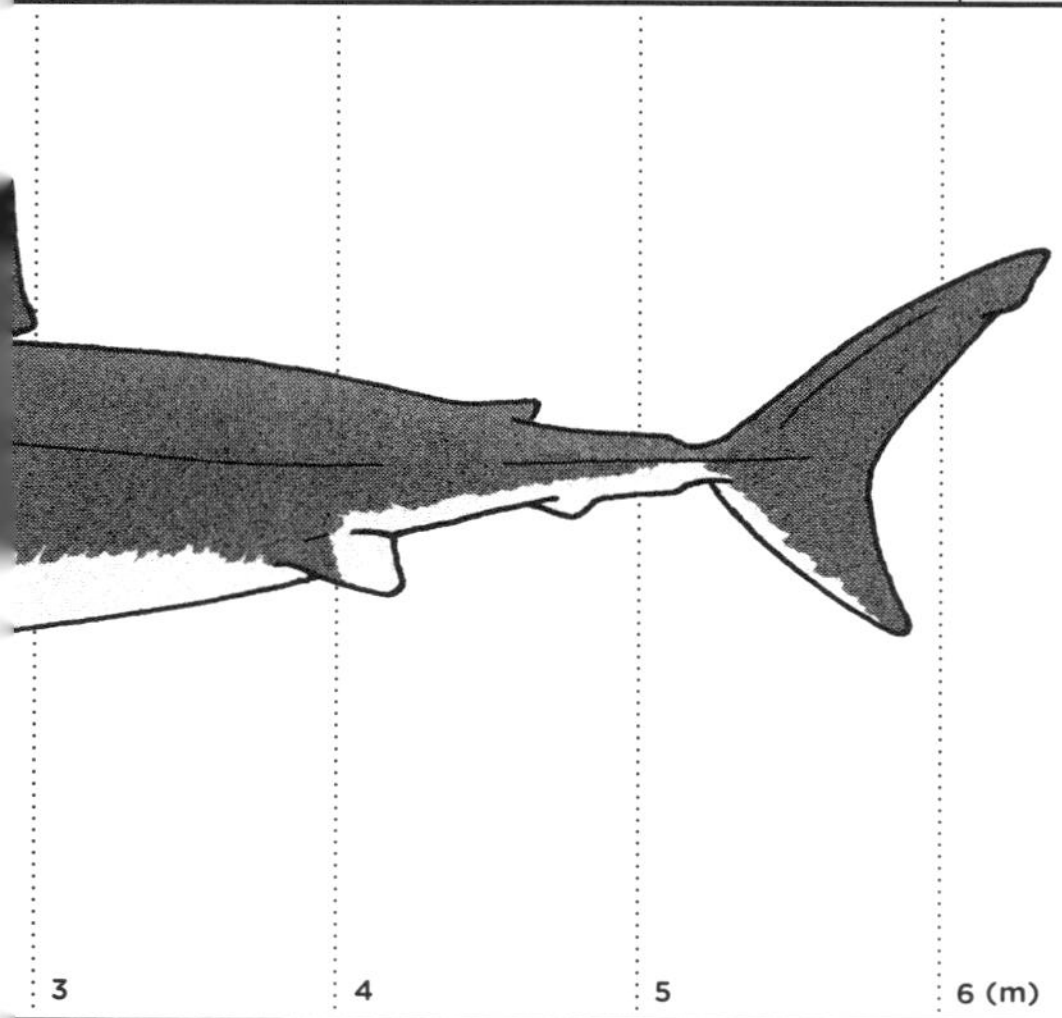

形態の特徴

体は紡錘形《ぼうすいけい》で、体つきはがっしりしている。サメのなかでも大型の部類に入る。尾《お》ビレは三日月状で美しく、付け根には1本のキール(隆《りゅう》起《き》線《せん》)がある。灰色がかった背中と対照的に、腹側は白い。歯は側面にギザギザのある二等辺三角形をしている。吻端《ふんたん》は尖《とが》っている。黒目が大きい

行動・生態など

サメのなかでおそらくもっとも有名なサメ。「魚類最強のハンター」として名高いが、殺戮《さつりく》を好むわけではない。獲物《えもの》を噛《か》むときに白目を剝《む》く。特殊な血液循環《じゅんかん》システムで、体温を海水温より高く保つことができる。そのため冷水中でも活発に動くことができる。泳ぎの速さは海洋生物のなかでもトップクラス(54 ページコラム参照)。●食べもの：小さい魚（硬骨魚《こうこつぎょ》類《るい》・軟骨魚類《なんこつぎょるい》ともに）やイカ・タコ類、甲殻類《こうかくるい》、海鳥類、大型哺乳類《ほにゅうるい》を捕食《ほしょく》する。好物はアザラシ・アシカなど。●繁殖《はんしょく》方法：子ザメを産む「胎生《たいせい》(母体依存型《いそんがた》・卵食《らんしょく》)」。一度に2～10 尾《び》を出産する。卵食とは卵から孵《かえ》った子ザメが胎内でほかの卵を食べること。●天敵：シャチ、人間

DATA

01

和名

ホホジロザメ

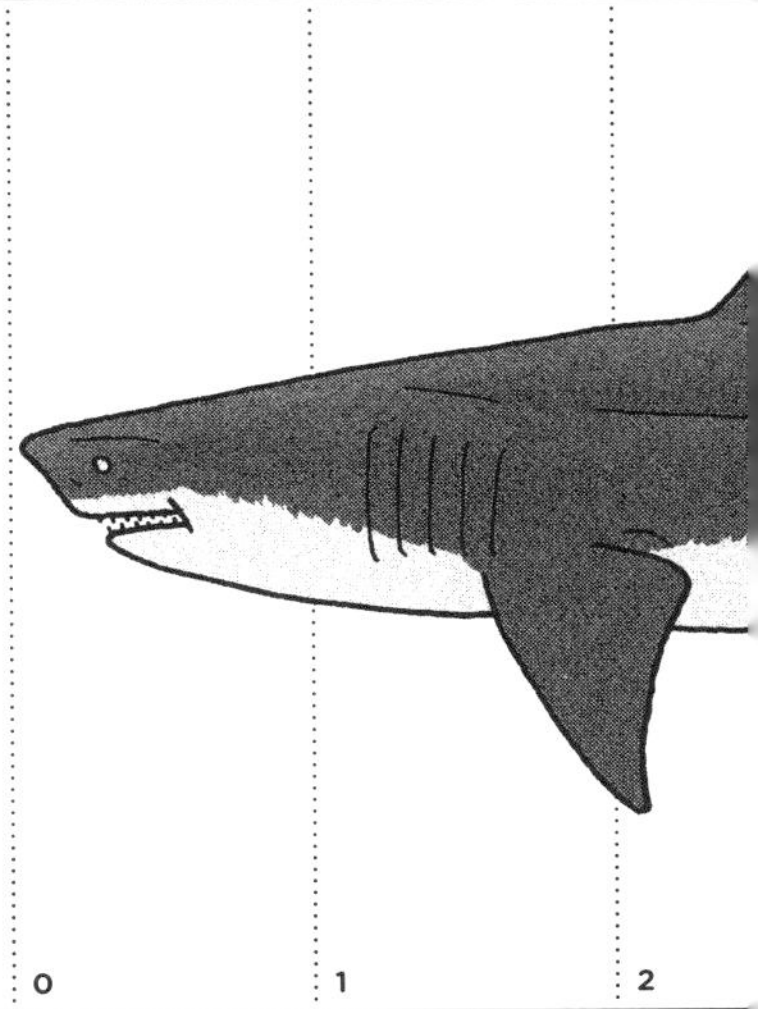

分類

ネズミザメ目
ネズミザメ科

全長

1.2 ～ 1.5m で生まれ、成熟すると 3.5 ～ 5.0m ほどになる。最大では 6.4m ほどのものが確認《かくにん》されている

分布

太平洋・インド洋・大西洋の熱帯／亜熱帯《あねったい》／温帯／寒冷水域と地中海。日本近海にも生息する

生息域

沖合《おきあい》の表層（水深 0 ～ 200m 程度）に生息。ときには海岸線付近や海洋島の周囲にも進出する。水深 500m 以上に潜《もぐ》ることもある。1200m 付近まで潜ったという記録もある

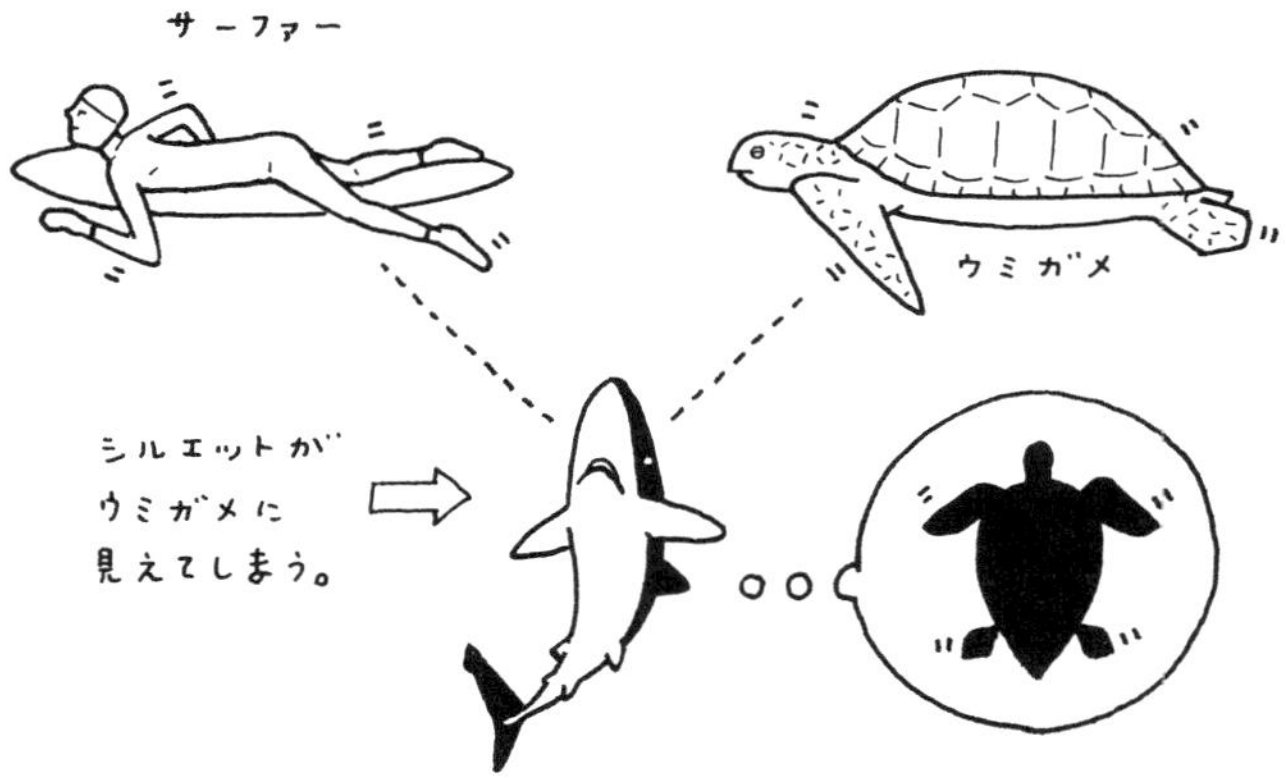
サーファー
ウミガメ
シルエットが
ウミガメに
見えてしまう。

つかれることもあるようです。

1992年、日本の瀬戸内海《せとないかい》で、タイラギという貝を獲《と》る漁をしていた潜水夫が、行方《ゆくえ》不明になる事件が起きました。消息が途絶《とだ》えたところからは、腰《こし》の部分がズタズタになった潜水服やヘルメット、母船との通信に使うケーブルの断片《だんぺん》などが発見され、それらに残った傷跡《きずあと》から、ホホジロザメ（ネズミザメ目ネズミザメ科・図鑑01）に襲われた可能性が高いと結論づけられました。結局、潜水夫も犯人のサメも発見されずじまいでした。このときは、腰につけた網《あみ》に貝を入れていたため、そのにおいがサメを引き寄せたと考えられています。

海の中では、激しい生存競争が繰《く》り広《ひろ》げられています。捕食《ほしょく》する側のサメは懸命《けんめい》に獲《え》物《もの》を探し、捕食される側にいる生物は、生き延びるために必死で逃《に》げようとします。「魚類最強のハンター」と呼ばれるホホジロザメでも、1ヵ月くらい獲物を見つけられず、腹を減らしてさまよっていることがあるようです。そんなときに好物らしき姿を見かけたり、美味《おい》しそうなにおいを嗅《か》ぎつけたりしたら……。人がサメに襲われる事件というのは、そういういくつかの偶然《ぐうぜん》が重なって起きてしまうものなのです。

海水浴場にサメが出没《しゅつぼつ》し、遊泳禁止になるニュースをよく耳にします。2015年の夏には、駿河湾《するがわん》でシュモクザメの仲間が目撃《もくげき》され、わたしの家の近くの静岡市《しずおかし》清水区《しみずく》の海水浴場もしばらく遊泳禁止になりました。

このとき目撃されたシュモクザメは全長1m前後と小型のものだったそうです。それぐらいの大きさのシュモクザメが人を襲ったという例は、少なくとも日本では報告されていません。駿河湾には、シュモクザメの群れが回遊する世界有数のダイビングポイントがあり、サメの回遊経路を調査するため海外から研究者もやってきます。

「サメ」と聞くだけで「人を襲うモンスター」を連想するのは誤ったイメージです。また、サメが出没したら海を閉鎖《へいさ》すればいいという発想も、あまりに短絡的《たんらくてき》で過剰《かじょう》な反応と言わざるを得ません。

ひとくちに「サメ」といっても、500を超《こ》える種が確認されており、そのなかで人を襲ったことのあるサメはごくわずか。そのことは、サメを愛する人間のわたしからも声を大にしてお伝えしておきたい！

サメの正しい情報が広まることを、ひとりのサメ好きとして切に願っています。

『ジョーズ』って
ホホジロザメが人を
食べまくる映画でしたよね？
「人食いザメ」は
いないって言われても、
にわかに信じられません。

信じてください！
ホホジロザメは
無実です。

『ジョーズ』がサメにもたらした災《わざわ》い

サメは警戒心《けいかいしん》の強い生きものです。自然界でサメに近づくことも難しければ、サメと遭遇《そうぐう》することがあっても、こちらが何もしなければ、まず襲われることはありません。

スティーブン・スピルバーグ監督《かんとく》の大ヒット映画『ジョーズ』では、人がたくさんいる海水浴場に巨大なホホジロザメが自分から乗り込《の》《こ》んでいって人を襲ったり、サメ退治に来た人間と激闘《げきとう》を繰り広げたりといったシーンが描《えが》かれていますが、そんなふうに人に狙《ねら》いを定めて襲いかかるなんてことはまずありえません。

わたしは、サメの撮影《さつえい》をするため、スキューバダイビングで海に潜りますが、たいていの場合、サメは人間を見ると一目散に逃げていき、まともに撮影すらできません。これまでわたしは何種類ものサメと対峙《たいじ》してきましたが、怖《こわ》い目に遭《あ》ったことはほとんどありません。

ちょっと怖いと思ったのは一度だけ。「はじめに」でご紹介《しょうかい》した、フィジーで「シャークフィーディング（サメへの餌付《えづ》け行為《こうい》）」の最中にレモンザメ（メジロザメ目メジロザメ科）に甘噛みされたときのことですが、サメを興奮させておいて、そこにあえて近づいたのですから、非があるとすれば紛《まぎ》れもなくわたしのほうです。なお、「ファンダイビング（楽しむためのダイビング）」でサメを観察するときも、ダイバーの安全のため、サメに近づきすぎないのはもちろんのこと、いくつものルールが厳格に定められていることを付け加えておきます。

『ジョーズ』のおかげで、サメにとっては不幸なことに、「サメ＝凶暴《きょうぼう》・獰猛《どうもう》」というイメージがすっかり定着してしまいました。その後の映画やテレビ番組でも、サメは危険な生物としか描かれなくなりました。

それからというもの、サメはしばらく暗黒時代を過ごします。「悪者」退治でヒーローを気取りたい人間に、ゲームフィッシング（釣《つ》りをスポーツとして楽しむこと）でむやみやたらと狙われ、多くのサメが命を落とすことになりました。

国際的な自然保護ネットワークである「国際自然保護連合（International Union for Conservation of Nature：IUCN）」は、野生生物の絶滅《ぜつめつ》のおそれを評価し、その程度に応じて分類しています。それを「レッドリスト」と呼び、500を超えるサメの種のうち476種が評価対象になっています。このうち、IUCNの定義で「絶滅危惧《きぐ》」に該当《がいとう》するサメは74種、評価対象の15・5％にのぼります。そのなかには、「魚類最強」のホホジロザメや、水族館で人気の「魚類最大」のジンベエザメ（テンジクザメ目ジンベエザメ科・図鑑13）、「ハンマーヘッド」の愛称《あいしょう》でファンも多いシュモクザメの仲間も含《ふく》まれます。これらの原因は、人間による「サメ退治」の影《えい》響《きょう》を抜《ぬ》きにしては語れません。

そして今でも、海外ではサメのゲームフィッシングが一部で人気ですし、日本でも漁業被《ひ》害《がい》対策として国が助成金を出してサメ駆除《くじょ》を定期的に行っています。背景には、恐怖《きょうふ》を誇《こ》張《ちょう》したフィクションの影響が少なからずあり、この誤解を解くことが、シャークジャーナリストとしてのわたしの大きな務めだと思っています。

もうひとつ、『ジョーズ』に見られる大きな間違《まちが》いは、登場するサメの種別と大きさです。設定では、全長8mの「ホホジロザメ」のオスとなっていますが、これまで確認されている最大のホホジロザメは、メスの個体で全長6・4mです。オスは大きくなっても4〜5mと考えられていて、映画の設定には無理があると言わざるを得ません。

なお、『ジョーズ』の脚本《きゃくほん》は、サメによるある事件をモデルにしています。それが、1916年に米国の大西洋沿岸で起きた「ニュージャージーサメ襲撃《しゅうげき》事件」です。わずか12日の間に5人がサメに襲われ、そのうち4人が亡くなりました。

このとき人を襲ったサメは、当初は「ホホジロザメ」と考えられていましたが、今では「オオメジロザメ」（メジロザメ目メジロザメ科）と推定されています（112ページにその理由を詳述《しょうじゅつ》）。『ジョーズ』の制作に協力した、サメ研究の大家レオナルド・コンパーニョ博士の見解によれば、このオオメジロザメこそ、サメのなかで「人類にとってもっとも危険な種」なのだそうです。わたしはサメ恐怖体験がないので実感はありませんが、サメも野生生物です。ほかの野生生物と同様に、人間に危害を加えるものもいる、と認識《にんしき》しておくべきでしょう。

ちょっと
フカ掘り
サメ講座
No.1

サメは温《おん》厚《こう》なのが9割！サメに襲われないために守ることは「たったひとつ」

原子爆弾《ばくだん》を運んだ軍艦が

サメの仲間は、509種が確認されている。このうち、人を襲う可能性があるのは1割程度にすぎない。残りの9割は、「サメは怖い」という多くの人が持つイメージとは裏腹に、臆《おく》病《びょう》で、人間と遭遇すると警戒して逃げてしまうか、無関心かのどちらかだ。

人を襲ったことのあるサメの記録は、「国際サメ被害目録（International Shark Attack File）」というウェブサイトにまとめられている。

これは第二次世界大戦中に軍人がサメに襲われる事件が相次いだことから調査がはじまり、世界中から報告のあったサメ被害をまとめたデータベースである。

それによると、これまでの被害件数がもっとも多いのは「ホホジロザメ」、次いで「イタチザメ」、「オオメジロザメ」、「シロワニ」（ネズミザメ目オオワニザメ科）が続き、「カマストガリザメ」（メジロザメ目メジロザメ科）、「オオセ」の仲間（テンジクザメ目オオセ科）などが並ぶ。日本ではイタチザメの報告が多く、ホホジロザメも数件報告されている。日本の小笠原諸《おがさわらしょ》島《とう》近海はシロワニの生息地だが、日本ではシロワニによる被害は報告されていない。

これらのサメで被害報告が続いているのは、その生息域と人間の活動域が重なり合うからだ。ホホジロザメの生息域はカリフォルニアやハワイなどのサーフィンエリアと重なり、イタチザメは温かい海を好み沿岸域でエサをとる。いずれも、海水浴客と接触《せっしょく》する可能性が高い。

歴史上もっとも悲惨《ひさん》と言われるサメによる襲撃事件は、日本の歴史に深く関係している。

第二次世界大戦中、広島に投下された原子爆《ばく》弾《だん》は、アメリカの軍艦《ぐんかん》インディアナポリスによって、米国本土からサイパン島近くのテニアン島に運ばれた。

インディアナポリスはテニアン島から米国本土へ帰還《きかん》する途中《とちゅう》、日本軍の潜水艦《せんすいかん》の魚雷攻《ぎょらいこう》撃《げき》によって沈没《ちんぼつ》し、乗船していた1000人を超す米軍兵士の多くが、サメの群れに襲われ命を落としたという。

この話は、実は映画『ジョーズ』の中でも紹介されている。主人公と一緒《いっしょ》にサメ退治に出かける漁師が、軍艦インディアナポリスの生き残りという設定で、「1100人の将兵のうち、サメのエジキにならなかったのは316人だ」と語っている。

このセリフのとおり、救助された生存者は316人だが、実際には、魚雷攻撃そのもので約300人が死亡、残りは海に投げ出されて救命ボートなしで漂流《ひょうりゅう》し、沈没から5日後にようやく救助されるまでに亡くなった乗組員の大半は、水や食料の欠乏《けつぼう》、低体温症《ていたいおんしょう》などが原因だったようだ。

人を襲う可能性のあるサメと遭遇した場合、けっして自分から近づいたり触《さわ》ろうとしたりしないように。サメのほうも、得体の知れない人間を見て警戒しているはず。不用意にサメを刺《し》激《げき》することは、サメを興奮させ、自分の身を守るための攻撃のスイッチを入れさせることになりかねない。

キャビアって
サメの卵ですよね？
チョウザメでしたっけ？
コバンザメも
かわいらしくて好きです。

「チョウザメ」も
「コバンザメ」も
サメではありません。
〝ただの魚〟です。

サメをサメたらしめる「骨とエラ」

フォアグラ、トリュフと並ぶ世界三大珍味《ちんみ》のキャビアは、チョウザメの卵を塩漬《しおづ》けにしたものです。このチョウザメ、名前に「サメ」とついていますが、サメの仲間ではなく、シーラカンスと同じく「古代魚」のひとつといわれています。チョウザメのチョウは蝶々《ちょうちょう》のような形の鱗《うろこ》を持っていて、口が下のほうにあることと、尾《お》ビレの形が上下非対称《ひたいしょう》なことがサメに似ているため、その名がつけられたようです。

また、コバンザメはスズキ目に属する魚で、これもサメの仲間ではありません。コバンザメの仲間は頭の上に小判形の吸盤《きゅうばん》があり、大型の生きものにくっつく習性があります。サメにもよくくっつくことが観察されており、サメと一緒にいる小判を持つ魚ということから、名前がつけられたのかもしれません。ちなみに英語では、「Sharksucker（サメに吸いつくもの）」などと呼ばれています。

ちょっとここで、「サメ」と「魚」の違《ちが》いを説明しておきましょう。もちろん「サメ」も「魚類」ですが、わたしたちがイメージする「魚」とは、いろいろ異なるところがあります。

まず、「魚類」というのは、水中に棲《す》む脊椎動物《せきついどうぶつ》で、エラ（鰓）で呼吸し、ヒレ（鰭）を持つ生物を指します。厳密には、この定義に当てはまらないものもいますが、おおむねそういうものと思っておいてください。

一般的《いっぱんてき》に、「魚」と聞いて想像するのは、わたしたちが食卓《しょくたく》でよく目にするアジやイワシなどの姿でしょう。これらは魚のなかでも「硬骨魚類《こうこつぎょるい》」と呼ばれるグループに属します。一方で、サメやエイが属するのは、「軟骨魚類《なんこつぎょるい》」というグループです（＊）。

両者の違いのひとつは、名前から想像のつくとおり「骨」にあります。サメは骨がすべて「軟骨」でできていますが、いわゆる魚（硬骨魚類）の骨は、ほとんどが「硬骨」です。「硬骨」と「軟骨」を分ける決め手は、その成分の違いです。「硬骨」はカルシウムを多く含み、「軟骨」は主に糖タンパク質（コンドロイチン硫酸《りゅうさん》など）でできています。

「硬骨魚類」と「軟骨魚類」は、骨格にも大きな違いが見られます。両者の典型的な全身骨格をイラストにしてみました。「硬骨魚類」には内臓をすっぽりと覆《おお》う肋骨《ろっこつ》がありますが、「軟骨魚類」の骨格は内臓を覆っていません。事実、「硬骨魚類」を食べると小骨がたくさんあって骨を取るのに苦労しますが、サメを解剖《かいぼう》してもこうした小骨はまったくありません。そのため、サメ肉は小骨を誤って飲み込む心配がなく、介護食《かいごしょく》に適しているという声もあるほどです。

と、ここで少しややこしい話を。「軟骨魚類」の「軟骨」は、必ずしも物理的に軟《やわ》らかいわけではありません。サメを解剖してみると、種類によっては骨がとても硬《かた》いものもあります。たとえば、わたしが解剖したことのあるアオザメ（ネズミザメ目ネズミザメ科）の背骨もカッチカチでした。これは背骨が石灰化《せっかいか》して硬化《こうか》しているからです。アオザメの骨で杖《つえ》をつくったおじいさんがいるとの話を聞いたこともあります。人の体を支えられるほどの強度があると

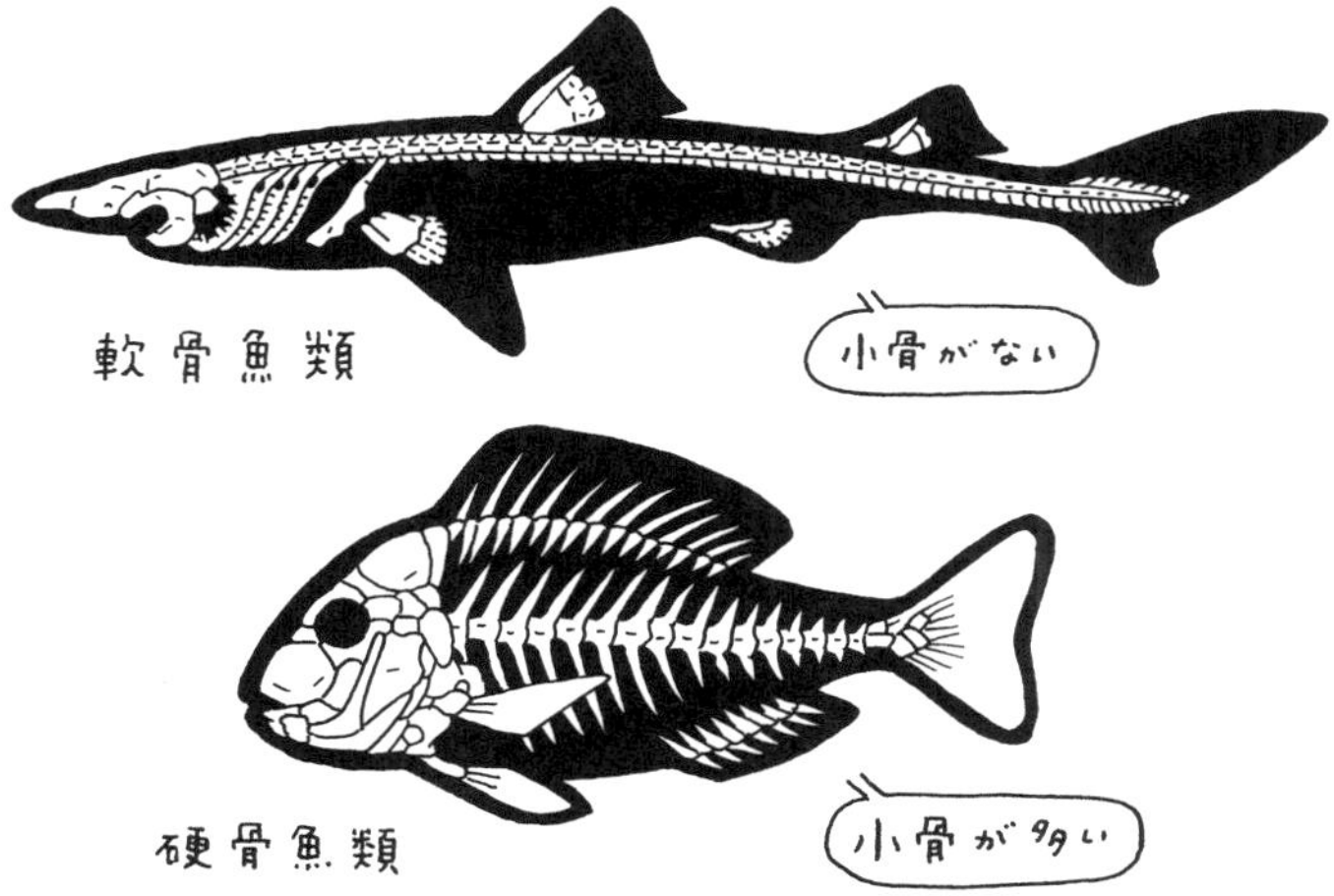

いうことなのでしょう。また、ネズミザメ（ネズミザメ目ネズミザメ科・図鑑18）は鼻《はな》っ面《つら》（吻端《ふんたん》）に大きな楕円《だえん》状の骨を持っていて、これもかなりの硬さがある「軟骨」です。推測するに、その骨は獲物を捕《つか》まえるときに使っていると考えられます。獲物に頭突《ずつ》きをお見舞《みま》いし、獲物が弱ったところを仕留めている……のかもしれません。

　エラにも大きな違いがあります。「硬骨魚類」のエラには、エラを守ったり水を取り込んだりするための「エラブタ（鰓蓋）」と呼ばれるフタがついていますが、「サメ」や「エイ」のエラの孔《あな》は体の表面にむき出しです。また、アジやイワシのエラブタは左右に1対《つい》ありますが、「サメ」や「エイ」のエラの孔は5～7対あります。そのエラ孔が板のように並んでいることから、サメとエイの仲間は、軟骨魚類のなかでも「板鰓類《ばんさいるい》」（＊）というグループで括《くく》られています。２０１６年現在、サメ５０９種とエイ６３０種合わせて、「板鰓類」は１１３９種が確認されています。

＊「軟骨魚類」や「硬骨魚類」を学術的により正しく表記すると、「軟骨魚綱《こう》」や「硬骨魚綱」となります。生物種は、「界」「門」「綱」「目」「科」「属」「種」という階層で分類され、「綱」はその上から3番目の分類レベルです。「類」というものは便宜上《べんぎじょう》、どの分類階層にも使えることばです。この本では、多くの人が見慣れているであろう「類」の表記を慣用的に使うこととします。ちなみに、「哺乳類《ほにゅうるい》」は「哺乳綱」、「板鰓類」は「板鰓亜綱《あこう》」がより正確な名称《めいしょう》です（「亜綱」とは、「綱」よりも小さく「目」よりも大きなグループを指します）。

ちょっと
フカ掘り
サメ講座
No.2

サメと名のつくエイ？ エイにしか見えないサメ？ サメとエイの正しい見分け方

サメとエイは、同じ「軟骨魚類」のなかの「板鰓類」に属する仲間だ。

では、サメとエイはどこが違うのか。

平べったい形をしてるのがエイなんじゃないの？　と思った人は不正解。両者の区別で見た目の形は必ずしも当てにならない。「カスザメ」（カスザメ目カスザメ科）のように姿形が平べったいサメもいるし、サメのようにごっつい体をしているエイもいる。

わたしの知る限り、エイのなかでもっともごっつい体型をしているのは「シノノメサカタザメ」（ノコギリエイ目シノノメサカタザメ科）だろう。

ん、エイなのに名前がサメ？　そう、その名が想像させるとおり、一見するとサメに見間違《まちが》えてしまう立体的な形状をしているのだ。もうひとつ、「ウチワザメ」（ノコギリエイ目ウチワザメ科）も名前にサメとつけられた、〝立派な

（上写真：沖縄《おきなわ》美《ちゅ》ら海《うみ》水族館）

ノコギリエイ

エイ〟だ。ちなみに、エイは英語で「ray」だが、「サカタザメ」の仲間は英語名で「Guitarfish」（ギターの形をした魚）と呼ばれているものもいる。なお、「シノノメサカタザメ」は「Shark ray」（サメのようなエイ）などと、英語でも紛らわしい。

サメとエイの区別で、形が当てにならない例はほかにもある。頭の先がノコギリのような形をした、その名も「ノコギリザメ」（ノコギリザメ目ノコギリザメ科）と「ノコギリエイ」（ノコギリエイ目ノコギリエイ科）は、外見ではほとんど区別がつかない。

これは、サメとエイがそれぞれ生息環境《かんきょう》に適応し、形が似通った「収斂《しゅうれん》進化」の結果かもしれない。「収斂進化」とは、見た目がとても似ているものの、系統分類上は近縁《きんえん》ではなく、生活様式が似ていたために同じような形態になったことを指す。

さて、どこでサメとエイを見分けるかというと、答えはエラの孔の位置。サメは5〜7対のエラの孔が体の側面についているが、エイは5〜6対のエラの孔がお腹《なか》の側《がわ》にあるのだ。

名前に惑《まど》わされることなく、エラの形や数、どこにあるかでサメを見分けられるようになると、サメのことを愛らしく感じられるようになるはず。それに水族館で、ちょっとした物知り気分を味わえる。

サメって泳いでないと
死んじゃうって
聞いたんですけど……。

確かめようがないので
わかりません。ただし、
泳いでなくても
死なないサメはいます。

「うきぶくろ」を持っていないサメの不思議

「泳がないと死んでしまうサメがいる」とは、さまざまな本やウェブサイトに書かれています。いわく、外洋を活発に泳ぎ回るサメは、エラを自分で十分に動かすことができず、止まるとエラ呼吸できなくなって窒息死《ちっそくし》する、という論調のようです。

たしかに、こうした遊泳性（回遊性）のサメは、海水を口から取り入れてエラ孔に流し込み、水中の酸素を吸収するエラ呼吸をしています。泳ぐのをやめれば、口から海水を取り入れられなくなって、呼吸が難しくなる……というのもありえそうな話です。事実、定置網《ていちあみ》で漁獲された全長８ｍ超《ちょう》のウバザメ（ネズミザメ目ウバザメ科・図鑑16）が、次の日には死んでいたことなど数例、わたしも耳にしたことがあります。口とエラ孔を大きく開いて泳ぐウバザメにとって、仕切られた網の中の環境は、エラ呼吸するには狭《せま》すぎたのかもしれません。ただ、すべての遊泳性のサメが泳ぐのをやめると死んでしまうのか、本当のところは判然としません。確かめようにも、泳いでいるサメを人為的《じんいてき》に止める実験は難しいのが現実です。

一方、泳がなくても死なないサメは確実に存在します。

ダイビングをしていると、よく海底で休息をとっている（ように見える）サメを見かけます。その名も「ネムリブカ」（メジロザメ目メジロザメ科）といって、昼間は海底で寝《ね》ているようにじっとしており、夕暮れから活発に泳いでエサをハンティングします。海底でじっとしているネムリブカの近くに寄って観察してみると、おもしろいことがわかります。口を半開きにして、パクパクしているのです。じっとしている間も自分でエラを動かし、口から海水を取り込んで、エラ呼吸を可能にするためです。

また、かわいらしいネコザメ（ネコザメ目ネコザメ科・図鑑08）の仲間は、冬になると繁殖《はんしょく》のために生息海域を変えることが知られています。その距離《きょり》、記録にある最長のもので800㎞。それだけの遠距離を泳ぐネコザメも、水族館にいるときは水槽《すいそう》の中でじっとしている姿がよく観察されています（つまり、泳ぐのをやめても生きています）。

サメやエイの仲間の多くには、眼《め》の後方に小さな孔があります。これは「呼吸孔（または噴《ふん》水孔《すいこう》）」といって、もうひとつのエラの痕跡《こんせき》とも言われ、この孔から海水を吸い込み、エラ呼吸を補助します。種類によっては、生まれたときにこの孔がふさがりますが、ある種のサメやエイの仲間では、この呼吸孔が発達しています。海底にじっとしているサメやエイの多くは、泳ぎをやめても呼吸ができるので死ぬことはありません。

サメやエイの仲間は浮力《ふりょく》を得るためのうきぶくろ（鰾）を持っていません。代わりに、種によっては体重の4分の1にもなる大きな肝臓《かんぞう》を持っていて、そこに大量の油（肝油《かんゆ》）を蓄《たくわ》えています。水と油を混ぜると油が浮《う》くのは、油は水より比重が小さいからです。サメは、この油の力を利用して、浮力を補っていると考えられています。

ちなみに、このサメの「肝油」は、人間界でさまざまな用途《ようと》で使われています。その話はまた後ほど紹介しましょう（第2章・第3章参照）。

サメのなかには、体のつくりで浮く工夫《くふう》をしているものもいます。ヨゴレ（メジロザメ目メジロザメ科）やヨシキリザメ（同・図鑑20）などの回遊するサメは、グライダーのように大きな胸《むな》ビレを持っていて、それで揚力《ようりょく》を得ることで、長距離を省エネ回遊できると考えられています。

さらには、ごく最近の研究で、ヒラシュモクザメ（メジロザメ目シュモクザメ科）は一風変わった方法で省エネ遊泳していることがわかってきました。それを発見したのは、国立極地研究所の若き研究者・渡辺佑基《わたなべゆうき》さんです。海洋生物にカメラやセンサーをつけ、「バイオロギング」と呼ばれる手法で海洋生物の生態を研究されています。シュモクザメにまつわる研究成果の詳細《しょうさい》は、章をあらためて紹介させていただきます（第3章343ページ、354ページ参照）。

ちょっと
フカ掘り
サメ講座
No.3

意外な結末にあぜん!! 海の生物・最速スイマー選手権

クロマグロに発信機をつけて

世に出回っているサメの本を開くと、サメの遊泳速度は時速30~40㎞と書かれていることが多い。海の生きもの図鑑《ずかん》の類いには、「世界最速のスイマー」であるバショウカジキは時速100㎞以上で泳ぎ回り、マグロは時速80㎞、シャチは時速70㎞、ペンギンは時速60㎞などと記《き》載《さい》されている。

ところが、国立極地研究所の渡辺佑基さんによれば、これらの数字は最近の研究により、正しくないことがわかってきたのだという。

世界の研究者が海洋生物の遊泳速度を計測した科学論文を渡辺さんが調べたところ、「スピードスター」であるはずのバショウカジキの平均遊泳速度は時速2㎞。なんと、お年寄りの歩行速度と変わらないぐらいのスピードだ。

では、魚類最速で泳ぐのは何かというと、渡辺さんいわく「体のすみずみまでが高速遊泳のためにデザインされた、圧倒的《あっとうてき》な機能美」を誇るクロマグロと、「魚類最強のハンター」と名高い我らがホホジロザメ。彼らは平均時速7~8㎞ほど。エントリー選手を魚類に限らず、海洋生物全般《ぜんぱん》に広げても、クロマグロとホホジロザメはやはりトップクラス。それに並んで、鳥

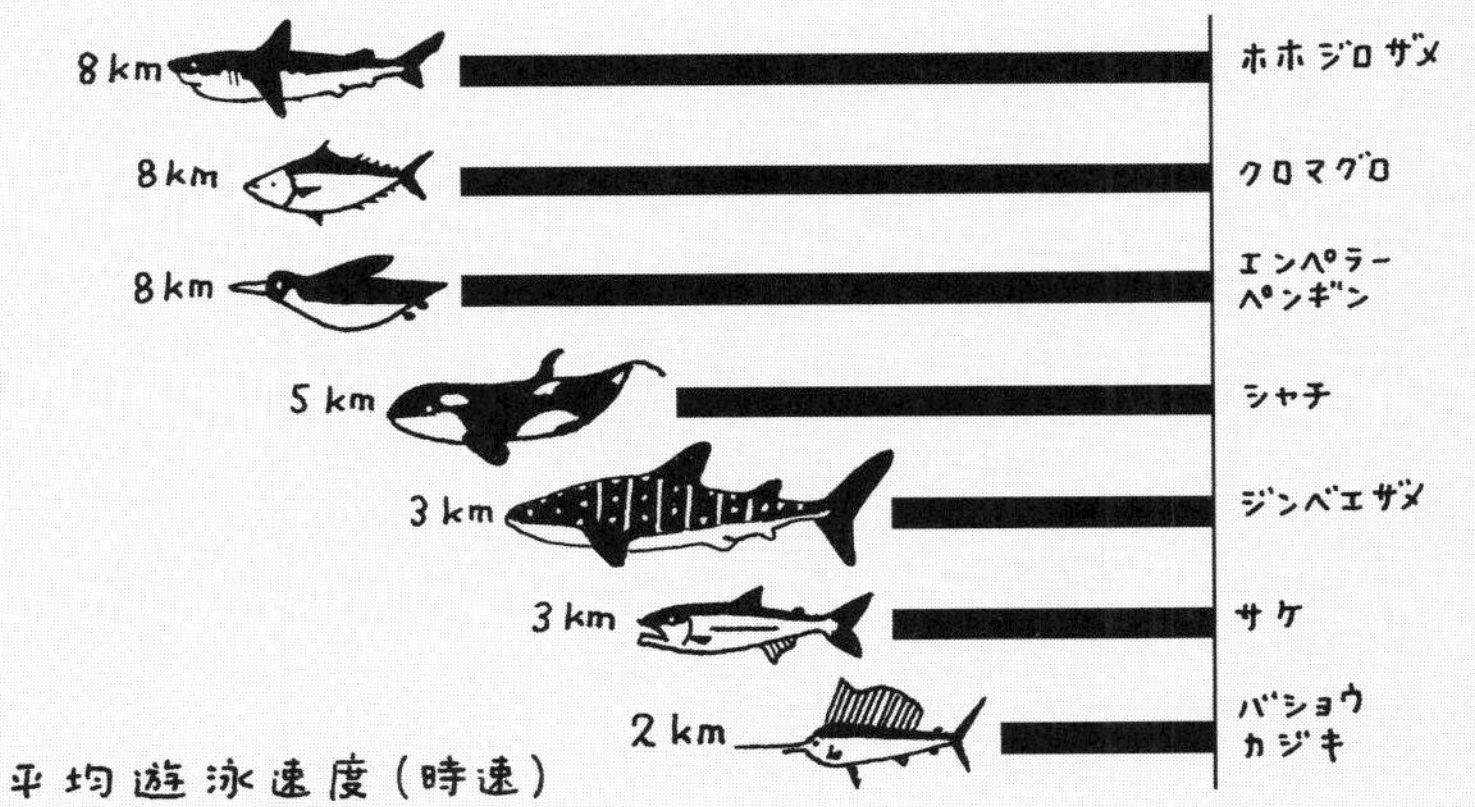

類で世界最大のペンギンであるエンペラーペンギンと、最大の海洋生物にして地球史上最大と言われる哺乳類のシロナガスクジラがほぼ同じ速さで泳ぐのだという。

ちなみに、「最大の魚類」であるジンベエザメは時速3km。サケは時速3kmでシャチは時速5km。ペンギンは種類によって差があるものの時速6～8km、ウミガメの仲間は時速2kmほど。これが、論文から確認できる海の生きものたちの実像だ。

また、渡辺さんご自身が、「バイオロギング」（海洋生物に計測器を取りつける調査方法）で測定したデータでも、高速遊泳していると思われていたサメやペンギン、アザラシなどの平均遊泳速度は例外なく時速8kmを下回る。

なお、これらの数字はあくまで「平均速度」で、逃げる獲物を追いかけるときのように、瞬間的《しゅんかんてき》にはもっと速く泳げる可能性がある。

たとえば、体重200～300kgの巨大なクロマグロに発信機をつけた実験では、時速31kmを記録したことがあり、カジキも時速36km、サケが時速10km、ペンギンは時速14km、シロナガスクジラは時速18kmという計測結果が発表されている。サメの本で見かける時速30〜40kmという数字は、サメが水面にジャンプした一瞬《いっしゅん》の速度を計算によって導き出した論文が根拠《こんきょ》になっている。

海洋生物の平均遊泳速度を「遅《おそ》い」と見るのは間違っていると渡辺さんは言う。

というのも、水は空気よりも800倍も密度が高く、水中で受ける抵抗《ていこう》も大きくなる。しかも、抵抗は速度の2乗に比例して大きくなるため、速く泳ごうとすればするほど抵抗はすさまじい。

クルマにも燃費がいい走行速度があるように、海洋生物にとっても、エネルギー消費を抑《おさ》えて長く泳ぎ続けられる速度があり、空気中より抵抗が大きい海の中では、時速8km以下で泳ぐのがもっとも効率がよいのだろうというのが渡辺さんの見解だ。

渡辺さんは、クロマグロやホホジロザメなどの「トップスイマー」たちが、ほかの海洋生物よりも速く泳げる理由についても考察している。それによると、速く泳ぐうえでもっとも重要なのは「体温」だ。

体温が高ければ、筋肉の動きが活発になる。鳥類のエンペラーペンギンや哺乳類のシロナガスクジラは恒温動物《こうおんどうぶつ》なので、もともと体温を高く保っている。魚類は変温動物だが、例外的にクロマグロやホホジロザメは、体温を水温より高く保つ生理機能を備えているのだという。

体温の次に重要なのは「体の大きさ」だ。体が大きくなると水の抵抗も増えるが、筋肉量も増え、筋肉の代謝速度も上がり、後者の効果のほうが上回るため、速く泳げるようになるのだとか。なるほど、シャチより大きいシロナガスクジラが速いわけだ。

フカヒレって
サメのヒレですよね。
なんであんなに
美味しいんですか？

おっしゃるとおり、
コラーゲンたっぷりで
美味しいサメのヒレ。
でもいま、世界で
問題視されているのです。

フカヒレをめぐる大問題

「フカヒレって何なのか知っていますか？」

「何かのヒレ？」

「えー、わかりません」

わたしがあるテレビ番組で、街頭インタビューをさせてもらったときのこと。道行く人にマイクを向けると、答えに窮《きゅう》する人ばかり。わたしはサメを愛するひとりとして、愕然《がくぜん》とする思いでした。

「フカヒレ」とはサメのヒレのこと、英語では「shark fin」です。すべてのサメには胸ビレ、背ビレ、腹ビレ、尾ビレがついていて、そのいずれもが「フカヒレ」です。サメの種類も問いません。

中華《ちゅうか》料理屋で見かけるフカヒレには、何種類かのサメが使われています。なかでもよく目にするのは、ヨシキリザメのヒレです。フカヒレをまるごと煮込《にこ》む姿煮《すがたに》には、尾ビレや大きい背ビレ・胸ビレのように、厚みがあって見栄《みば》えもいいヒレが使われます。

フカヒレにはランクがあります。よく見かけるヨシキリザメのヒレは、お値段もお手頃《てごろ》です。それというのもヨシキリザメは漁獲量が多く、ヒレも大きく、1尾《び》から効率よくヒレがとれることが理由のようです。高級なフカヒレの条件は、繊維《せんい》の太さが均一で、色が金色に近いことが挙げられます。ネズミザメやアオザメ、そしてヨゴレやシュモクザメの仲間のフカヒレは、かなりお高い部類に入ります。

最高級品として扱《あつか》われるのは、ジンベエザメやウバザメのフカヒレです。今はそれらを狙った漁獲が行われておらず（定置網にたまたま迷い込むことはある）、お目にかかれることが珍《めずら》しく、それだけに値も格段に張ります。

中国では、商談の際に出すフカヒレのランクによって、商談がうまくいくとかいかないとか。サメは縁起物《えんぎもの》なのですね。


フカヒレにまつわる大きな問題が、サメを漁獲してヒレだけを切り取り、それ以外の魚体を海洋投棄《とうき》する「フィニング（finning）」です。

先にも見たように、サメには、うきぶくろがありません（52ページ参照）。そのサメからヒレをとってしまえば、まともに泳げず、深海へ沈《しず》んで死んでしまうことでしょう。フィニングとは、ヒレを採取する目的のためだけにサメを死に至らしめる、倫理的《りんりてき》に許しがたい行為です。いくつかの種類のサメの個体数が減少しているとの見解があり、フカヒレを食べる行為そのものを見直すように求めている愛護団体があるなど近年、問題視されています。日本をはじめ、世界各国でフィニングは禁止される傾向《けいこう》にありますが、いまだ規制されていない地域もあるようで、とても残念に思っています。

「シャングリ・ラ」や「ザ・ペニンシュラ」などの外資系ホテルではフカヒレ料理の提供を停

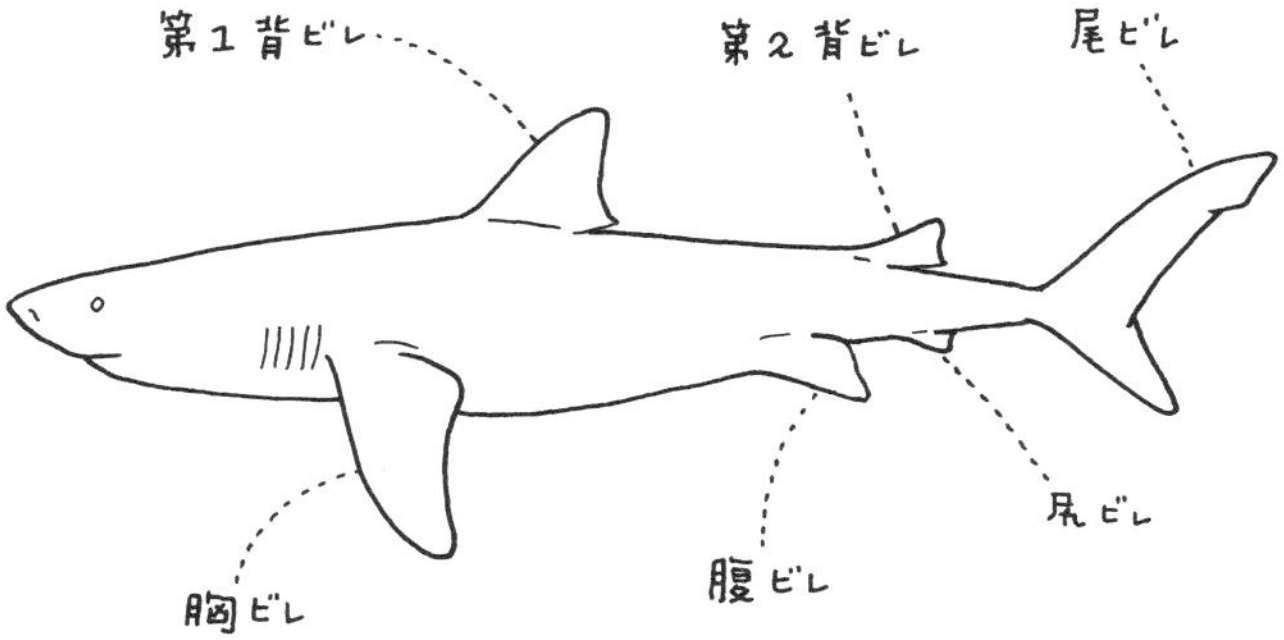

止する傾向にあります。いくつかの航空会社では、フカヒレの輸送を制限したり、アメリカのハワイ州やカリフォルニア州では、フカヒレの所持さえ禁止する法律が施行《しこう》されるなど、世界的にフカヒレを扱わない動向もあるようです。

一方で人間は、生きものを食べなければ生きていけません。ですから、正当な「漁業」を否定する理由はどこにもありません。ただし、それが行きすぎれば「乱獲《らんかく》」となり、生態系を壊《こわ》しかねません。

ヒトが生きていくための営みと、ヒトも地球上の一生物であることとのバランスをとり、生物を乱獲することなく、生態系を壊さない範囲《はんい》でいかに命をいただくか――サメとの関わりだけでなく、みんなが考えていかなければならない大きな問題だと思います。

ちょっと
フカ掘り
サメ講座
No.4

サメとイルカを、海面の上から見分ける方法

ドルフィンスイムを楽しむのなら

「水面から出ているヒレだけを見て、イルカかサメか判断することはできますか？」

よくこんな質問を受けることがある。

その答えはYES。見分けるポイントは、尾ビレだ。

サメは尾ビレが体に対して垂直になっているのに対し、イルカの尾ビレは水平。サメが海面近くを泳いでいると、背ビレと尾ビレの2つが見えるが、イルカの場合は背ビレしか見えない。

イルカが尾ビレを上下にしならせて泳ぐ姿は「ドルフィンキック」と呼ばれる。哺乳類の骨格の構造からくるイルカのこの泳ぎ方は、尾ビレが水平なればこそ。魚類の骨格の構造から尾ビレがタテになっているサメの場合は、上下ではなく左右に体をくねらせて泳ぐ。ヒレのつき方も違えば、泳ぎ方も違う。

ちなみに、クジラもシャチも、尾ビレのつき方も泳ぎ方もイルカと同じだ。それもそのはず、クジラもイルカもシャチも、大きく見ればみな同じクジラの仲間だからだ。

世界中にドルフィンスイムを楽しめるスポットは数多くある。国内でもっとも有名なのは、

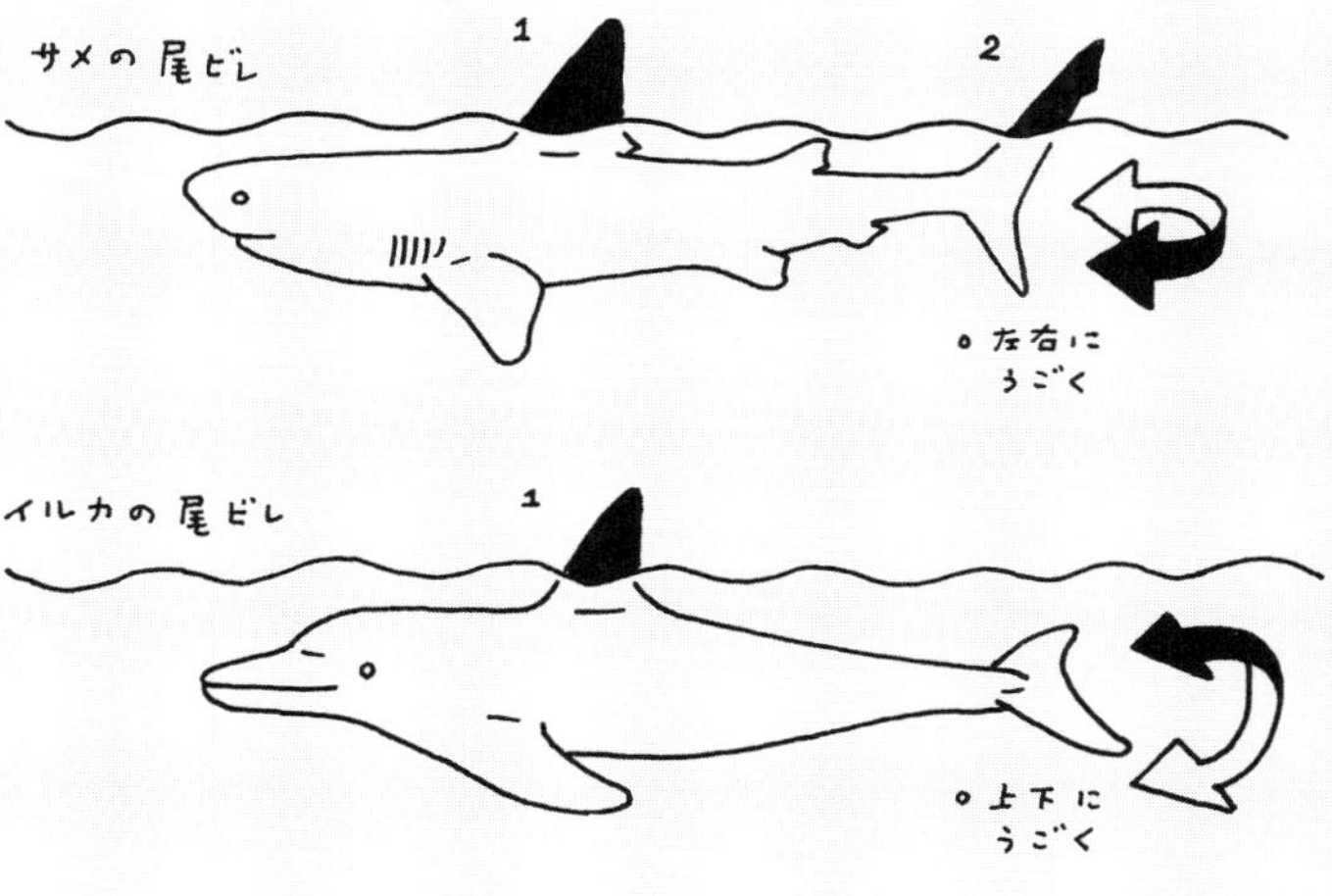

伊豆諸島《いずしょとう》の御蔵島《みくらじま》だろう。

野生のイルカの群れと一緒に泳げるなんて、ダイバーならずとも心躍《こころおど》るではないか。

わたしがサメを研究するために滞在していた小笠原諸島の父島《ちちじま》周辺にもミナミハンドウイルカがたくさんいて、学生時代はダイビングの合間にも、よくイルカを目にしたものだ。船の上から野生のイルカを見つけて、船で近づき、音をたてないように静かに海に入り、素潜《すもぐ》りでイルカと泳ぐのだ。

そういう場所で、イルカの群れをよく観察してみると、群れの最後に、ヒレが2つ、ひょこっと水面から出ていることがある。

そう、彼らである。

ドルフィンスイムの途中でシャークスイムもできちゃうなんて、わたしにとってはラッキーこのうえないことだが、読者のみなさんはいかがだろうか。（ドルフィンスイムに夢中になっていると、なかなか気がつかないものですが）。

QUESTION

「サメ」とか「フカ」とか、サメにはなんで呼び方がいろいろあるんですか？

さらに、山《さん》陰《いん》地《ち》方《ほう》で
「ワニ」といえば、サメ。
海に囲まれた島国の
日本では、サメは昔から
身近な生きものです。

郷土色豊かなサメ料理

「フカ」とはサメの別名です。英語で「サメ」を意味する言葉は「shark」ひとつですが、日本語では「フカ」と呼んだり、地域によっては「ワニ」と呼んだりすることもあります。

山陰地方で「ワニ料理」といえば、サメ肉を使った料理のことを指しますし、昔話の「因幡《いなば》の白兎《しろうさぎ》」に出てくるワニは、サメのことを指しているという説もあります。

ちなみに中国語では、サメのことを「鯊魚《シャーユー》」と呼ぶようです。その名もズバリ『鮫《さめ》』（矢野憲一《やのけんいち》著、法政大学出版局）という本によれば、日本でも、明治時代までは、サメのことを総称《そうしょう》して、「鯊」と記すことが多かったそうです。サメを漢字で書くと「鮫」、フカは「鱶」、ワニは「鰐」となります。

なぜ、「サメ」に対する呼び名や表記がいくつもできたのか。詳《くわ》しいことはよくわかっていませんが、どれもかなり古くから使われている言葉のようで、誰《だれ》がどういう理由でその名を使いはじめたのか、名前の起源を突《つ》きとめるのは困難です。サメの眼が小さく細いからという理由で、「狭い眼」の音が転じてサメになったという説もあります。

歴史を紐解《ひもと》いてみると、言葉のニュアンスの違いぐらいはおぼろげに見えてきます。「サメ」という語は、主に「サメ皮」という言葉で使われることが多かったようです。ザラザラとした手触《てざわ》りの「サメ皮」は、日本刀の柄《つか》の部分や、ヤスリとして重宝されていました（日本刀の柄の部分には、サメと同じ板鰓類のエイの皮も使われていたようです）。

小笠原諸島父島《おがさわらしょとうちちじま》で水揚《みずあ》げされたヨシキリザメと記念撮影《さつえい》

一方、「フカ」と言えば「食用のサメ」の意味として使われていたようです。

この見立ては、サメのヒレのことを「サメヒレ」と呼ばず、「フカヒレ」と呼ぶ理由として、十分に説得力があるように感じます。

サメとの関わりが有名なのは、なんといってもサメの水揚《みずあ》げ量とフカヒレの生産量が日本一の宮城県気仙沼市《みやぎけんけせんぬまし》でしょう。東日本各地で食べられているサメは、気仙沼漁港で水揚げされて運ばれてきたものが多いようです。

郷土色豊かな各地のサメ料理を味わうのも、わたしの楽しみのひとつです。「モウカ」と呼ばれるネズミザメをお節料理《せちりょうり》として供する新潟県上越市《にいがたけんじょうえつし》をはじめ、日本には、東北地方各地や、栃木県《とちぎけん》、大阪府《おおさかふ》、山陰地方、鹿児島県《かごしまけん》など、サメ肉を食べる郷土文化があります。サメの凶暴なイメージとは裏腹に、淡白《たんぱく》な白身魚そのものの味わいです。第3章では、わたしが各地で食べたサメグルメ体験を紹介します。

島国の日本では、サメは昔から人間にとって身近な生きものだったことがうかがえます。各地で人がサメと関わりを持っていたからこそ、同じ生きものに対して、さまざまな呼び名ができたのでしょう。

サメの歯って鋭《するど》く尖《とが》って
何でも噛み切れそうですけど、
歯が欠けたり
切れ味が悪くなったり
しないんですか？

サメの歯は、何度でも
生え変わります。
歯と、大きく開く
上下の顎《あご》は、サメが
サメたる所以《ゆえん》です。

サメの象徴《しょうちょう》、驚異《きょうい》の「顎」

サメの顎はとても魅力的《みりょくてき》です。なぜなら、美しい造形の歯が無限に生えてくる不思議な構造をしているからです。手品のように、歯が次々とつくり出されるのです。

顎はサメの象徴です。映画『ジョーズ』は、サメは「凶暴な人食いモンスター」だと、誤解を広める元凶《げんきょう》になりましたが、たしかにサメの特徴《とくちょう》を非常によく捉《とら》えています。「ジョーズ（jaws）」とは、もともとサメを指す言葉ではありません。英語で「サメ」は「shark」です。では、「jaws」は何かというと「jaw」の複数形で、「jaw」は「顎」を意味します。複数形の「jaws」は上顎《うわあご》と下顎《したあご》を指します。

サメの顎の骨は少し変わった構造をしています。わたしたち人間を含む哺乳類は、頭蓋骨《ずがいこつ》と上顎が一体化していて、そこに下顎がぶら下がる形でついています。対してサメは、ひとかたまりの軟骨からなる頭骨《とうこつ》と、顎の骨が完全に分離《ぶんり》しています。エサを食べるときは上下の顎全体を前に突き出し口を大きく開くことができます。映画『ジョーズ』は、サメのこの特徴的な「顎」を、恐怖の象徴として描いたのです。

『ジョーズ』では恐怖の象徴として描かれたサメの顎は、わたしにとって「美」の象徴です。わたしはサメの顎の美しさに取《と》り憑《つ》かれ、自宅にたくさんの顎の標本を飾《かざ》っています。

顎の内側には、獲物にガブリと嚙みつく「機能歯《きのうし》」の奥《おく》に、いずれ使われることになる「補充歯《ほじゅうし》」が、何層もズラリと並んでいます。「補充歯」は、奥から手前に向かって徐々《じょじょ》に

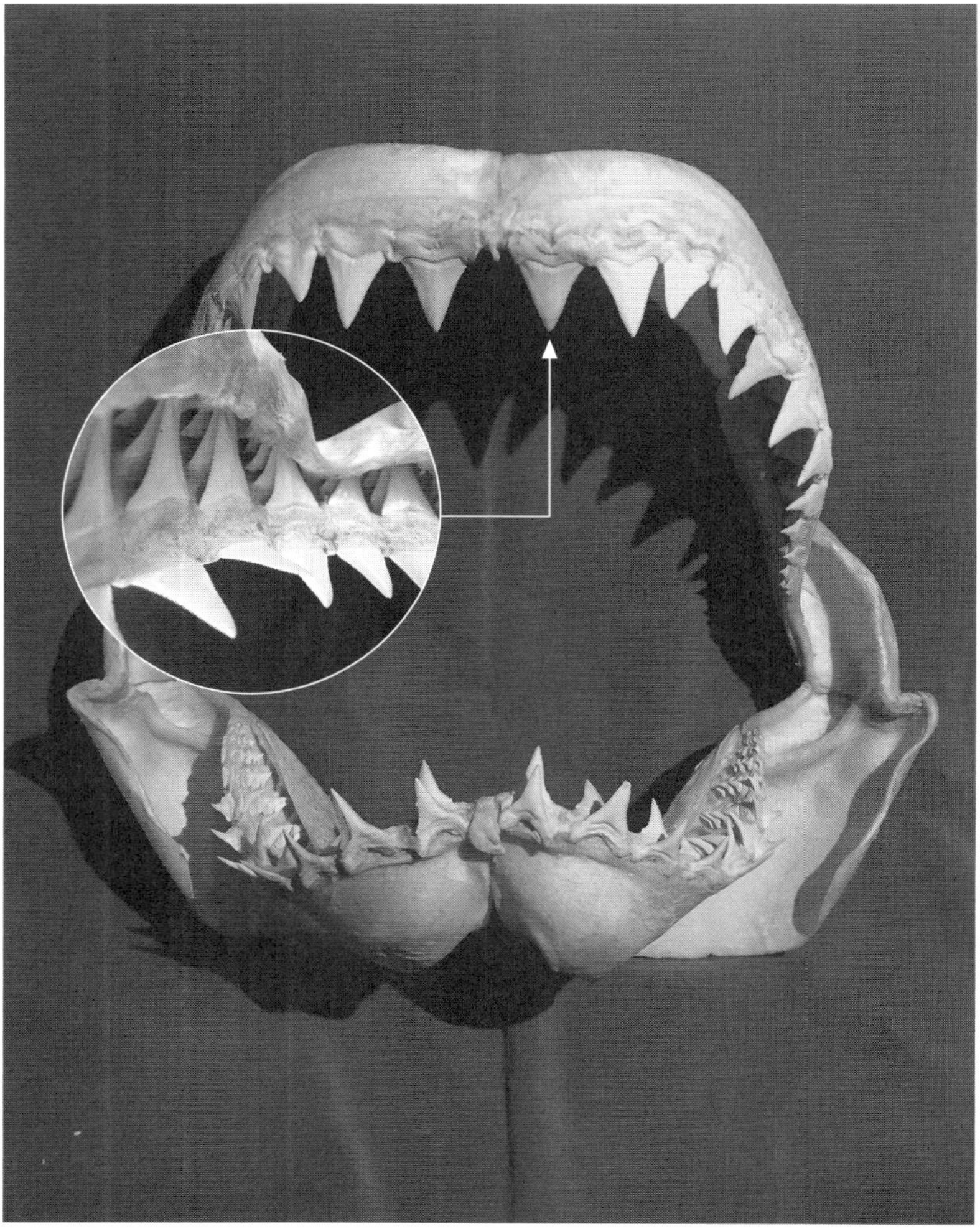

ホホジロザメの顎《あご》標本。機能歯《きのうし》と、その裏側には出番を待つ補充歯《ほじゅうし》がある

移動し、「機能歯」が何かの拍子《ひょうし》でぽろっと抜《ぬ》けると、次の歯が立ち上がるという仕組みになっています。「機能歯」は、エサを食べているときに抜け落ちたり、何もしなくても2日～1週間で「補充歯」に生え変わったりするようです。

ホホジロザメやアオザメ、イタチザメのように、歯が1本ずつポロポロ取れて生え変わるものもいますが、ツノザメの仲間などの下の顎のように、一列すべてが交換《こうかん》されるサメもいます。

一列まるごと歯が取れるとはどういうことか、わたしもよくわからなかったのですが、あるとき、ヨロイザメ（ツノザメ目ヨロイザメ科）を解剖する機会があり、おもしろい発見がありました。機能歯の下に、今にもバラバラと取れんばかりの歯が一列残っていたのです。

これから推測するに、一列まるごと歯が取れるタイプは、2段階で歯が抜け落ちていくようです。まず、機能歯がカシャンと一段下にさがり、それとおそらく同じタイミングで、次に控《ひか》える一列の歯が、波打つように立ち上がって機能歯になる。その後で、一段下にさがったかつての機能歯は、バラバラと取れていくのでしょう。サメの顎標本を夜な夜な自宅でつくりながら、長年の謎《なぞ》を自分なりに解くことができ、ひとり思わず歓喜《かんき》の声をあげてしまいました。

サメを何尾も解剖していると、口の中にいる寄生虫に出会うことがあります。アオザメやヨシキリザメの歯茎《はぐき》には、しばしばハナガタムシという寄生虫が棲み着いています。この寄生虫をピンセットで優しく取ると、その部分のサメの歯茎は、ときおりわずかに腫れているように見えます。ひょっとしたら、いつでも歯が新品なサメにも、寄生虫によって歯茎が弱る悩《なや》みがあるのかもしれません。

なぜジンベエザメに歯があるのか

サメの歯というと、ナイフのように鋭く尖ったものというイメージが強いでしょうが、実際は、種によって形がさまざまです。

たとえばホホジロザメは、側面にギザギザのついた、きれいな二等辺三角形の形をしています。獲物の肉を噛み切るのに適した歯の形です。ホホジロザメは、子どものときは魚類、大人になるとクジラやアシカなどを噛みちぎって食べています。

アオザメやミツクリザメ（ネズミザメ目ミツクリザメ科・図鑑04）の歯は、針のような細長い形をしています。動きのすばやいイカや魚を串刺《くしざ》しにして捕まえるのに適しています。海底にいる貝類を好んで食べるネコザメは、貝殻《かいがら》を噛《か》み砕《くだ》くのに適した平らな奥歯《おくば》を持ち、ウミガメを好んで食べるイタチザメは、缶切《かんき》り状の形の歯で肉を噛み切ります。深海を生息域にするラブカ（カグラザメ目ラブカ科・図鑑05）の歯は、三《み》つ又《また》に分かれた独特の形をしています。この銛《もり》のような歯で、深海に生息する魚やイカ・エビなどを捕食しているのでしょう。

不思議なのは、サメのなかでも最大級の大きさを誇るジンベエザメやウバザメの歯です。

ジンベエザメは、大きなものだと全長17mを超え、魚類で最大。ウバザメも、ジンベエザメには劣《おと》りますが、大きなものは10mを超えます。ところが、彼らの歯は米粒大《こめつぶだい》の小さなものです。

彼らはプランクトンを主食としています。大きな口を開け、海水を飲み込みながら泳ぎ、エラでプランクトンを濾《こ》して食べます。小さな生きものを食べ、どうやって彼らほどの巨体《きょたい》がつくられるのか、そのメカニズムは謎に包まれています。

ここで驚《おどろ》きなのは、プランクトンをエラで濾しているというのに、小さいとはいえ彼らが歯を持っていることです。この歯がいったい何のためにあるのか、それも謎のままです。

歯を見れば、その生物が何を食べているかがわかるとよく言われますが、ジンベエザメやウバザメはその例外的なケースと言えるでしょう。

多様な歯は、サメの多様性を表す象徴でもあるのです。

ちょっと
フカ掘り
サメ講座
No.5

18cm! 手のひら大の歯を持つサメの正体とは……

カルカロドン・メガロドン

かつて、「サメは歯である」と言った研究者がいた。

そうたとえられるように、サメの化石でもっとも多く見つかるのは歯である。なぜなら、軟骨でできているサメの骨は、エナメル質の歯と比べて化石になりにくいからだ。

脊椎骨《せきついこつ》や全身の骨が見つかっている種もあるが、歯だけ、あるいは一部の骨しか見つかっていない種も多く、それらについては歯の化石から全体の形状や大きさを想像するしかない。

サメの祖先は4億年前の古生代《こせいだい》に誕生したと考えられているが、化石から得られる情報には限りがあり、サメの進化の歴史を解明する研究は困難に直面することがしばしばだ。

ホホジロザメの歯は、根本（歯根）から先端《せんたん》までが5～7cmほど、特大級だと8cmほどのものも見つかっている。

人間の歯と比べれば、これでも十分大きな歯だが、その2倍を超える巨大な歯の化石が、日本や世界のあちこちで出土している（日本では、宮城県から比較的《ひかくてき》多く出土し、埼玉県《さいたまけん》や茨城《いばらき》県《けん》でも見つかっている）。

大きなものは、なんと長さ18cm近く！　1つの歯が人間の手のひらほどもあろうかという大きさだ。

この巨大な歯の形状は二等辺三角形。ホホジロザメの歯との類似点《るいじてん》が指摘《してき》されるが、よく観察すると、厚みや細かな形状などに違いが見られる。この歯の化石から、大きく2つのことが推定される。

ひとつは体のサイズが13〜18mほどであること、もうひとつは、歯の持ち主が生きていたのは中新世《ちゅうしんせい》（約2300万年前から約530万年前）〜鮮新世《せんしんせい》（約530万年前から約260万年前）のころだということ。

これらの情報から、かつて、現生のホホジロザメよりはるかに巨大なホホジロザメの祖先のサメがいたのだろうと、この歯の持ち主のサメに「ムカシオオホホジロザメ」という和名がつけられた。学名は「カルカロドン・メガロドン（*Carcharodon megalodon*）」、なんとも大きくて強そうな名前である。

この学名にも、命名のはっきりした由来がある。「カルカロドン」は、ホホジロザメの学名「カルカロドン・カルカリアス（*Carcharodon carcharias*）」の前半と同名で、同じグループ（属）のサメであることを示している。また、後半の「メガロドン」は古代ギリシャ語で「大きな歯」を意味し、学名全体で「大きな歯を持つホホジロザメの仲間」であることを表現しているのだ。

ところが最近になって、このサメはホホジロザメの祖先ではない、との説が有力視されるようになってきた。そのため、学名には別の名前が提案された。

その名も「カルカロクレス・メガロドン（*Carcharocles megalodon*）」。

昔の日本人は、メガロドンの大きな歯の化石を見て、「天狗《てんぐ》の爪《つめ》」だと思っていたようだ。

サメも天狗も、ミステリアスなところが人の心を惹《ひ》きつけるのかもしれない。

大海原《おおうなばら》でどうやって、サメは獲物を見つけるんですか？

最後の決め手は、
「第六感」。
サメには、微弱《びじゃく》な
生物電流を感知する
器官があります。

見えない獲物を見つける高度なセンサー

サメの頭に顔を近づけてよく観察すると、サメの鼻先あたり（吻《ふん》）に、ニキビのような孔がブツブツといくつも開《あ》いているのがわかります。そこを指で押《お》すと、孔から透明《とうめい》なゼリー状の粘液《ねんえき》が溢《あふ》れ出《で》てきます。

そのことを最初に発見したのは、18世紀のイタリアの医師で生物学者のステファノ・ロレンチーニさんです。この孔は、その名をとって、「ロレンチーニ器官」または「ロレンチーニ（氏）瓶《びん》」と命名されました。当時から、この孔には温度や塩濃度《えんのうど》の変化を感知する機能があると推測されていましたが、それが実験的に確かめられたのは1960年代のことです。トラザメ（メジロザメ目トラザメ科）とガンギエイ（ガンギエイ目ガンギエイ科）の仲間を用いた実験から、この孔が電気受容器官であること、サメが生物電流を感知してエサを見つけていることが明らかにされたのです。

生物電流を感知するとはどういうことか——。動物が筋肉を動かすときには、微弱な電流が流れることが知られています。おまけに、筋肉を動かす以前に、細胞中《さいぼうちゅう》の塩濃度と海水のそれとの差によっても電流が発生します。こうした電流を手掛《てが》かりに、砂の中に隠《かく》れている生物を見つけ出したり、獲物がどこにいるかを正確に突き止めたりしているようです。

さらにサメは、この器官を使って、方角を察知しているとも考えられています。

理科の授業で、コイルに電気を流すと磁場が発生すると習ったことを覚えているでしょう

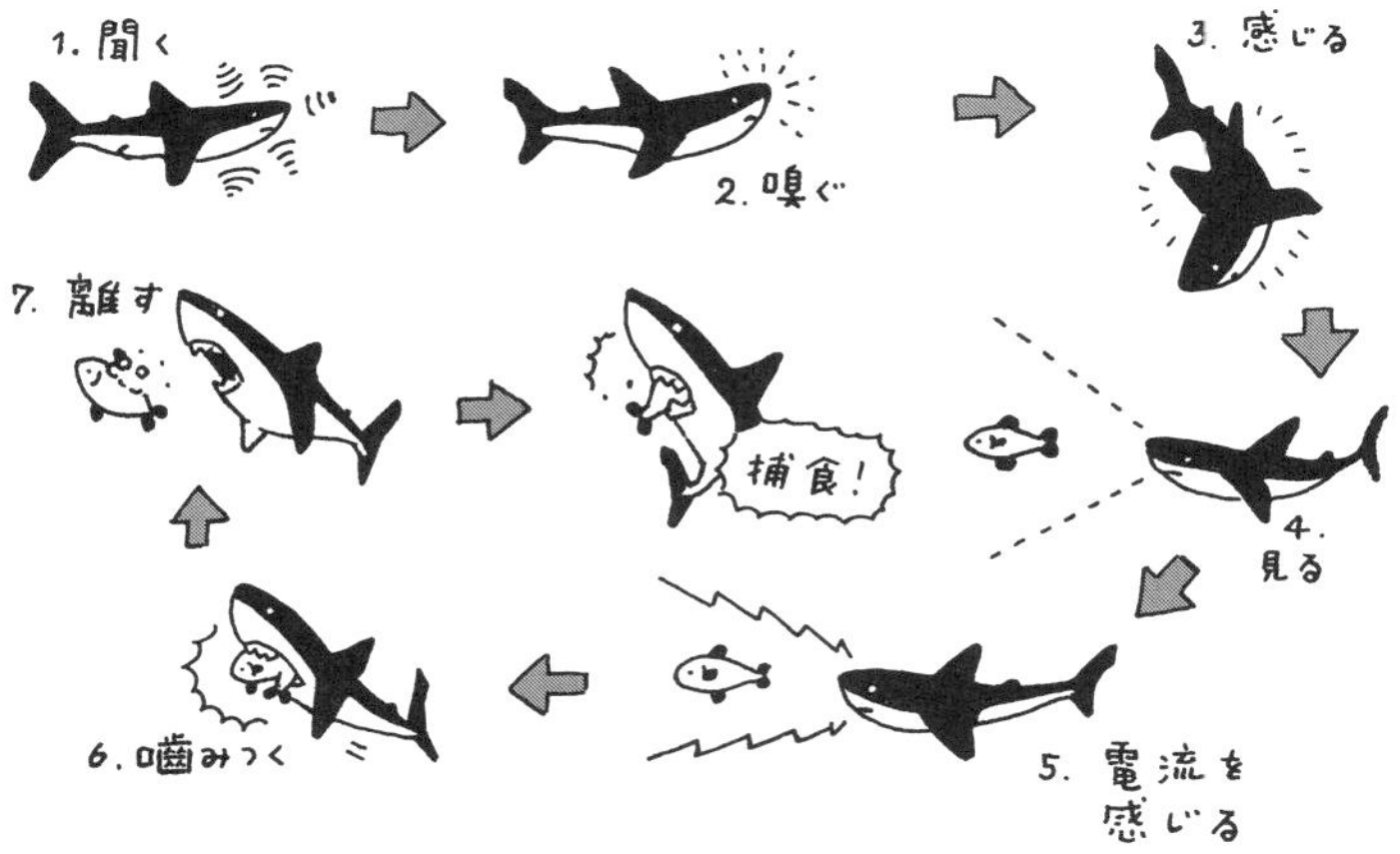

か。その逆も然《しか》りで、磁場のあるところには必ず電場が発生します。この理屈《りくつ》に従えば、サメは地磁気により生まれる電気を感知し、方位磁石のように方角を知ることができるのではないかという説もあります。

さらに最近になって、ロレンチーニ器官の水温センサーとしての役割もあらためて注目されています。水温の変化が、ロレンチーニ器官に電気的な変化をもたらしている可能性が指摘されているのです。方角検知も水温検知もいずれも現段階では仮説の域を出ませんが、眼で見えない獲物の存在がわかり、方角や水温も感知できるとなると、サメは人類のテクノロジー顔負けの、高度なセンサーを備えていると言えるでしょう。

なお、サメは全部で6つの知覚を持っています。聴覚《ちょうかく》・嗅覚《きゅうかく》・側線《そくせん》感覚（触覚《しょっかく》）・視覚・味覚・電気受容感覚（ロレンチーニ器官）の6つです。

「側線感覚」とは、サメが体の表面で、水の圧力の変化や振動《しんどう》を感じとる知覚のことです。サメは、これらの知覚を駆使《くし》して獲物の存在を感じとり、獲物を捕《と》らえます。

遠くの獲物を探すのに重要なのは聴覚と嗅覚です。

数キロメートル離《はな》れたところで獲物が発する音を捉え、音を頼《たよ》りに近づいて、距離が数百メートルに縮まると、獲物のにおいで方向を確かめます。

数十メートルの距離では側線感覚で獲物の動きを振動として感じとり、さらに十数メートルまで近づくと、視覚で獲物を捉えます。

「第六感」のロレンチーニ器官が活躍《かつやく》するのはここからです。電流を頼りに獲物の正確な位置を探《さぐ》り当《あ》て、ガブリと噛みつきます。噛んだときの食感や味覚を頼りに、食べものかどうかを確認します。

たまにお蕎《そ》麦《ば》屋《や》さんで
見かける「わさびおろし」が
サメの皮っていうのは
ほんとうですか？

はい。ザラザラの
サメ皮は「楯《じゅん》鱗《りん》」
といって、歯とまったく
同じものでできています。

サメの歯は鱗《うろこ》からできた

サメ肌《はだ》の鱗は、専門用語で「楯鱗」といいます。構造や形成過程が歯とまったく同じで、エナメル質で覆われており、硬く、「皮歯《ひし》」とも呼ばれます。「楯鱗」とは、読んで字のごとく「楯《たて》」の「鱗」。「楯」のように、身を守るための役割を担《にな》っています。この硬い鱗のおかげで、サメは骨格がシンプルでも、体を守ることができるのです。「楯」というより、全身を防御《ぼうぎょ》する「鎧《よろい》」のほうがイメージは近いかもしれません。

サメ肌を顕微鏡《けんびきょう》で見ると、歯と同じく、サメの種類や部位によって多種多様な形をしています。カスザメ（図鑑09）やネコザメのように主に海底に生息するサメは、身を守るための粗《あら》くて硬いサメ肌を持っています。ネコザメの背中にある大きな棘《きょく》も、楯鱗のひとつです。ノコギリザメの吻端にあるノコギリの歯のような突起物《とっきぶつ》も、やはり楯鱗です。

はたまた、ユメザメ（ツノザメ目オンデンザメ科）のサメ肌（90ページ写真）は、触《ふ》れただけで指先がざっくり切れてしまうほどの鋭さがあります。これも外敵から身を守るためでしょう。全長10m級の巨大なウバザメも、イバラのようにトゲトゲしいサメ肌を持っています。

「楯鱗」こそが、ザラザラすると言われる「サメ肌」の正体です。「楯鱗」には「向き」があり、頭から尾ビレのほうを向いています。その向きに逆らって撫《な》でようとすると、引っかかってザラザラするのです。鱗の向きが一定なのは、水の流れを安定させ、水の抵抗を減らすためと考えられます。鱗の表面に水平に溝《みぞ》がついているサメもいて、それも水流の安定に

ユメザメの楯鱗《じゅんりん》（電子顕微鏡《けんびきょう》写真、倍率2万倍）。写真左が頭（写真：東海《とうかい》大学海洋学部）

一役買っています。サメが速く泳げるのも、「サメ肌」のおかげなのですね。

　ホホジロザメやアオザメ、イタチザメやヨシキリザメなど、外洋を高速で泳ぎ回るネズミザメ目やメジロザメ目の仲間の多くは、サメ肌が細かくなっています。水の抵抗を最小限にするためと考えられていますが、ひとつひとつの鱗が小さいため、「楯」としての機能はさほどなさそうです。

　なお、トゲトゲしいサメ肌のウバザメは、生息範囲が広く、長い距離を泳ぎ回っています。もしかすると、このトゲトゲは、防御と、水流を整えて遊泳性を助けるような用途を兼《か》ね備《そな》えた形なのかもしれません。

　冒頭《ぼうとう》で、楯鱗は歯と同じ構造を持ち、「皮歯」という別名があることを紹介しました。

これに関して、興味深い学説があります。鱗が歯に似ているのではなく、話は逆で、歯が鱗からできたという学説です。

ドイツの発生学者だったオスカー・ヘルトヴィッヒ（1849年〜1922年）は、サメの歯は鱗から由来したとする「楯鱗由来説」を提唱しました。もっとも古い脊椎動物のひとつである甲皮類《こうひるい》は、顎も歯もなく全身は鱗で覆われていたといいます。顎の骨もないので口はぽっかりと開いたまま。進化の過程で、口の周りにあった鱗がやがて口の中に入り込んできて、それが歯になったというのです。

歯の起源とも考えられるサメの楯鱗を、人間は、わさびおろしやヤスリに活用してきました。ほかにも、練馬《ねりま》大根を干す前に表面に細かい傷をつける用途や、浮世絵師《うきよえし》が刷毛《はけ》を〝筆下ろし〟する際、自分の好みの硬さにするためサメ肌で刷毛先を透《す》く用途にも使われていたようです（第2章206ページ参照）。

とかく「恐怖の危険生物」とのレッテルを貼《は》られるサメですが、実はさまざまなところで人間の役に立っているのです。

先日、水族館で解説をしていたときのこと。サメやエイのいるタッチプールで、ホシエイを触っていたお客様から、「エイは表面がザラザラしていないから楯鱗はないのですか？」と聞かれました。かなり高度な質問です。実際、エイ類を触るとヌメッと感じることがよくあります。

このぬめりの正体は、エイの体を覆う粘液状の保護膜《ほごまく》です。この保護膜は、泳ぐときの水の抵抗を減らしているとも考えられ、種類によってはまったく楯鱗のないエイもいます。

また、触れてもザラザラを感じない程度に小さいケシの実状の楯鱗を持つエイもいれば、体表の全面ではなく、一部にのみ楯鱗を持つものもいます。エイの棘も、やはり楯鱗です。

こうした違いは、エイの種を分類するための判断基準になっています。

QUESTION

サメは魚なのに交《こう》尾《び》するってホントですか？

はい。
〝ただの魚〟と違うのは
それだけではありません。
「子宮」で子ザメを育てる
「胎《たい》生《せい》」のサメが7割います。

魚類なのにお腹の中で子どもを育てる母ザメ

「軟骨魚類」のサメとエイは、オスとメスが交尾し、体内受精によって子どもをつくります。メスが産んだ卵にオスが精子をかけ、体外受精で子どもをつくる多くの「硬骨魚類」の繁殖法とは大きな違いです。

サメの出産の形態は種によってさまざまです。おおまかには、哺乳類のようにお腹の中で子ども（胎仔《たいし》）を育てて赤ちゃんザメを産む「胎生」と、卵を産む「卵生《らんせい》」の2つに分けられます。サメの「胎生」というのは、母体内で発生した子ザメ（胎仔）がなんらかの栄養補給を受けて育ってから産み落とされることをいいます。「胎生」のサメはサメ全体の6～7割、「卵生」は3～4割を占《し》めます。

ちなみに、「サメ」を漢字で書くと、「魚（うおへん）」に「交わる」で「鮫」です。この字の起源は、サメが交尾によって子孫をつくる珍しい魚であるからとも言われますが、人間がサメの交尾シーンに遭遇するのはきわめてまれで、真偽《しんぎ》のほどは定《さだ》かではありません。

また、同じくサメを意味する「フカ」は、「魚（うおへん）」に「養う」で「鱶」という字を書きます。こちらは、「胎生」のサメがお腹の中で子どもを育てて出産する様を示していると考えられます。サメ食文化のある地域なら、サメを捌《さば》いたときにお腹の中の子ザメたちと遭遇する機会はあったはずです。わたしとしては、こちらの説には説得力を感じます。

母体内での受精から出産までの流れは大きく次のとおりです。

精子がメスの体内に入ると、「卵殻腺《らんかくせん》」というところに精子が貯《た》められます。そこに、卵巣から排卵《はいらん》されてきた卵が「輸卵管《ゆらんかん》」を通って運ばれ受精します。卵殻腺の中で、受精卵《じゅせいらん》となった卵のまわりに卵殻や薄《うす》い膜が形成され、「子宮」に送られます。なお、厳密にいえば、サメには「子宮」は存在せず、輸卵管の一部で卵を育てますが、以下ではわかりやすく「子宮」の名称で統一します。

卵生のサメの多くは、卵殻に包まれた受精卵を産みますが（ネコザメとトラザメの仲間に多い）、なかには、母体内で卵の発生が進み、偶発的《ぐうはつてき》に子ザメを産む種もあります（ナガサキトラザメやヤモリザメの仲間の一部）。出生サイズまで育った子ザメや、卵殻に包まれた卵は、肛門《こうもん》と膣《ちつ》がひとつになった「総排出腔《そうはいしゅつこう》」から産み落とされます。

胎生のサメの、母体内での育ち方も実に多様です。まず、子ザメが栄養を卵から得るか、母体から得るかで大きく2つのパターンに分かれます。卵から孵《かえ》った子ザメが、母体内で自分の卵黄《らんおう》だけで成長する「卵黄依存型《いそんがた》」と、母ザメから栄養補給を受ける「母体依存型」の2つです。前者の代表例としては、サガミザメ（ツノザメ目アイザメ科・図鑑03）が挙げられます。

後者の「母体依存型」は、さらに3つの繁殖形態に分類できます。ひとつは、母ザメが孵《ふ》化《か》した子ザメのために、エサとしての卵（未受精卵）を提供する「卵食型」です（ホホジロザメやアオザメなど）。このバリエーションとして、孵化した子ザメどうしが兄弟姉妹《しまい》で共食いするパターンもあります。

概念図

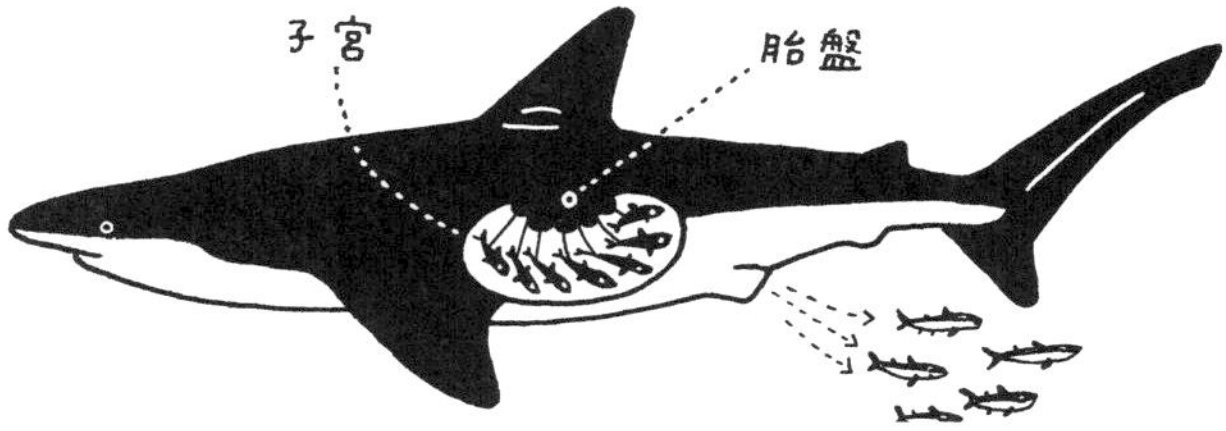

メジロザメの仲間などは、
母ザメの子宮のなかで胎盤に
つながれてすくすく育つ。

2つ目は、子宮壁《しきゅうへき》から分泌《ぶんぴつ》される栄養物「子宮ミルク」を子ザメに供給する「子宮ミルク型」です。これは従来、エイの仲間で確認されていました。近年の研究によれば、ホホジロザメ（ネズミザメ目ネズミザメ科）の子宮内からもミルクが発見されたため、「卵食型」に加え、一定期間は「子宮ミルク型」である可能性もあるようです。3つ目は、「胎盤《たいばん》」を形成し、「へその緒《お》」を介《かい》して栄養を与《あた》える「胎盤型」です。胎盤もへその緒も、哺乳類のものとは起源がまったく異なりますが、とても似ている働きをしているところが驚きです。メジロザメの仲間などは、この繁殖形態で子ザメを育てます。

胎生のいずれのパターンでも、子ザメがある程度の大きさまで育つと、「総排出腔」から産み落とされます。

少数精鋭《せいえい》の生存戦略

「卵生」にせよ「胎生」にせよ、メスが産み落とす数は数個あるいは数尾から数十程度です。まれに、100~300尾以上を産む種類もありますが、一度に数千万個の卵を産む硬骨魚類と比べるとはるかに少ない数です。つまりサメは少数精鋭の生存戦略をとっているのです。「硬骨魚類」が数え切れないほどの卵を産み、「数撃《う》ちゃ当たる」の作戦で生き残りを図《はか》るのとは対照的です。なかにはシロワニのように、母体内で兄弟姉妹が生存競争を繰り広げ、生き残った「最強」の子ザメだけを大海原に送り出すサメもいます（第2章217ページ参照）。これが先ほど述べた「卵食型」のバリエーション「共食い」のパターンです。

「卵生」のサメの卵も、「硬骨魚類」のそれと比べると独特です。「魚の卵」と聞くと、子持ちししゃもやイクラのように、小さな粒状《つぶじょう》の卵が無数にあるのを想像するかもしれませんが、サメの卵は一度に産む数が少ないのに加え、サイズも大きく形も独特です。

たとえばネコザメは、ドリルのような形をした15㎝大の卵殻に包まれた卵を産みます（第2章195ページ参照）。ナヌカザメの卵殻は平べったく横長《よこなが》で、四隅《よすみ》に巻きヒゲがあります。浜辺に打ちあがっていることもあることから「人魚の財布《さいふ》」とも呼ばれています。サメは交尾をするだけでなく、子ザメの生まれ方もバリエーションが豊富です。まだ繁殖方法が解明されていないサメもたくさんいます。

ちょっと
フカ掘り
サメ講座
No.6

サメ界を騒然《そうぜん》とさせた、シュモクザメの「処女懐胎《かいたい》」

メスしかいない水槽で

2007年5月、ひとつのニュースがサメ界を騒然とさせた。

ウチワシュモクザメ（メジロザメ目シュモクザメ科）のメスが、オスと一度も交尾をしたことがないのに子どもを産んだというのだ。いわゆる「処女懐胎」、生物学的に言うと、受精することなくメスが子どもを産む「単為生殖《たんいせいしょく》」が、サメで起こりうることがはじめて確認されたケースだった。

ことの発端《ほったん》は、2001年に遡《さかのぼ》る。米国ネブラスカ州の水族館で飼育していた3尾のメスのウチワシュモクザメのうちの1尾が、子ザメを出産した。

それだけなら、さして珍しいことではない。驚くべきは、この3尾が、3年ほど前にフロリダで捕獲《ほかく》されて以来、オスのいない水槽で過ごしてきたという事実だ。

メスしかいない環境下《かんきょうか》で、どうして子ザメが生まれたのか——。

最初に考えられたのは、すでに交尾経験のあるメスだったのではないかという可能性。

多様な生物の繁殖形態は、人間の「性」の常識だけでは計り知れない。サメもその一例で、メスの体内の「卵殻腺」で、オスの精子を一定期間保存し、受精することができた事例もある。ウチワシュモクザメもこの能力を備えていて、水族館に連れられてくる前に、オスと交尾していた可能性がまず検討された。

しかし、それは2つの理由で否定される。

ひとつは、期間の長さ。精子の貯蔵ができるのは、長くても1年程度と考えられており、3年も前の精子を保存していたというのは、さすがに現実的ではなかった。

もうひとつの理由は、この3尾が水族館に連れられてきたとき、彼女《かのじょ》らはまだ大人になりきっていなかったこと。生殖活動ができる状態にはなっておらず、精子の保存期間の長さ以前に、交尾の可能性そのものが否定されたのだ。

そこで、生まれた子がオス由来の遺伝子を持つか検査が行われた。卵と精子が受精して（つまり、オスとメスが交配する「有性生殖」によって）子どもができた場合、子はオス由来の遺伝子とメス由来の遺伝子をあわせ持つ。ところが、この子ザメからは、オス由来の遺伝子がまったく検出されず、「単為生殖」によって産まれたと結論づけられることになった。

ドバイの豪華《ごうか》ホテルでも

その後も、単為生殖の事例は、いくつかの種類のサメで確認される。なかでも発見や研究報告が相次いでいるのがトラフザメ（テンジクザメ目トラフザメ科）だ。

トラフザメで最初に単為生殖が確認されたのも2007年のこと。ドバイの豪華ホテルにあるレストランの水槽で、メスのトラフザメが、オス不在の環境で産卵したことが確認された。飼育担当者は、この環境で孵化することはないと考えたが、卵にライトを当ててみると、中で赤ちゃんが動いていたのである。驚きはこれで終わらない。同じサメがその後4年連続で処女懐胎を成《な》し遂《と》げ、そのニュースは科学誌で大きく報じられた。

2016年6月には、オーストラリアの水族館でもトラフザメの単為生殖が確認される。オスと隔離《かくり》された環境で母ザメが41個の卵を産み、そのうち3つの卵から子ザメが無事に孵化した。この話には続きがある。その後、過去の繁殖記録を綿密に調べたところ、処女懐胎で卵を産んだこの母ザメは、かつてオスと同じ環境で飼育されていたときに、オスとの交尾、すなわち「有性生殖」を経て、何度も産卵していたというのだ。すなわち、同一の個体が、有性生殖から単為生殖へ転換《てんかん》していたことが確認されたのだ。

日本ではドチザメの事例が

生物学では一般に、有性生殖は、遺伝子の多様性を高め、種として環境への適応力を高めるために獲得《かくとく》されたものと説明される。同じ遺伝子のコピーしかつくれなければ、環境の変化に対して種が全滅《ぜんめつ》するリスクがあるが、オスとメスの遺伝子を掛《か》け合《あ》わせれば、遺伝子にバリエーションを持たせ、環境の変化に適応する個体が生まれてくる可能性がある。本来なら有性生殖をする生物が単為生殖をするのは、メスしかいない環境で、自身の遺伝子を残すために有効な繁殖戦略だと考えられている。

日本でも、単為生殖ではないかと思われる事例が報告されている。2016年5月に、富山《とやま》県《けん》の魚津《うおづ》水族館で生まれたドチザメ（メジロザメ目ドチザメ科）2尾が、そうだという。

その水槽にはもともとオスがおらず、2012年からメスのドチザメだけが3尾いたが、さすがに4年もの長期間、精子を貯蔵する可能性は考えにくい。現在、魚津水族館と東海《とうかい》大学海洋学部で共同研究しているとのこと。

これが「単為生殖」であった場合は、ドチザメで世界初の報告事例となる。

とても興味深いサメ研究のひとつである。

QUESTION

だったら、サメのオスには「おちんちん」があるんですか？

はい。
しかも2本。
どう使うのか、
その動きを目撃した
ことはあります。

なぜ2本？

サメとエイのオスには、交尾のための「交接器」（クラスパー、交尾器とも）と呼ばれる生殖器《せいしょくき》が2本あります（ちなみにメスも1対の子宮があります）。

生物がなぜその形をしているか、その理由を突き止めるのは簡単なことではありません。「生存に有利だから」、あるいは、「進化の過程の名残《なごり》」、というのが、生物の形を説明する理由の王道ですが、「その形でなければならない理由」を明確に示すのはなかなかに難しいものです。

サメの「交接器（クラスパー）」が2本ある理由についても、大きく2つの説が唱えられています。

ひとつは、「生存に有利だから」という説で、「1本なくなっても繁殖行動がとれるようにするため」という理由。もうひとつは、「進化の過程の名残」説で、「1対の腹ビレが変形した」という理由。「両方正しい」のかもしれませんし、進化の時計の針を逆には戻《もど》せない以上、「本当のところはわからない」というのが正解なのかもしれません。

わたしは、交接器を1本しか持たないサメをこの目で見たことがあります。2016年に静岡県焼津市《やいづし》で漁獲された深海ザメのミツクリザメです。これまで1000近いサメの個体を見てきたわたしでも、交接器を1本しか持たないサメを見たのははじめてでした。これはとても珍しいことなのです。

ちなみに、このサメを水揚げした漁船は、焼津で深海ザメ漁を営む「長兼丸《ちょうかねまる》」です（長兼丸については第2章133ページを参照）。専門の漁師さんにとっても、駿河湾でのミツクリザメの漁獲は35年ぶりの珍しいできごとで、おまけに交接器を1本しか持たない個体であったということで、ダブルの珍しさに、漁師さんもわたしも大興奮したのをはっきりと覚えています。

このときの個体が、なぜ交接器を1本しか持たなかったのか——。推測の域を出ませんが、わたしにはもともと2本あったものの1本を失ったように思えました。理由は2つ。ひとつは、交接器がついている腹ビレごとなくなっており、何者かに噛みちぎられて治癒《ちゆ》した傷跡のように見えたこと。もうひとつは、「サイフォンサック」という交接器の前方についている袋の存在を、解剖したときに確認したからです。このサックは、オスが交尾の際に海水を取り込むためのものです。以上のことから考えると、「大事な器官だから2本ある説」に、より説得力があるように感じます。

サメの交尾は右が左で左が右

この2本の交接器を、サメはどのように使うのか——。残念ながら詳しいことはよくわかっていません。ただ、ダイビング中や水族館での飼育中に、交尾の様子の目撃例があるオオテンジクザメ（テンジクザメ目コモリザメ科）やネムリブカなどでは、左右の交接器の片方だけを使っていることが確認されています。

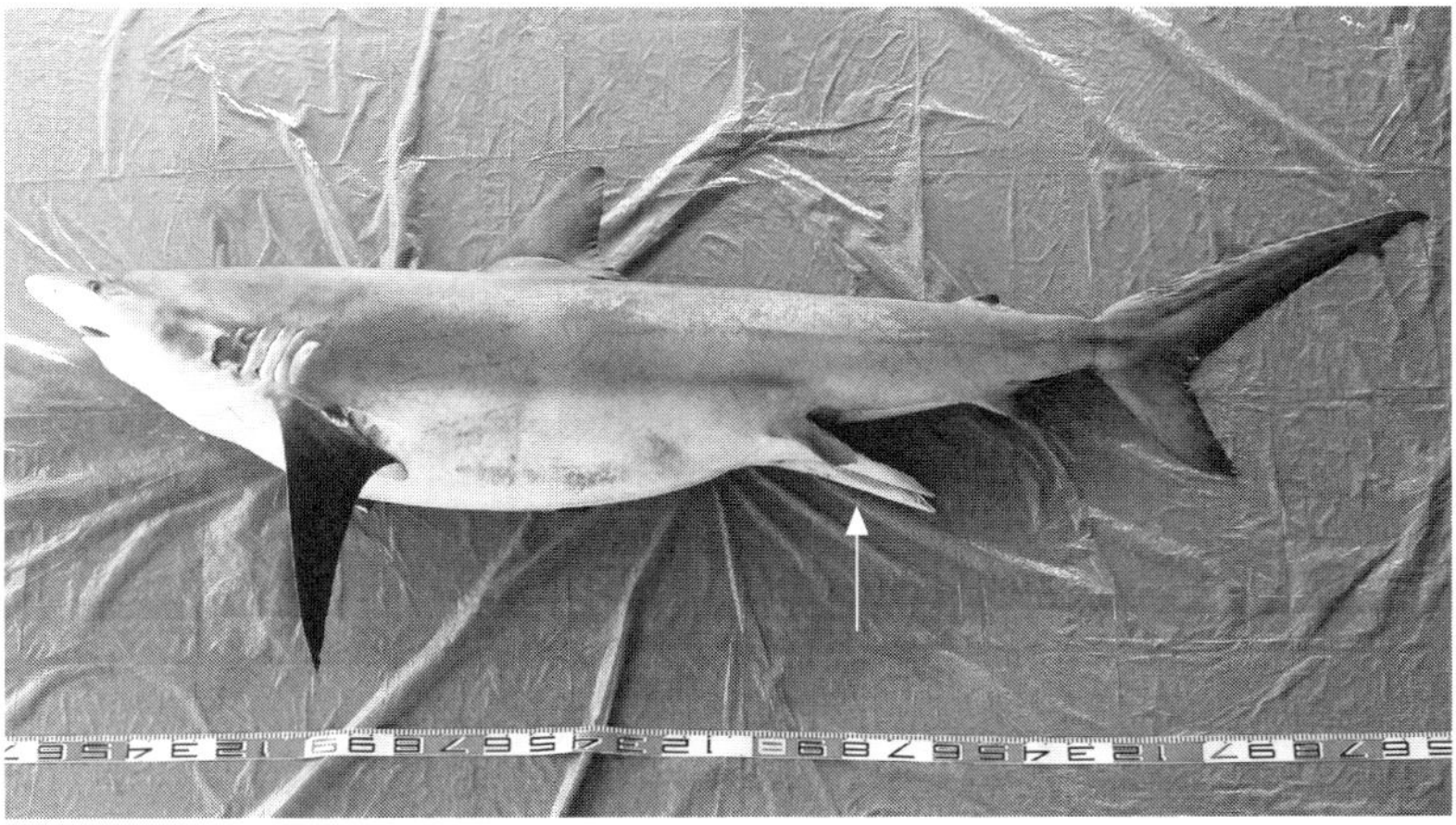

ドタブカ（メジロザメ目メジロザメ科）の「交接器」（写真：沖縄美《おきなわちゅ》ら海《うみ》水族館）

　また、漁獲されたサメの交接器を調べてみると、右にあるものは左へ、左にあるものは右に曲がりやすくなっていることが、いくつかの種のサメで確認されています。なぜかはわかっていませんが、交接器の位置と曲がる方向があべこべになっているのです。つまり、メスがオスの左側にいるときは右側のものを左に曲げ、メスが右側にいるときは左側にあるほうを曲げて交尾すると考えられるのです。

　わたしは幸運にも、「長兼丸」に乗ってサガミザメが漁獲された際、生きているサメの交接器の動きを目撃する機会に恵《めぐ》まれました。交尾するにはオスとメスが並走《へいそう》（というか並泳《へいえい》）して、オスが左右のどちらかからアプローチするしかありません。どういう並びになるかは、そのときの流れ次第《しだい》。メスが左右どちらにいようと交尾できるというのも、交接器が2本必要な理由のひとつなのかもしれません。

もうひとつ、サメの交尾にまつわるおもしろい話をすると、交尾の最中、オスがメスのヒレや体に噛みつく習性があります。すなわち、体に歯形や噛み傷があるかどうかで、そのメスが処女かどうかわかるということです。

噛みつきながら交尾をする理由には2つの説があります。ひとつは交尾の際に体を固定させるためという説、もうひとつは性的興奮を促《うなが》すという説です。2本の交接器を持つことといい、サメの生殖は人間の性の常識を超越《ちょうえつ》しています。

サメを川で
見たという人が
いるんですけど……。

はい。
川（淡《たん》水《すい》）にも、
大きなサメが
います。

ゴルフ場の池にもサメが

サメには500を超える種が確認されています。全長10㎝ほどの手のひらサイズの小さなサメもいれば、最大の魚類ジンベエザメのように大きさが17ｍを超す巨大なサメもいます。見た目はエイにしか見えないサメや、頭がハンマーのような形をした変わったサメもいますし、光ったり歩いたり、特殊《とくしゅ》能力を持つ不思議なサメもいます。

外見も能力も多様なサメは、生息域もさまざまです。多くのサメは、熱帯域や亜熱帯域〜温帯域を好んで生息しますが、寒帯域〜極域という寒い海を好む種類もあります。外洋を回遊するサメもいれば、一部の沿岸域だけにしかいないものもいますし、光の届かない深海で暮らすサメもいます。

なかでも特筆すべきは、海から川を遡り、汽水域や淡水域でも生息できるオオメジロザメです。彼らが淡水でも生きられるのは、体の中のミネラルや尿素《にょうそ》の濃度を調節し、環境に適応することができる能力があるから。オーストラリアのあるゴルフ場の池には、洪水《こうずい》で取り残されたオオメジロザメが複数尾泳いでいる姿が発見されたことがあります。

日本の沖縄《おきなわ》の川でも、オオメジロザメの幼魚を観察することができます。わたしも実際、那覇《なは》市内の川でオオメジロザメを目撃したことがあります。那覇最大の繁華街《はんかがい》・国際通りの近くを流れる川です。6時間ほど根気よく粘《ねば》って眺《なが》めていたら、大きさ70〜80㎝、おそらく生まれて間もない子ザメが7〜8尾、泳いでいる姿を見ることができました。外敵の少ない安全な川で、エサをたくさん食べて大きく育ってほしいものです。

先にも触れたように、『ジョーズ』の脚本のもとになった「ニュージャージーサメ襲撃事件」で、人を襲った真犯人は、今ではオオメジロザメと考えられています。その決め手になったのは、襲われた5人のうち3人が川にいたことです。襲撃事件から2日後、全長2・5mのホホジロザメが網にかかり、胃の中から人骨のようなものが見つかったため、当時はホホジロザメが犯人とされていましたが、ホホジロザメは川に入っていくことができない種のサメであるため、その見方は否定されました。

ほかにも、淡水域に生息するメジロザメの仲間がいることがわかってきました。ガンジス川（インド）やザンベジ川（アフリカ南部）、パプアニューギニアなどの川には、淡水に適応したメジロザメの仲間が数種類生息していることが確認されています。

エイの仲間も淡水域に生息する種類がいます。南米には、川の中だけで生息するポタモトリゴンというエイの仲間（トビエイ目ポタモトリゴン科）が知られていますし、川に棲むノコギリエイの仲間もいます。淡水域のサメやエイについてはサンプルの入手がきわめて難しい場合も多く、まだまだ生態が十分に解明されていない分野です。

ちょっと
フカ掘り
サメ講座
No.7

生まれは江戸《えど》時代初期！ 最新テクノロジーが明かしたニシオンデンザメの寿命《じゅみょう》は400歳《さい》

ホホジロザメは70歳!?

わたしは大学在学中、研究論文を書くためにサメの年齢《ねんれい》を調べたことがある。

年齢査定のポイントは大きく2つ。ひとつは、骨に刻まれている年輪（輪紋《りんもん》）だ。サメの脊椎骨を取り出し、ダイヤモンドカッターで薄く切り、この輪紋数と魚体の大きさから、年齢を推定する。

サメの年齢を数える方法はほかに、水族館の飼育環境で経過日数を数え、その間の魚体の成長から推定する方法があるが、問題点がひとつ。そもそも水槽内での飼育が困難なサメもいるし、水槽内だと自然界と異なる成長をする可能性があるのだ。

また、漁獲した個体に目印をつけて海に戻し、次に捕まえたときの日数を数える「標識放流」もある。ただ、海に帰したサメをもう一度捕まえられるかどうかは運任せの要素が強いのが難点だ。

だが、新たに「放射性炭素年代測定法」という手法が、サメの年齢査定に導入されるようになったのだ。

これはもともと、死んだ動植物の生息年代を測定するために開発されたものだが、近年、生きている生物の年齢を測定する方法として応用されるようになった。

それによると、ホホジロザメの寿命は、従来推定されていた年齢の倍近く、70年近くであるとの結果が導き出された。

推定平均年齢は272歳

2016年8月、デンマークのコペンハーゲン大学の研究チームが、米科学誌『サイエンス』の電子版に研究成果を発表した。

北大西洋の極域に生息する大型の深海ザメ、ニシオンデンザメ（ツノザメ目オンデンザメ科）が400年近く生きていることを明らかにしたのだ。脊椎動物で最長寿《さいちょうじゅ》の新記録、生まれは江戸時代初期というから驚きである。

ニシオンデンザメは、成長すると全長5~6mにもなり、1年間で数センチメートルしか成長しないことが知られていた。そのため、かなりの長寿であると推測されていたが、正確に年齢を測定する術《すべ》がなかった。

コペンハーゲン大学のユリウス・ニールセン博士は、ニシオンデンザメの眼球にあるタンパク質が生きている間は変化しないことに注目し、眼球のタンパク質に含まれる放射性炭素を測定して年齢を調べることに成功した。

研究チームがこのときの調査で28尾の年齢を調べた結果、推定平均年齢は272歳。最長寿を記録したのは全長5mのメスで、推定392歳だ。従来の記録で脊椎動物で最長寿だったのは211歳のホッキョククジラだったため、記録を大幅《おおはば》に更新《こうしん》する結果となった。大型のサメは、人間に匹敵《ひってき》するどころか、人間よりもはるかに長く生きる生物であるようだ。

このニシオンデンザメ、「バイオロギング」の手法で海洋生物の生態解明に取り組む渡辺佑基さんの研究によれば、「体の大きさ」の利点があるにもかかわらず、平均時速1㎞でしか泳げない「世界一のろい魚」なのだとか。

ニシオンデンザメは北大西洋の極域に生息する（撮影《さつえい》：アンディ・マーチ）

それには、先のコラムで見たように（56ページ参照）、「体温」が大きく影響しているようだ。

ニシオンデンザメが生息するのは北極の深海。水温は低く、変温動物の魚類は体温も低くなる。そのため、尾ビレの筋肉をゆっくりとしか動かせず、速く泳ぐことができないのだと渡辺さんは推測している。

不思議なことに、こののろいニシオンデンザメのお腹の中から、すばやく泳ぐアザラシが出てくることがある。ニシオンデンザメがどのようにしてアザラシを捕食しているのかは、謎に包まれている。

もうひとつ、ニシオンデンザメには大きな謎がある。なんと、眼に寄性虫が棲み着いているのだ。寄生性カイアシ類が瞳《ひとみ》に深く根を張り、おそらく視力を失っていると考えられている。嗅覚や側線感覚、電気を感じるロレンチーニ器官があるとはいえ、視覚ゼロでどのようにエサを捕まえるのだろうか。

サメに天敵っているんですか？

英語で「キラーホエール」
という名のシャチ。
そして、いちばんは
わたしたち人間。

ときには人間を襲う「殺し屋」

サメは肉食性の生物です。魚介類《ぎょかいるい》を中心に、アシカやアザラシ、トドやクジラなどの哺乳類や、ウミガメや海面にいる海鳥を食べるサメもいます。自分より小さなサメもエサになります。そのなかでも、ホホジロザメ、イタチザメ、オオメジロザメは、「魚類最強のハンター」と言われます。海の食物連鎖《れんさ》の頂点に君臨し、存在を脅《おびや》かす敵などいないと思われがちですが、そんな彼らにも「天敵」がいます。その筆頭格は、哺乳類のシャチ（クジラ偶蹄目《ぐうていもく》ハクジラ亜目マイルカ科）です。

ホホジロザメは、大きくなっても全長6mぐらい（メス）ですが、シャチのオスは9mぐらいにまで成長します。「魚類最強」の彼らにしても、身体能力ではシャチに敵《かな》いません。おまけに、シャチは哺乳類ならではの頭脳を発揮し、群れで連携《れんけい》してサメを襲います。肝油をたっぷり含んだ肝臓がシャチにとってはご馳走《ちそう》なのだとか。

ちなみに、シャチの英語名は「Killer whale」、日本語に訳せば、「殺し屋のクジラ」というニュアンスでしょうか。その名前は伊達《だて》ではなく、ときには人間をも襲います。わたしも知り合いの漁師さんから、シャチに襲われ背筋が凍《こお》る思いをした経験を伺《うかが》ったことがあります（詳しいエピソードは後ほど紹介します）。

「天敵」と呼べるかどうかはさておいて、水族館のような飼育環境では、サメは思わぬ生物の存在によっても命を落とすことがあります。その一例が、全長わずか20㎝、尖った口を持つチョウチョウウオの仲間（スズキ目チョウチョウウオ科）です。この口で眼を突かれると、サメは弱って死んでしまうことがあります。サメにとって眼は弱点のひとつ。サメ肌の楯鱗で守られていないから、ちょっとした衝撃《しょうげき》が大きなダメージになるのでしょう。

そして、サメの生存をシャチ以上に脅かすのがわたしたち人間の存在です。

先ほども見たように（36ページ参照）、「国際自然保護連合（ＩＵＣＮ）」は、野生生物の絶滅のおそれを評価し、その結果を「レッドリスト」にまとめています。

そこでは、サメやエイ、ギンザメを含む「軟骨魚類」１１８８種のうち、１０８７種が評価・登録されています（２０１６年現在）。このうち、ＩＵＣＮの定義で「絶滅危惧種」と認定《にんてい》されているのは、サメで74種（評価対象は４７６種）、エイで１１４種（同５６５種）、ギンザメで１種（同46種）、合計１８９種です（全体の17.４％）。そのなかには、ホホジロザメやジンベエザメ、シュモクザメの仲間なども含まれています。

ヒトとサメの関係を考える

サメの祖先は4億年前に地球に誕生しました。人類の祖先の誕生は、古く見積もっても７００万年前とされていることを考えると、サメは生物としてははるかに先輩《せんぱい》です。少数の大きな子を産み、個体の寿命を長くする繁殖戦略が、功を奏した結果と言えるでしょう。

ところが、過去4億年も有効だった戦略が、おそらくここ１００年ほどの間に、子孫繁栄《はんえい》には不利に働くようになってしまいました。その原因は、この間にヒトが個体数を膨大《ぼうだい》に増やし、高度な技術を手に入れ、大挙して海に進出するようになったからです。

サメはフカヒレとサメ肉が食料になり、サメ皮や軟骨、肝油も経済的有用性があることから、乱獲された歴史があります。さらには、『ジョーズ』をきっかけにしてゲームフィッシングで多くのサメが悪役として命を奪《うば》われました。サメ以外の魚を獲る漁で、サメが誤って漁獲されることもあります。

このままのペースでサメを乱獲し続けると、ある種のサメは絶滅に向かい、海の生態系はバランスを失することになるはずです。海の生態系の混乱は、何らかの形で人間の暮らしにも影響を及《およ》ぼすことでしょう。

ヒトは、「脊椎動物亜門－哺乳綱－霊長目《れいちょうもく》（サル目）－ヒト科」に属する生物の一種であり、ヒトを取り巻く生態系のなかでしか生きていくことはできません。ましてや、サメの視点で見れば、人間は新参者の生物にすぎません。後から地球に棲まわせてもらっている生物として、わたしたち人間は、サメとの共存、ひいては多様な生物たちとの共生関係を築いていくことを真剣《しんけん》に考えるステージに来ているように思えます。

ヒトとサメの関係を考えることは、ヒトのあり方を考えることにつながっていきます。言《い》い換《か》えれば、サメを知り、サメについて学ぶことは、人間そのものを見つめ直すことにつながるのではないでしょうか。

ちょっとフカ掘りサメ講座 No.8

「本当に怖いのはサメではなくシャチ」ベテラン漁師・吉田《よしだ》義弘《よしひろ》さんの“白《はく》鯨《げい》体験”

総延長１２３kmの幹《みき》縄に

漁師は、サメよりシャチのほうが恐《おそ》ろしいことを身をもって体験している。

「昔はね、近海マグロ延縄船《はえなわせん》でかかったサメを、シャチが食べることはほとんどなかった。でも10年ほど前から、シャチやゴンドウが、かかったサメを捕りにくるようになった。シャチはヨシキリザメの胸ビレの下に柔《やわ》らかい部分があるって知っているんだなぁ。そこに嚙みついて、内臓だけを食い散らかしていくんだ。船がいったん、シャチやゴンドウの群れに狙われたら、それはもう恐ろしい……」

そう語るのは、気仙沼漁撈《ぎょろう》通信協会会長の吉田義弘さん。

ヨシキリザメやメカジキを狙う近海マグロ延縄船に50年も乗っていたベテラン漁師だ。

吉田さんの延縄船では、網を使うのではなく、総延長１２３kmの幹縄《みきなわ》に４０００〜４４００本の針をつけて海に流す。１回の操業で縄をあげる作業時間は、通常11〜12時間。

これだけでも重労働だが、潮の流れによっては縄がもつれたり、幹縄が切断されたりするなどの予期せぬハプニングもある。そうすると、行方不明になった縄を探さなくてはならないので、連続作業は24～48時間にもなるという。

大海原からたった1本のロープを探すのは至《し》極《ごく》難解な宝探しのようだが、発信機のついているブイがあるため、その電波を頼りに探索《たんさく》する。近海マグロ延縄船は、出航すると帰ってくるのはおよそ1ヵ月後。

このような作業を多いときで1回の航海で23操業もしたことがあったという。

シャチは復讐心が強い

そんな延縄船の操業中において、いちばん怖いのはサメではなく、シャチだという。彼らの怖さは、漁獲物を掠《かす》め捕《と》っていくことだけではない。吉田さんは話を続ける。

「(サメやメカジキがかかった)縄を引っ張っているときにシャチがサメを襲うと、その反動で、縄を引っ張る人が海に引きずりこまれる危険性がある。俺《おれ》はシャチを見つけるたびにマイクで叫《さけ》ぶんだ」

シャチやオキゴンドウ(クジラ偶蹄目ハクジラ亜目マイルカ科)は、水族館のショーでも愛《あい》嬌《きょう》のある人気者。吉田さんの話はにわかに信じられないかもしれないが、野生の自然界では容赦《ようしゃ》のないプレデター(捕食者)で、ときに漁師を死に至らしめることもあるとのこと。

吉田さんは船員の命を守るため、操業中は海上を常に確認し、シャチの出現状況の周知徹底《てってい》をはかっていたそうだ。

「シャチは復讐心《ふくしゅうしん》が恐ろしく強い」

吉田さんは漁師経験のなかでも忘れられないエピソードをため息まじりに語ってくれた。

「大目流《おおめなが》し網《あみ》漁船に乗っていたときのことなんだけどね。たまたまシャチの子どもが網にかかってしまったんだ……」

大目流し網漁とは、15～18㎝の比較的《ひかくてき》目の粗い網を使い、マグロ・カジキ・サメ類を狙う漁のこと。網に突《つ》っ込《こ》んできて、逃げられなくなった魚を漁獲する刺《さ》し網漁《あみりょう》のひとつ。

この漁法では、船の左舷《さげん》側から網をあげるのだが、そのとき吉田さんは、反対の右舷《うげん》側の海から、強い視線を感じたという。

「右舷の側で、親のシャチが立ち上がるように海面から垂直に身をせり上げ、船の中を覗《のぞ》き込《こ》んでいたんだ。あわててその漁場を逃げた記憶《きおく》がある」

その様子たるや、背筋も凍るほどの気迫《きはく》で船の中の船員たちを睨《にら》みつけていたとか。シャチは子や親兄弟に危害を加えようものなら、1週間でも船をつけまわし、執拗《しつよう》に漁を妨害《ぼうがい》してくるという。

シャチは哺乳類だけあって、魚類より脳が発達している分だけ、〝身内〟にされたことを覚えているのだろう。まるでメルヴィルの小説『白鯨』を彷彿《ほうふつ》とさせるエピソード。

「キラーホエール」の名を持つシャチはサメにとっても天敵だが、人にとっても、サメより危険で恐ろしい動物といえる。

第2章

わたしの体当たりサメ図鑑

さて、サメへの誤解は解けただろうか。

かなりシャーキビリティを向上させた人も、まだまだ信じられない人ならなおのこと、この第２章で、わたしがじかに出会ったサメたちとの体験談を読んでほしい。

まずは、わたしが住んでいる目の前の海、「駿河湾《するがわん》」の深海に生息する巨大《きょだい》ザメの話から始めたいと思う。

カグラザメ

別名アベカワタロウ
神々《こうごう》しいアルカイックスマイル

駿河湾

巨大生物、水揚《みずあ》げされる

わたしは大学から大学院まで、サメについて学んだ。通ったのは東海《とうかい》大学海洋学部。キャンパスは、静岡県《しずおかけん》中部の静岡市清水区《しみずく》、三保《みほ》半島の付け根付近にある。住まいも大学の近くに借り、海を身近に感じる学生生活を送った。

周辺には、富士山《ふじさん》とともに世界文化遺産に登録された「三保の松原」がある。江戸《えど》時代から、富士山を望む景勝地として浮世絵《うきよえ》に描《えが》かれてきた場所だ。晴れた日に、海の向こうに富士山を仰《あお》ぐのは、なんとも清々《すがすが》しく贅沢《ぜいたく》な光景だった。

わたしは大学院（修士課程）を修了《しゅうりょう》後、一度はこの地を離《はな》れたものの、しばらくして静岡

学名	英語名
Hexanchus griseus	**Bluntnose sixgill shark**

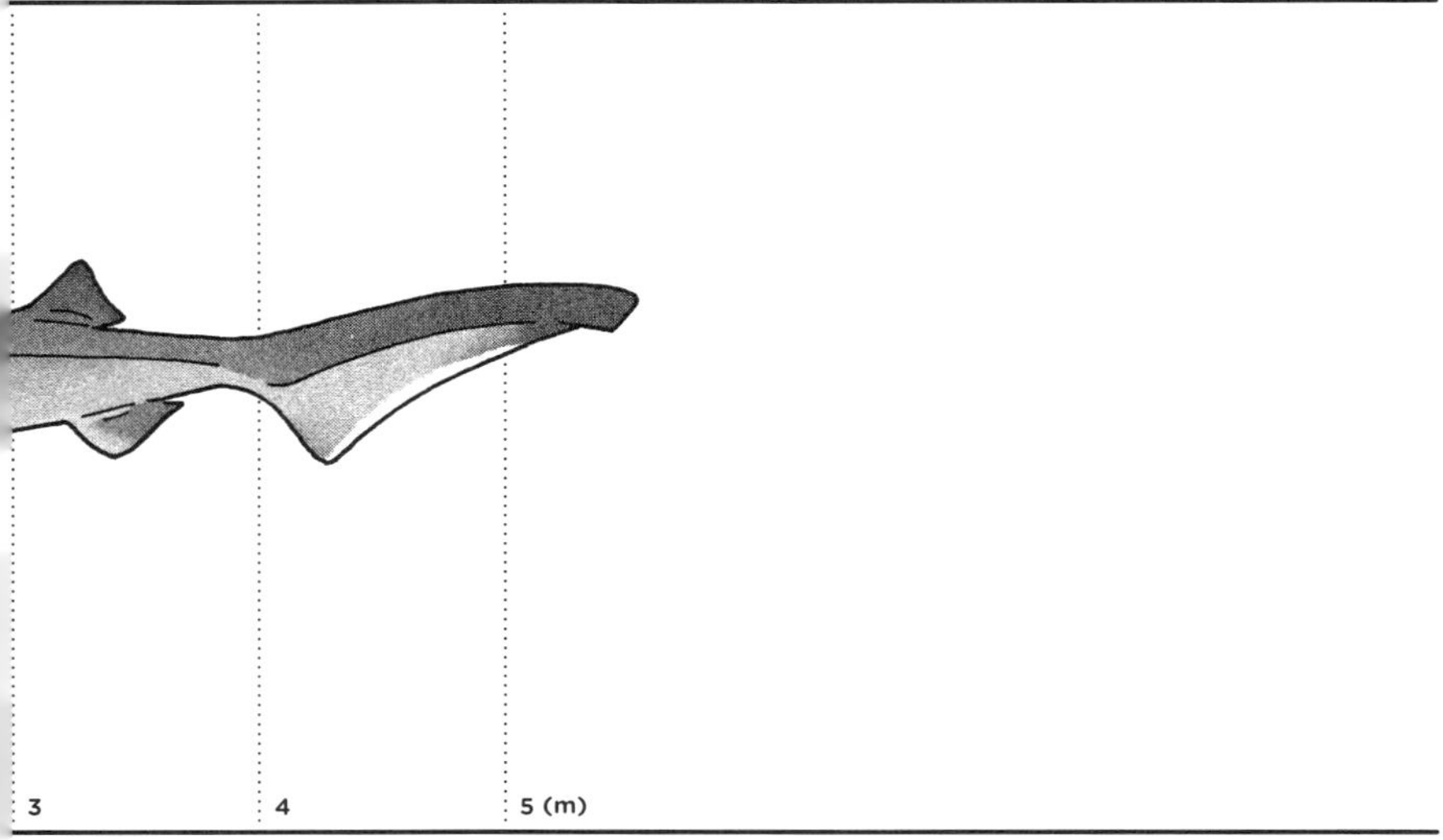

形態の特徴

巨大《きょだい》な深海ザメ。エラ孔《あな》が6対《つい》ある(多くのサメは5対。6対のエラは原始的なサメの特《とく》徴《ちょう》を残していると言われる)。体表は灰褐色《はいかっしょく》。背ビレはひとつのみで体の後方に位置する。下の歯の形が特徴的で、幅広《はばひろ》くノコギリのようにギザギザしている。口角の上がったような顔つきは、笑っているようにも見える

行動・生態など

目撃例《もくげきれい》が少なく生態には謎《なぞ》が多い。深海に生息するが、浅海《せんかい》で出産する可能性もあるという。かつては、かまぼこの材料として重宝されていた。●食べもの：イカや底生生物、硬骨魚類《こうこつぎょるい》、小型の板鰓類《ばんさいるい》など。2.0m を超《こ》える個体は鯨類《げいるい》やアザラシなども食べる。●繁殖《はんしょく》方法：子ザメを産む「胎生《たいせい》（卵黄《らんおう》依《い》存型《そんがた》）」。サメのなかでは多産で、メスの胎内に最大 108 尾《び》の胎仔《たいし》が確認された記録がある。

DATA

02

和名

カグラザメ

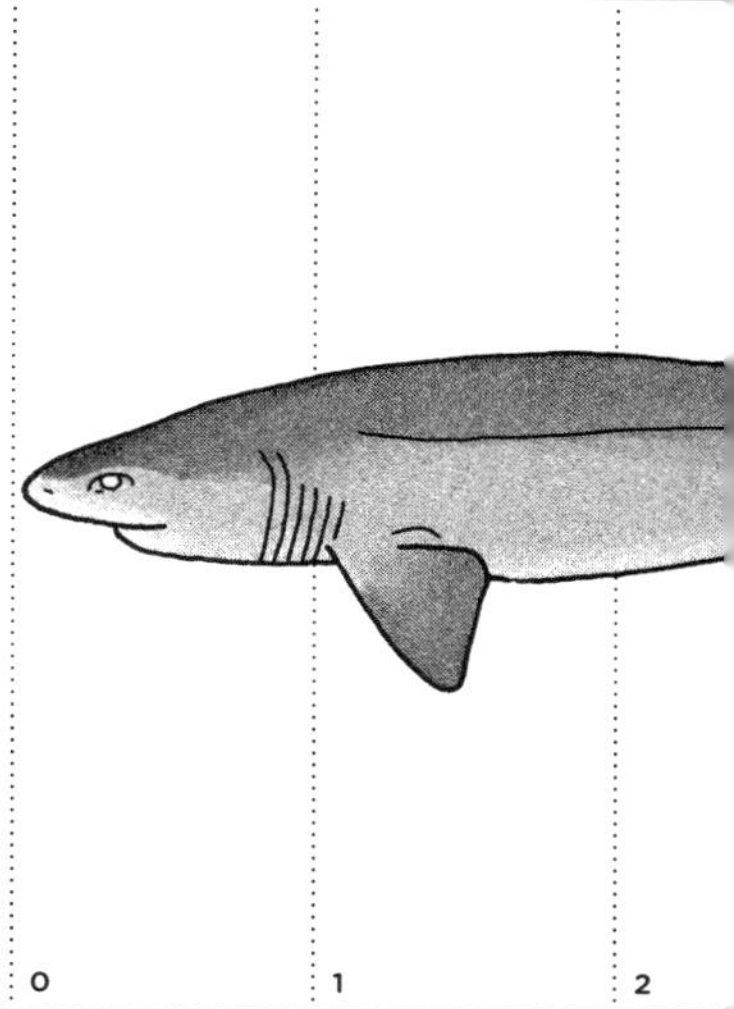

分類

カグラザメ目
カグラザメ科

全長

出生サイズは 60 ～ 70cm ほど、3.1 ～ 4.2m ほどで成熟する。
現在記録されている最大サイズは 5.5m

分布

太平洋・インド洋・
大西洋の熱帯／亜《あ》熱帯《ねったい》／
温帯域に分布。
日本では東北以南に生息

生息域

水深 200m より深い大陸棚《たいりくだな》以深に生息。日中は水深 2000m ほどの深海にいて、夜間に水深 30m 付近まで浮《ふ》上《じょう》してくることもある。水深 2500m 付近でも生息が確認《かくにん》されている

に戻《もど》ってきた。今も静岡に住んでいる。すなわち、駿河湾はわたしの「ホーム」の海だ。

在学中、巨大生物が水揚げされたと近くの漁港から連絡《れんらく》を受けたことがある。当時の大学研究室のメンバー総出で、キャンパスから20㎞ほど離れた由比《ゆい》漁港に駆《か》けつけた。

港に着くと、宙に吊《つ》り上《あ》げられた、灰褐色《はいかっしょく》の巨体《きょたい》がわたしの目に飛《と》び込《こ》んできた。大きさはゆうに3mはあるだろう。今まで見たこともない生物だ。

こんなときに限って海は引き潮で、陸と船の高低差が大きく、水揚げに時間がかかる。クレーンから垂れる巨大生物を吊り下げたロープは、今にもブチンッと切れそうなほどにテンションがかかっていた。

そのときだった。近くにいた小学生がその巨大生物を見て叫《さけ》んだ。

「アザラシだっ!!」

ロープで頭部と尾部《びぶ》を吊り上げた格好の生物は、水族館でよく見かける、少し体を仰《の》け反《ぞ》らせたアザラシを彷彿《ほうふつ》とさせたのかもしれない。

その生物の正体は、カグラザメ（カグラザメ目カグラザメ科）。最大では5・5mにも達し、水深200〜2500mに棲《す》むとされる巨大深海ザメだ。人を襲《おそ》った例はないものの、下顎《したあご》には一本一本がまるでノコギリのような形状の鋭《するど》い歯が並ぶ。ひとつの歯に、ノコギリのようなギザギザがついているのだ。この歯で大きな生物を噛《か》みちぎって食べるタイプなのだろう。

カグラザメの歯。まるでノコギリのようなギザギザがついている（写真：井上啓《いのうえけい》）

「謎《なぞ》の海底サメ王国」

サメの生態を調べる方法は、大きく2通りある。

1つ目は、死んだサメを解剖《かいぼう》する方法だ。解剖から得られる知見は多く、サメが何を食べているのかを知ることができる。これに加えて体長などのデータをとることができれば、成長段階による食性の違《ちが》いなど、より詳《くわ》しい生態を明らかにすることができる。

2つ目は、生きたサメを観察する方法だ。サメ自体にカメラやタグを取りつけたり、海の中にカメラやセンサーを設置したりして、サメの生態を把握《はあく》する。

わたしが学生だったころは、おもに1つ目の方法で研究を進めていた。このとき水揚げされたカグラザメは3mを超《こ》える大型個体であったため、大学の研究室内へ搬入《はんにゅう》することができず、近隣《きんりん》の東海大学海洋科学博物館で解剖調査を行うことになった。ビニールシートの上に横たえた巨体。この日、わたしは当時の研究テーマであるサメの寄生虫の採取を行ったことを記憶《きおく》している。

２つ目の調査方法の利点は、サメに負担が少なく、何より研究のためにサメを殺《あや》める必要がないことだ。個人的には好ましい研究方法だと思うのだが、神出鬼没《しんしゅつきぼつ》のサメに確実にある程度の頻度《ひんど》で出会える確証はなく、研究は長期戦を余儀《よぎ》なくされることもしばしばだ。数年で結果を求められる傾向《けいこう》の強い日本の研究現場では、研究計画やそれにかかるコストの見込《こ》みが立たない場合、研究手法の候補に入れることすら難しい。とくに深海性の大型種の場合は、生きた個体を観察するチャンスは非常に少ない。

であるからこそ、サメの研究者はもとより、サメ好きたちを興奮させたＮＨＫの番組がある。２０１３年7月28日に放映されたＮＨＫスペシャル「シリーズ深海の巨大生物　謎の海底サメ王国」という番組だ。番組ホームページの情報によれば、４年もの歳月《さいげつ》をかけ、駿河湾と相模湾《さがみわん》で巨大深海ザメを観察・記録したビッグプロジェクトだ。

番組の最大の見どころは、冷凍《れいとう》保存していたマッコウクジラの死骸《しがい》を相模湾の海底へ沈《しず》め、深海ザメをおびき寄せるシーンだ。そこに最初に現れたのが、全長６ｍ近くもあるカグラザメだ。大きな口でクジラをひと噛みし、その後は食べることなく、その死骸の守り神のように周辺をゆったりと泳いでいるカグラザメの姿が映し出されていた。

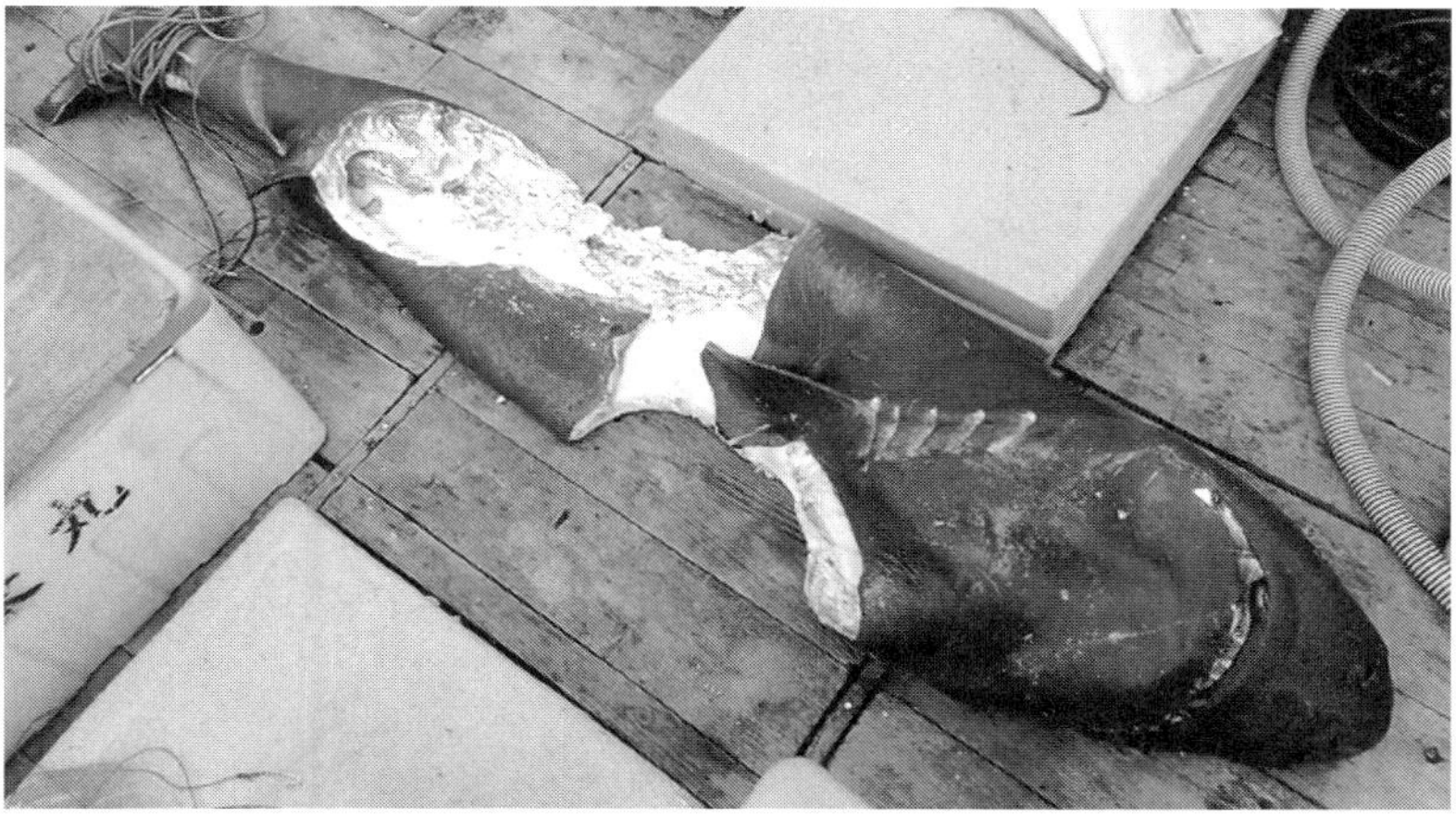

カグラザメに食べられたオンデンザメ（撮影《さつえい》：長谷川一孝《はせがわかずたか》）

番組の解説をしていたのは、わたしの出身研究室の教授でもある田中彰《たなかしょう》教授だ。駿河湾の深海ザメを長年研究している実績豊富な専門家だ。教授によれば、このときのカグラザメの行動は、ほかの大型のサメに食べられないよう、大きなエサのまわりに縄張《なわば》りをつくっているのでは、とのことだった。

巨大ザメが巨大ザメを食べる

テレビでカグラザメの映像を見たことに触発《しょくはつ》され、わたしのカグラザメ熱はいっきに高まった。さっそく、いつもお世話になっている深海魚専門漁船の「長兼丸《ちょうかねまる》」の四代目、通称《つうしょう》カズさんこと、長谷川一孝《はせがわかずたか》さんの住む静岡県焼津市《やいづし》を訪《おとず》れる。くだんのNHKスペシャルの駿河湾でのシーンは、長兼丸にクルーが乗り込み撮影《さつえい》したものだった。4

年間の制作期間中、長兼丸の船上から、２００回以上もカメラを沈めたという。

「この前、オンデンザメ（これも珍《めずら》しい巨大深海ザメ）を釣《つ》ったんですが、釣り上げる前にカグラザメに食べられちゃって……」

カズさんは会うや否《いな》や、衝撃的《しょうげきてき》な写真を見せてくれた。ここ駿河湾の深海では、巨大ザメが巨大ザメを食べる事件がふつうに発生しているらしい。歯形を見てカグラザメだと判断したのは、特徴的《とくちょうてき》なノコギリ状のギザギザの痕跡《こんせき》があったからだそうだ。

長谷川家は代々漁師の家業を受《う》け継《つ》いでいる。今では深海魚専門の漁師を生業にしているが、カズさんのおじいさんは、カグラザメを専門に獲《と》る漁師だったとのこと。かつて、カグラザメはかまぼこの材料として価値があり、漁獲《ぎょかく》対象となっていた。

カズさんがお父さんから聞いた話では、いちばん大きいもので、１ｔ（１０００kg）を超えるほどのカグラザメを漁獲したことがあるという。サメにまたがってみたところ、両足が地面に着かなかったといえば、その計り知れない大きさが想像できるだろうか。しかしながら、現在では海外からすり身を安く輸入できるようになり、実質上、日本でのカグラザメ漁はなくなっている。

カグラザメ専門漁師の血を受け継ぐカズさんは、かなりの確率でカグラザメを漁獲できる日本一の深海ザメ漁師だ。今でも水族館などから特別な依頼《いらい》があれば、カグラザメ狙《ねら》いで船を出す。

長兼丸の長谷川一家は、広い駿河湾に漕《こ》ぎ出《い》でて、どうしていとも簡単にカグラザメを漁獲することができるのだろうか。

「カグラザメは別名アベカワタロウというんですよ。おそらく、昔から安倍《あべ》川沖《かわおき》の漁場で漁獲されていたのでしょう。今でもその漁場の水深３５０ｍくらいを狙うとカグラザメが獲れることが多いですし、漁獲されるのはたいてい決まった場所であることが多いんです」と、カズさん。

あるときは、一度に10尾《び》ものカグラザメを漁獲したことがあるという。

「ＮＨＫのテレビでは、ほかのサメが寄りつかないようにエサを守っていると言っていましたが、一度に10尾が漁獲された事実を考えると、群れで生活しているのでは」

毎日海と対峙《たいじ》している漁師ならではの洞察力《どうさつりょく》。それはとても興味深い見解だった。

カズさんは続けて、くだんのＮＨＫスペシャルの、番組制作裏話を聞かせてくれた。

「オンエアされなかったのですが、駿河湾でも無人カメラで深海の映像を撮影しました。そこにはカグラザメが映っていて、そいつがうちの漁船の漁具をくわえていたんですよ」

長兼丸は、底延縄《そこはえなわ》という漁法で魚を獲っている。操業中に漁具が途中《とちゅう》で切れたり、釣《つ》り針《ばり》ごと魚に持っていかれてしまうこともある。おそらくそのカグラザメは、かつて長兼丸の底延縄漁の仕掛《しか》けを壊《こわ》したことがある張本人だったのだろう。

ベテランのサメ漁師ならではの、こんなエピソードも話してくれた。

長兼丸《ちょうかねまる》のカズさんに釣《つ》り上《あ》げられて、ついに姿を現したカグラザメ（撮影《さつえい》：黒田俊一《くろだしゅんいち》）

「海面でカグラザメを逃《に》がすとき、解き放たれたカグラザメって、すごく余裕《よゆう》な感じなんですよ。アオザメだと一瞬《いっしゅん》で海の中へ消えていくのですが、カグラザメは本当にゆっくり深い海に帰っていくんですよね。慌《あわ》てるそぶりがまったくありません」

カグラザメという名前の由来

カグラザメは漢字で表記すると「神楽鮫《かぐらざめ》」と書く。この和名の由来は不明であるが、神楽とは、衰弱《すいじゃく》している者の魂《たましい》に活力を与《あた》えるために守り神に捧《ささ》げる歌舞《かぶ》のこと。エサ資源があまり豊富でない深海に棲む彼《かれ》らにとって、無駄《むだ》にエネルギーを使わないことは、生きるためのいちばんの得策かもしれない。

それにしても、一度は自らを捕《と》らえた人間を目の前に、慌てるそぶりがないというのは、なんとも神々しいものを感じてしまう。

2017年8月20日。わたしはついに生きている巨大なカグラザメを目《ま》の当《あ》たりにすることに成功した。じつは、それまで一度だけ、カグラザメの赤ちゃんには出会ったことがある。日本一サメの飼育展示の多い「アクアワールド茨城《いばらき》県《けん》大洗《おおあらい》水族館」の水槽《すいそう》のガラス越《ご》しに見た赤ちゃんは、アルカイックスマイルを彷彿させるような口角の上がった顔が愛らしかった。

運命の日、わたしは長兼丸の船上にいた。カズさんに、いつもより大きめの針を仕込《しこ》んでもらい、サメ仲間8人とともに焼津市小川《こがわ》漁港から早朝に出港。水面に、ぬぼっと現れた第一印象は、サメというよりも宮崎駿《みやざきはやお》アニメに出てきそうな不思議な妖怪《ようかい》のよう。まさにアベカワタロウの名にふさわしい存在感だ。

深い緑の大きな眼《め》と口角の上がった口。もしも、彼らの表情に、穏《おだ》やかに微笑《ほほえ》む仏の面影《おもかげ》を感じ取った日本人がその名をつけていたとしたらおもしろい。

サメ界ミライのエースたち★その1

サメの化石のことなら任せて！ 沖縄《おきなわ》在住の小学生・岩瀬暖花《いわせほのか》ちゃん

化石コレクションは1000以上

わたしは、全国のサメ好きの人たちと定期的に集まる「サメ談話会」を企画《きかく》・開催《かいさい》している。2016年1月、沖縄県那覇市《なはし》のとあるお店にサメを愛する人が集《つど》い、サメの話題に花を咲《さ》かせたときのこと。

大人の参加者が大半を占《し》めるなか、この日はひときわかわいらしい女の子が参加してくれていた。彼女《かのじょ》の名は岩瀬暖花ちゃん、小学4年生だ。自己紹介《しょうかい》のときに手渡《てわた》された彼女の手作りの名刺《めいし》には、メガロドンの歯（79ページ参照）の化石の絵と「サメなら詳しいよ」という手書きのメッセージが添《そ》えられていた。

「サメが好きなの？」と質問をすると、「生きているサメはちょっと怖《こわ》い」との返答。

お母様の絵里《えり》さんがその理由を教えてくれた。なんでも、小学2年生のときからサメに目覚め、世に出ているサメのドキュメンタリーDVDを早々に見尽《みつ》くしてしまったそう。そこで、仕方なく、禁断のDVDを借りてしまった。それが、かの有名な映画『ジョーズ』。もちろん、彼女は号泣《ごうきゅう》し、それ以降、生きているサメに恐怖《きょうふ》を覚えるようになったという。

それではサメの何に興味があるのか。実は大

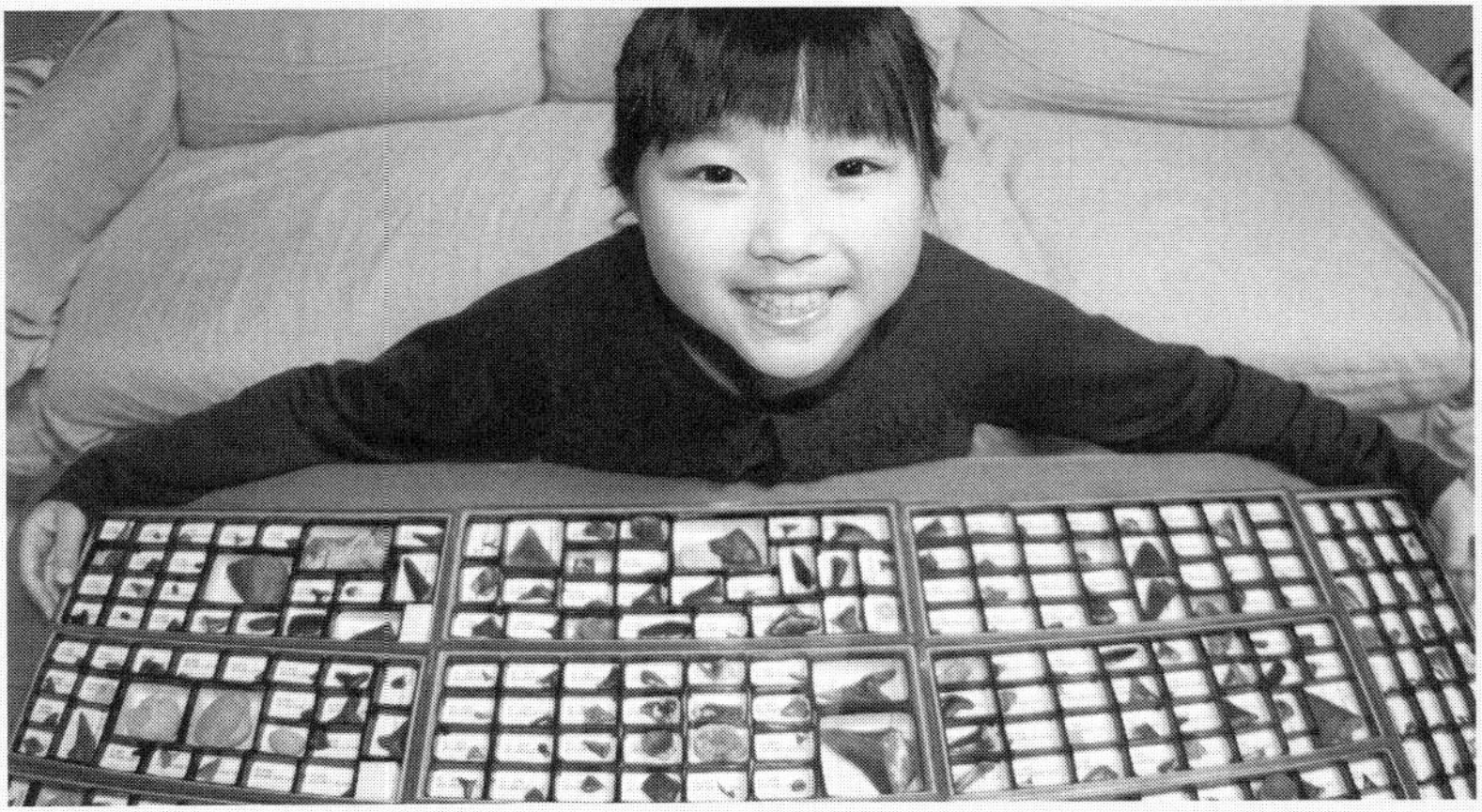

自慢《じまん》の化石コレクションを見せてくれた暖花《ほのか》ちゃん

人顔負けのサメの化石コレクターなのだ。化石のコレクションは１０００以上。それもすべて自らの手で沖縄で発掘《はっくつ》したものだ。

その日の集まりでは、彼女のサメの歯の化石収集の話で盛り上がり、翌日に暖花ちゃん指導のもと、サメ談話会に集まったメンバーでサメの歯の化石を探しにいくことになった。わたしも化石発掘は未経験。楽しみでその日の夜はなかなか寝《ね》つくことができなかった。

小雨《こさめ》の降るなか、干潮の時間を見計らい、わたしたちはある浜辺《はまべ》に集合した。

化石の発掘というと、探検隊のような格好をしてツルハシを片手に汗《あせ》まみれになる重労働を予想していたわたしは、潮《しお》干《ひ》狩《が》りにでも行くような軽装で現れた暖花ちゃんに驚いた。潮が引いて、むき出しになった岩が転がる浜辺を少し歩いただけで、「ほら、見つけたよ」と、いとも簡単にサメの歯の化石を発掘してしまう彼女に、さらに度肝《どぎも》を抜《ぬ》かれたのだった。

暖花ちゃんの浜から大発見が

そこは、暖花ちゃんが見つけた秘密の「サメの歯化石スポット」だった。2015年1月、暖花ちゃんが沖縄美《ちゅ》ら海《うみ》水族館の研究員をこの浜《はま》に連れて行ったときには、アジアではじめて、メガマウスザメの歯の化石が発見された。

そのとき水族館の研究員が地層の年代を調べたところ、新生代《しんせいだい》新第三紀の後期（約1000万年前〜300万年前）であることが判明した。波によってこの地層が浸食《しんしょく》され、海岸にサメの歯の化石が転がっているのだ。

そんなに簡単にサメの歯の化石って見つかるものなのかと、わたしも2時間ほど粘《ねば》ってみたが、残念ながら、ひとつも見つけることができなかった。悔《くや》しさがこみ上げる。

そんなわたしを見かねたのか、暖花ちゃんは見つけたばかりのホホジロザメの歯の化石を手にしながら、こんなアドバイスをくれた。

「日ごろから四つ葉のクローバーを探す練習をしてみてね、そうするとね、サメの歯も探せるようになるからね」

暖花ちゃんがはじめてこの浜辺を訪れたのは、小学2年生になったばかりの4月のことだ。最初にサメの歯を見つけた母に嫉妬《しっと》した彼女は、その日はいつまでも家に帰らずに化石を探し続けた。しかし、ついぞ見つけることができずに、悔《くや》し涙《なみだ》を流したという。

彼女はそれから暇《ひま》さえあれば化石探しをするようになり、5月から8月のわずか3ヵ月の間に、40個もの化石を見つけることに成功した。この功績は夏休みの自由研究で3年連続、賞を受賞するまでに至る。

小学2年生のときの自由研究では、浜辺での化石の見つけ方を説明し、見つけた40個の化石の同定を、現生のサメの標本と見比べながら行った。サメという生きもの自体に興味関心が湧《わ》いてきたのもこのころだという。

小学3年生のときは、323個にもなった化石コレクションを使い、「化石から体の大きさを想像してみよう」というテーマで自由研究を行った。集めた化石を図鑑で調べ、水族館にある現存する生物の骨格標本と比較《ひかく》し、生きものの相対的な大きさを推定した。

大人が集う研究会で堂々と発表

4年生になると、サメの歯の密度を測定して、深海のサメはゆっくり成長するので歯の密度が高いのではないかという仮説検証を試みた。小学生の自由研究のレベルをはるかに超えた、大学の卒業研究にも匹敵《ひってき》するほどの濃密《のうみつ》なレポートである。

わたしは沖縄を去った後、再度電話でインタビューをさせてもらおうと連絡したところ、お母様の絵里さんから驚《おどろ》きの返事があった。

「すみません、あの子の希望で急遽《きゅうきょ》化石を探しに行くことになりました。夕方以降にお電話できると思います」

化石採集が終わった夕方ごろ、電話越しにあらためて彼女の夢を聞いてみた。

「これからはサメ料理も勉強して、大きなメガロドンの歯の化石を自分の手で見つけて、そして将来はサメの研究者になって、世界一のサメ女になる！」

夢を実現できる人とできない人が世の中にはいる。その違いは言葉に表れるという。「したい」という希望を表す表現を多用する者は後者、「する」と言い切ってしまう人こそが前者、つまり夢を実現できる人だ。

2016年、5年生になった暖花ちゃんの自由研究のテーマは「海岸の化石調べ　特別編　オオメジロザメの歯の密度比べ」だった。その成果を、サメの研究者が集う日本板鰓類《ばんさいるい》研究会フォーラムで立派に発表してくれた。

彼女が本物の研究者として、この舞台《ぶたい》に立つ日もそう遠くはなさそうだ。

サメコレ
SHARK COLLECTION

サガミザメ

リンゴの香《かお》りがする深海ザメの出産に立ち会う

駿河湾

サメの肝油《かんゆ》がゼロ戦《せん》に

溢《あふ》れ出《で》る高揚感《こうようかん》と裏腹に、徐々《じょじょ》に強くなる風。灰色の雲は時間の経過とともに厚みを増していくるようだ。何か事件が起こりそうな予感がする、ざわつく海面。海況《かいきょう》が悪化していくのを少しでも食い止めようと、信じてもいない神様にお祈《いの》りを捧げてみたが、その想《おも》いもむなしく、スマートフォンの画面に表示されていたのは風速15mの文字。加えて、うねりも3mと時化《しけ》予報が出ていた。

2014年5月21日の明け方3時ごろのこと。わたしは、東京から西へおよそ200㎞の静岡県中部に位置する焼津市小川漁港を訪ねていた。港には所狭《ところせま》しと漁船が係留され、あ

DATA

03

和名

サガミザメ

学名

Deania hystricosa

英語名

Rough longnose dogfish

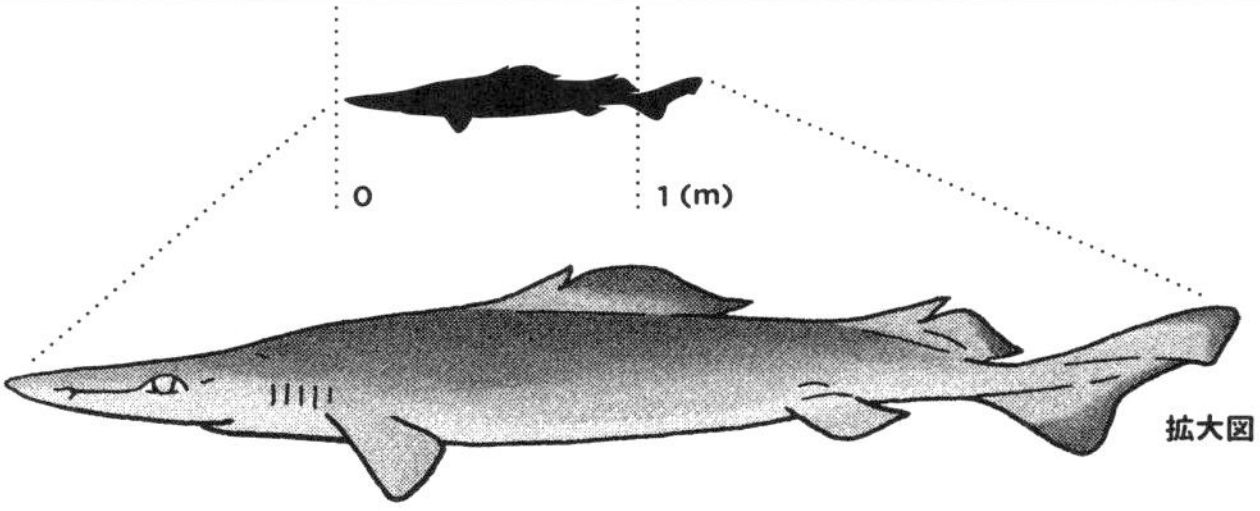

分類

ツノザメ目
アイザメ科

全長

出生サイズは不明、成熟個体は 0.8 ～ 1.0m ほど。
確認《かくにん》されている最大サイズは 1.2m ほど

分布

西太平洋、東大西洋。日本近海だけでなく、英国やニュージーランド周辺、アフリカ大陸の南アフリカ共和国やナミビア近海でも確認されている

生息域

海底付近の深海部に生息する。水深およそ 500 ～ 1300m で確認されている。日本では水深およそ 300 ～ 400m で漁獲《ぎょかく》されることが多い

形態の特徴

頭部は平べったくて長い。尻《しり》ビレはなく、背ビレには棘《きょく》がある。眼《め》の位置は、吻端《ふんたん》と胸《むな》ビレの始まりの中間にある。体色は黒かこげ茶色。同じアイザメ科のヘラツノザメとよく似ている

行動・生態など

詳《くわ》しい生態はわかっていない。サメのなかではとても香りがいい。地域によっては食用にも好まれる。●食べもの：不明。●繁殖《はんしょく》方法：子ザメを産む「胎生《たいせい》（卵黄《らんおう》依《い》存型《そんがた》）」。一度に 12 尾《び》を産んだことが確認されている

たりは潮の香りで満ちている。

焼津は、日本でただひとつ、深海ザメ漁が日常的に行われている街だ。この日のわたしは、ある深海ザメとの対面を切望し、漁に同行させてもらう予定だった。だが、あいにくの悪天候で漁は中止、望みは予備日として設けた翌22日に託《たく》された。

わたしが会うのを願っていたサメは、漁師が美味《おい》しいと絶賛するサガミザメ（ツノザメ目アイザメ科）だ。ヘラのように頭部が平べったい深海ザメである。

サメを「食べる」というと、多くの人はフカヒレを思《おも》い浮《う》かべるだろうが、肉の部分も食用に供される。大きくても1mほどのサガミザメは、1尾からとれるヒレの部分は小さい。そのため、もっぱら肉の部分が食用とされる。

サメ肉の味わいは、淡白《たんぱく》で美味しい白身魚そのものだ。なかでもサガミザメは、刺身《さしみ》が絶品という。わたしはまだ、サガミザメを食べたことも、生きた姿を見たこともなかった。美味と噂《うわさ》のサガミザメを、ぜひとも見たいと思っていたのだ。

ここで、焼津の深海ザメ漁について少し詳しく紹介しておこう。

話は第二次世界大戦にまで遡《さかのぼ》る。当時は深海ザメの「肝油」が重宝され、国が深海ザメを買い上げていたという。なんと、肝油が「ゼロ戦」（旧日本海軍の名戦闘機《せんとうき》）の潤滑油《じゅんかつゆ》として使われていたのだそうだ。うきぶくろを持たないサメが、浮力《ふりょく》の足しにするため肝臓《かんぞう》に蓄《たくわ》えた油が、海のはるか上空で使われていたのだ。

もろもろ調べた話をまとめると、こういうことだ。

深海ザメの肝油の主成分は、「スクアレン（Squalene）」という油である。これを精製して水素を加えて安定させると、「スクアラン（Squalane）」という油ができる。この物質の融点《ゆうてん》（凝固《ぎょうこ》点《てん》）は、マイナス40℃近くになるという。ゼロ戦が滑空《かっくう》する高度数千メートルの上空は、季節や緯度《いど》によってはマイナス数十℃にまでなることがある。「スクアラン」は、その過酷《かこく》な環境《かんきょう》でも固まらない油なので、潤滑油として最適だったのだ。偏西風《へんせいふう》を利用して米国本土の爆撃《ばくげき》を目指した風船爆弾《ばくだん》にも、この「スクアラン」が使われていたようだ。

しかし時代は大きく変わり、潤滑油には石油由来のものが使われるようになり、深海ザメの肝油の需要《じゅよう》は大幅《おおはば》に減った。そのため、深海ザメを獲る漁師はだんだん少なくなり、一年を通して深海ザメを狙い続ける船は、今では日本でたった1隻《せき》になったという。

その船こそ先に紹介した、「長兼丸」。この日、焼津・小川漁港から、わたしが乗るはずだった漁船だ。三代目漁師の長谷川久志《はせがわひさし》さんと、息子《むすこ》で四代目の通称カズさんこと一孝さんの2人で操業している。近年の深海ブームの影響《えいきょう》で、これまでテレビのバラエティ番組に何百回と出演してきた、「深海生物好き」で知らない人はいない有名な親子である。

「長 兼丸《ちょうかねまる》」の長谷川久志《はせがわひさし》さん（左）と一孝《かずたか》さん親子にはさまれて（撮影《さつえい》：山西秀明《やまにしひであき》）

午前5時、「長兼丸」いざ出港

翌22日の出港予定時刻は早朝5時に決まった。スマートフォンの目覚まし時計を3時半にセットし、わたしは、新調したばかりの漁師合羽《かっぱ》（水産合羽ともいう）を握《にぎ》りしめ、明日こそは海況がよくなり、出港できることを祈《いの》りながら、早めにベッドに横になった。

数時間後には、生きている深海ザメをこの目で見ることができる。そんなことを考えていたら、まるで遠足前日の小学生のように、1時間おきに目が覚めてしまった。なかなか寝つくことができないうちに、スマートフォンのアラーム音が鳴りはじめた。

夏至《げし》も近づき陽《ひ》も長くなっているはずなのに、夜明けの気配を微塵《みじん》も感じられない早朝3時半。ホテルの部屋のカーテンを開け、窓の外を眺《なが》めると、風がぴたっとおさまっていた。

これはいけるかもしれない――。

はやる気持ちを抑《おさ》えながら、新調した真っ白な漁師合羽に身を包んだわたしは、漁船「長兼丸」を係留する漁港へ急いだ。

漁師は時間に正確だ。１分でも遅《おく》れることは許されない。予定より30分早く船着き場へ到《とう》着《ちゃく》し、あらためて沖合《おきあい》の海面に目をやると、驚くほど穏やかだ。昨日とうってかわっての凪《なぎ》の海面に、朝日が光っていた。

わたしは思わず、口に出した。

久志《ひさし》さんが手際《てぎわ》よく仕掛《しか》けの針に
エサのイワシなどをつけていく

「まさに深海ザメ漁日和《びより》！」

長谷川さん親子、わたしを含《ふく》むサメ友《とも》（サメ好きの仲間たち）５人を乗せて、定刻の５時に長兼丸は出港した。

サメが獲れる漁場は駿河湾にはいくつかあるが、今回訪れるのは焼津の沖、通称「焼津前」と呼んでいる漁場だ。

長兼丸は、深海ザメを「底延縄漁《そこはえなわりょう》」で狙う。「延縄」とは、１本の太い「幹縄《みきなわ》」に多くの「枝縄」をつけ、「枝縄」の先端《せんたん》

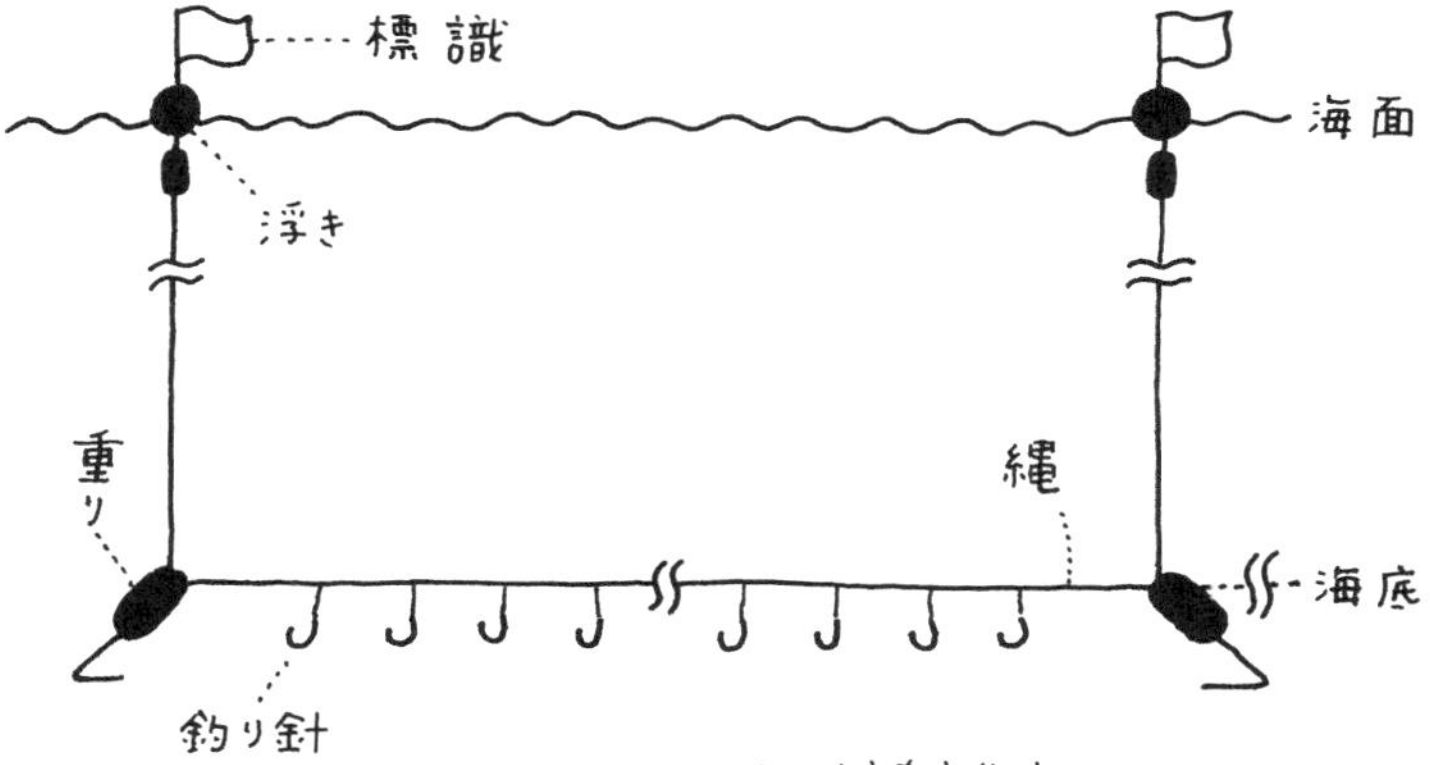

長兼丸《ちょうかねまる》は「底延縄漁《そこはえなわりょう》」で深海魚を狙う。

に釣り針をつけた漁具のこと。延縄漁には、延縄に浮《う》きをつけ、海面近くを泳ぐ魚を狙う「浮き延縄漁」と、重りをつけて深いところを泳ぐ魚を狙う「底延縄漁」とがある。

出港から15分ほどで漁場に到着し、仕掛けの針にエサをつける作業が始まる。エサは、15cm大のアジやイワシ、カタクチイワシ類だ。久志さんは、それらを手際《てぎわ》よく針につけていく。

サガミザメのオスは大地震《だいじしん》を予知する!?

長兼丸四代目のカズさんは、長身で色黒の肌《はだ》に真っ白のフレームのメガネが印象的だ。そんなカズさんから、この漁場の興味深いエピソードを聞くことができた。

「サガミザメのオスが大量に獲れたら、危険信号。その4日以内に地震が起こる」

この日の長兼丸は、サガミザメのメス狙いだ。カズさんいわく、サガミザメのメスの生息水深は３００～４００ｍ。オスはそれよりもっと深いところに生息しており、通常ならば、メス狙いの水深に入れた仕掛けにオスがかかることはない。しかしながら、この８年の間に不可思議な現象が起きたという。

これはいずれもこの「焼津前」でのできごと。メスが漁獲される３００～４００ｍの水深にもかかわらず、オスが大量に漁獲されたというのだ（その数、正確な記録は残していないものの、20尾や30尾どころではなかったとのこと）。

カズさんが、はじめてオスのサガミザメを大量捕獲《ほかく》したのは２００９年８月７日。その４日後の２００９年８月11日に駿河湾地震（Ｍ６・５）が発生した。それだけではない。２０１１年３月11日の東日本大震災《だいしんさい》（東北地方太平洋沖地震Ｍ９・０）、２０１１年８月１日の駿河湾地震（Ｍ６・２）、２０１２年１月28日の山梨県《やまなしけん》東部・富士五湖《ふじごこ》地震（Ｍ５・４）の数日前には、やはりサガミザメのオスを大量捕獲していた。

偶然《ぐうぜん》の一致《いっち》にしてはできすぎている。

なぜ、大規模地震の前にサガミザメのオスは通常よりも浅場へ集団移動したのか——。

カズさんは真剣《しんけん》な口調で持論を語った。

「あくまで僕《ぼく》個人の仮説なのですが、地殻《ちかく》変動や人間が感じ得ない微弱《びじゃく》な電磁波か何かの変化を感じ、サガミザメはいち早く危機を察知できるのではないでしょうか。そうだとすれば、この現象は、地震の際に起こる海底雪崩《なだれ》の影響のない、より浅いところへ逃げているようにも思えるし、または危機であるからこそ、子孫を残す繁殖《はんしょく》行動をするために、メスの生息水深へ大移動しているとも思えるのです」

サメの行動と地震の関連性については科学的な根拠《こんきょ》は何もない。メディアは安易に地震と深海生物との関連性を煽《あお》る風潮があるが、わたしの知る限り、研究者でそれを肯定《こうてい》している人はひとりもいない。

だが、サメには、頭部を中心に微弱電流を感知する「ロレンチーニ器官」が存在する（第1章83ページ参照）。

わたしたちが感じ得ない環境の変化を感じて行動している可能性がないとはいえない。しかし、そこに因果関係を認めるにはまだまだデータが足りない。サメ特有の器官に由来する行動なのだとしたら、サガミザメのオス以外の行動についても検証が必要だろう。

ただ、これだけは断定できる。今、日本でもっとも深海ザメを熟知する漁師が、サガミザメのオスの行動と地震の関連性を肌で実感しているのだ。

サガミザメは「健康の源」

船上サメ談議が盛り上がり、瞬《また》く間《ま》にあげ縄を開始する時刻となっていた。

今回入れた仕掛けは250針。さあ、どんな深海ザメが水揚げされるのだろうか。

カズさんが縄をたぐり、針が順々に船の上にあげられていく。最初の50針は残念ながら、何もかかっていなかったが、次の50針から深海生物が顔を見せはじめた。

最初に漁獲されたのは、チゴダラという肛門《こうもん》の近くに発光器を持つ深海魚だ。この日は海が白濁《はくだく》しており、水面近くになるまで漁獲物が何かを確認《かくにん》することが難しい。海中で細長いシルエットが見えるたび、サメではないかと心拍数《しんぱくすう》が上昇《じょうしょう》したが、期待もむなしく、続けてかかったのはギス、ホラアナゴ、トウジン、アコウダイ、マナガツオなどであった。

なかなかサメはかからない。もしかしたら、今日は深海ザメと出会うことができないのかもしれない。そんな不安がよぎったとき、水中でまた細長いシルエットがぼやっと光った。

でも、またギスか何かだろう。期待を膨《ふく》らませすぎないよう、そう自分に言い聞かせる。それでも、ぼんやりとしたシルエットが水面近くまであがってくると、緊張《きんちょう》で顔がこわばってきた。船の縁《へり》から落ちんばかりに身を乗り出して凝視《ぎょうし》する。その姿は、その日幾度《いくど》も見てきた深海魚とは明らかに異なっていた。

紛《まぎ》れもない、深海ザメだ！

船上にあげて確認すると、このサメはヘラツノザメ（ツノザメ目アイザメ科）であることがわかった。

ヘラツノザメは、サガミザメと見た目がそっくりで、同じグループ（ツノザメ目アイザメ科）に属する近縁種《きんえんしゅ》だ。せっかくなら、地震予知の話題で盛り上がったサガミザメと会いたかった

サガミザメと同じ仲間のヘラツノザメを囲んで（撮影《さつえい》：山西秀明《やまにしひであき》）

が、嵐《あらし》で足止めをくらった末に、ふだんは目にする機会が少ない深海ザメを拝めたことだけで興奮は最高潮に達した。

数ヵ月後、また、長兼丸の深海ザメ漁に同行させてもらう機会に恵《めぐ》まれた。

その日は少しうねりが入っており、船はときおり大きく揺《ゆ》れ、何かにつかまらなければ転んでしまいそうなことも多かった。だが、長谷川さん親子はビクともしない。いつものように息のあった手つきで、漁具を海へ放っていく。延縄の最後のブイを海へ投入するときに船に乗り込んだ全員で大きな声で叫ぶ慣習が長兼丸にはある。「ツイヨー」。この豊漁祈願《きがん》の掛《か》け声《ごえ》の後、サメがかかるまでの1時間ほど、船の上で待機だ。

この日は、ヘラツノザメだけでなく、念願

のサガミザメにも会うことができた。前述したように、この2種類の見た目は非常に類似《るいじ》している。すぐに見分けることは難しいが、久志さんは、甲板《かんぱん》にサメをあげる瞬間《しゅんかん》にサメが放つにおいで、サガミザメかどうかがわかるという。促《うなが》されて嗅《か》いでみた。

するとと、サガミザメのロレンチーニ器官からは、驚くことにほんのりとリンゴ香が漂《ただよ》った。こんなにいいにおいのするサメに出会ったことがない。

目を白黒させているところに、また予想だにしないできごとが発生。サガミザメのお腹《なか》から次々と子ザメが出てきたのだ。体を左右にくねらせながら、まるで大海原《おおうなばら》を泳ぐかのごとく、長兼丸の甲板には無数の子ザメがピチピチしていた。漁師さんにとっては日常《にちじょう》茶飯事《さはんじ》とのことだが、サメの船上出産を目の当たりにし、わたしはしばし動けなくなった。

呆然《ぼうぜん》とするわたしの傍《かたわ》らで、カズさんは休まず手を動かし続ける。誕生したばかりの子ザメをすべて、手際よく海へ帰した。ひとつの命でも無駄にせず、生きてほしいという想いの表れだろう。未熟なサメの子どもが大海原で成魚になれる確率は高くない。しかし、漁師として焼津の海の生きものたちと対峙している真剣な眼差《まなざ》しに、何か温かいものを感じずにはいられなかった。

帰港すると、カズさんは漁獲されたサメや深海魚を丁寧《ていねい》に氷の入った発泡《はっぽう》スチロールに入れ、軽トラックに積み込んでいく。このうちサガミザメは、頭と内臓と尾《お》ビレをとって、肉の部分を焼津市内の飲食店へ卸《おろ》すという。「長兼丸」で獲れたサガミザメは、市内数ヵ所の店舗《てんぽ》で食べることができる。

取り除いた肝臓は、長谷川さん親子が持ち帰ることになった。健康食品会社から注文があれば肝臓も販売《はんばい》する。

サメの肝油で一番人気は、サガミザメやヘラツノザメと同じグループ（ツノザメ目アイザメ科）に属するアイザメの仲間だ。「スクアレン」の含有量《がんゆうりょう》が多いところが健康食品会社に好まれ、いまや「アイザメ」は、深海ザメエキスの代名詞になっている。だが近年はアイザメの漁獲量が減り続けているのだそうだ。

長谷川さん親子は自宅で肝油を抽出《ちゅうしゅつ》し、家族でありがたくいただくとのこと。父親の久志さんは、「この肝油こそ、自分の健康の源」と笑顔《えがお》で語る。

サメコレ

SHARK COLLECTION

ミツクリザメ

まるでマジックハンドのように顎《あご》が飛び出す「悪魔《あくま》のサメ」

東京湾《とうきょうわん》・駿河湾

首都・東京の目の前の海底谷《かいていこく》に……

東京湾は、伊勢湾《いせわん》、大阪湾《おおさかわん》に次いで、日本で3番目の面積を持つ大型の湾だ。「東京海底谷」と呼ばれるもっとも深いところの水深は、650mを超える。

3000万人の人間が住む首都圏《しゅとけん》が面する深い深い海の底には、「悪魔」と呼ばれる謎の生物が生息している。最大5mを超える巨体に、突出《とっしゅつ》する顎にある驚くほど細長くて鋭い歯……。それらは映画『プレデター』に出てくるような地球外生命体を彷彿とさせる。

その生物の名前は「ゴブリンシャーク」。直訳すると「悪魔のサメ」——。

この不吉《ふきつ》な名前を聞くと、まるで映画『ジョーズ』のように次々と人間を食べる恐《おそ》ろしい

和名

ミツクリザメ

DATA

04

学名	英語名
Mitsukurina Owstoni	Goblin shark

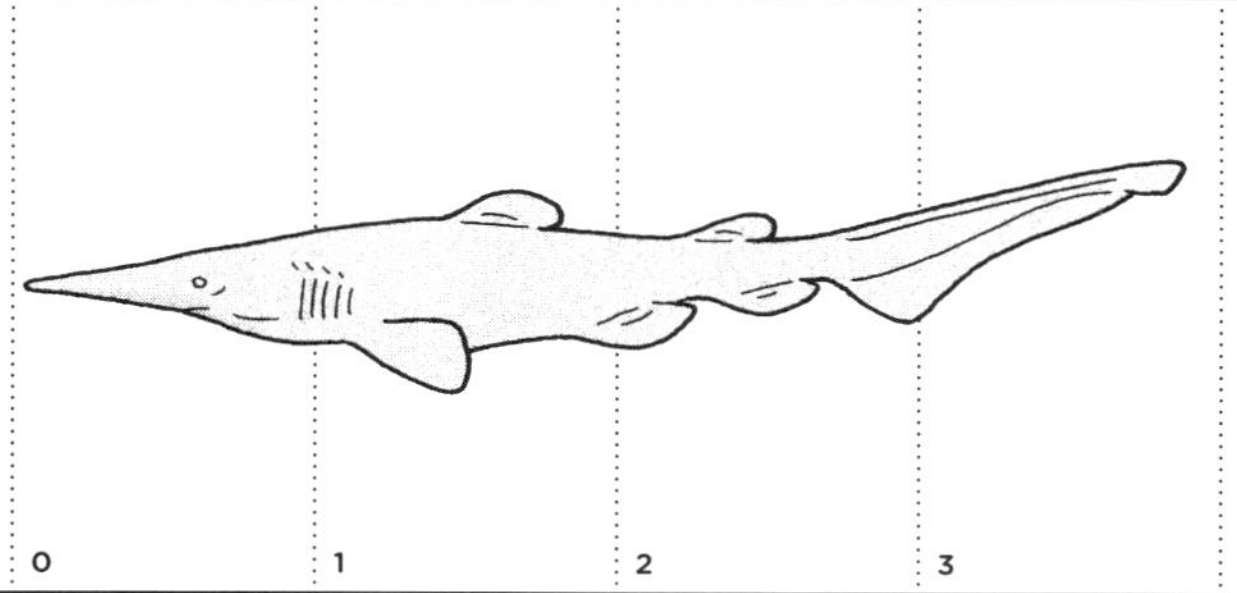

分類	全長
ネズミザメ目 ミツクリザメ科	80 ～ 90cm ほどで生まれ、2.6 ～ 3.8m くらいで成熟する。確認《かくにん》されている最大サイズは 3.9m。5.0m を超《こ》えるものもいると推測される

分布	生息域
太平洋・インド洋・大西洋で幅広《はばひろ》く分布。日本では関東以南の太平洋に生息し、相模湾《さがみわん》や駿河湾《するがわん》など沿岸部で漁獲《ぎょかく》されることがある	主に水深 200 ～ 1300m ぐらいまでの大陸斜面《しゃめん》に生息。 ときに水深 40m ほどまで浮上《ふじょう》する

形態の特徴

平たく細長い体と前方に刀のように長く突《つ》き出《で》た吻《ふん》が特徴《とくちょう》。体は全体的にやわらかい。生きているときの体色は薄《うす》い灰色だが、弱ってくるにつれてピンクみを帯びる。鋭《するど》く長い棘状《きょくじょう》の歯を持つ

行動・生態など

やわらかい体をゆっくりしならせて泳ぐ。長く突き出た吻の下には電流を感知するロレンチーニ器官があり、巧妙《こうみょう》にエサを見つけ出す。獲物《えもの》の捕食時《ほしょくじ》には、マジックハンドのように顎《あご》を瞬時《しゅんじ》に突出《とっしゅつ》させる。そのときの形相の凄《すさ》まじさから、英語名では「Goblin shark（悪《あく》魔《ま》のサメ）」と呼ばれるが、深海という厳しい環境《かんきょう》で生《い》き抜《ぬ》くために適応した結果と考えられている。●食べもの：イカ・タコ、甲殻類《こうかくるい》など。●繁殖《はんしょく》方法：子ザメを産む「胎生《たいせい》（母体依存型《いそんがた》・卵食《らんしょく》）」と考えられているが、詳細《しょうさい》は不明

サメが頭に浮かぶが、はたして彼らはどれほど凶暴《きょうぼう》なのであろうか。

　このサメの和名は「ミツクリザメ」（ネズミザメ目ミツクリザメ科）。由来は、有名な動物学者である箕作佳吉《みつくりかきち》先生の名前にある。英語名とはずいぶん趣《おもむき》の異なる、由緒《ゆいしょ》正しき名前がつけられている。

　映画『ジョーズ（JAWS）』というタイトルが、サメの上下の顎を指していることは第1章で触《ふ》れたとおりだ（73ページ参照）。顎の骨が頭蓋骨《ずがいこつ》から分離《ぶんり》したサメならではの特徴を生かし、顔の前に顎を突《つ》き出《だ》して口を大きく開く。その姿こそ、サメを象徴《しょうちょう》するものだ。

　ミツクリザメのユニークな形の顎は、さらに巧妙《こうみょう》な進化を遂《と》げている。

　ミツクリザメの頭部を触《さわ》って顎を引き出してみると、顎が前方に著《いちじる》しく突出する特有の構造になっていることがわかる。だが、ふだんは顎を突出させずに泳いでいる。まるでマジックハンドのように顎を突出させるのは、ヘラのように突き出た鼻《はな》っ面《つら》（吻《ふん》）周辺にあるロレンチーニ器官で、エサ生物の微弱な電気を感じとったときだ（83ページ参照）。俊敏《しゅんびん》に動く魚やイカを、顎を突き出し一瞬のうちに捕食《ほしょく》する。

　ミツクリザメがサメのなかでも特徴的な顎構造を持つ理由は、彼らが生息する深海底にヒントがありそうだ。深海にはエサとなる生物が少ない。そこで生きていくには、見つけた獲《え》物《もの》を確実に捕らえる能力が必要だ。ゆったりと泳ぎながら、見つけた獲物にゆっくりと近づき、適度な距離《きょり》を保って捕食の態勢に入る。その瞬間、顎を突き出し口を大きく開けて、獲

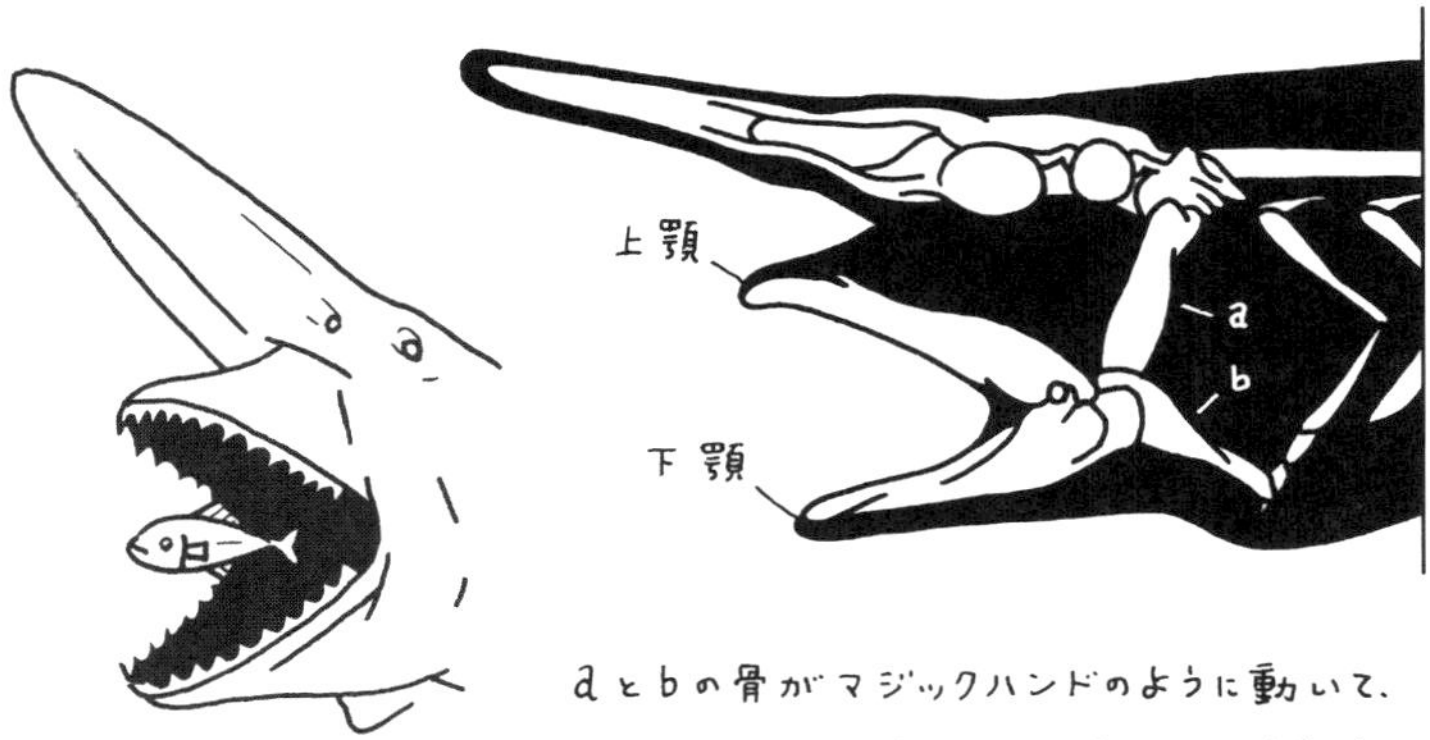

aとbの骨がマジックハンドのように動いて、
上顎と下顎を突き出し、獲物を捕食する。

物に勘《かん》づかれる前に確実に相手を仕留める。ミツクリザメの顎を突き出す瞬間最高速度は秒速3・1mにもなるという研究結果がある。この特異な構造の顎は、そのためのものなのだ。

ミツクリザメを獲ったことのある漁業関係者からこんな話を聞いたことがある。ミツクリザメが漁獲されるときは一度にさまざまな大きさのミツクリザメが複数尾獲れることが多いという。

ミツクリザメは食用でも肝油でもニーズがなく、したがって漁の対象ではないので漁獲されること自体が少ない。この証言は非常に貴重だ。というのも、サメが群れをつくるときは、シュモクザメの仲間などに見られるように、ふつうは同じような成長段階の個体が集まることが多いからだ。

彼らは、何らかの目的で群れをつくっていると推測されるが、小さなミツクリザメと成熟した大人のミツクリザメが同じ群れに存在していたとしたら、それはいったいなぜなのだろうか。漁獲例も少なく、長期飼育もまだ成功していないミツクリザメの生態は、いまだ謎が多い。

「悪魔のサメ」を食べてみた

２０１４年11月１日、東京都の葛西《かさい》臨海水族園にミツクリザメが緊急《きんきゅう》搬入され、飼育展示が開かれた。たまたま仕事で葛西に来ていたわたしは、閉館直前の水族園に駆け込んだ。駆け込んだのはほかでもない。それまで長期飼育の成功例はミツクリザメでは一度も報告されていないからだ。水族館に搬入後、２〜３日で死亡してしまうことも多く、数日間で展示終了になることが予想された。生きたミツクリザメを見る機会は、このときを逃《のが》せば、次にいつ訪れるかわからなかった。

水族園のスタッフの方に案内されて向かった先にあったのは、ほのかな照明で照らされているものの、大部分が真っ暗な水槽。目が慣れるまではほとんど何が入っているかわからない。凝視してみると、水槽の縁を右回りでゆったりと泳いでいる生物が見えた。

透《す》き通《とお》るような薄《うす》いグレーの体色、特徴的なヘラのように突き出た頭部。つぶらな瞳《ひとみ》。間違《まちが》いない。ミツクリザメだ。水族園のスタッフの方いわく、元気なミツクリザメの体色は

パックリと口が開いたミツクリザメとわたし

グレーで、弱ってくるとピンクみを帯びてくる。

大きさは120㎝ほどで、想像していたよりも小さかった。また、顎を突出させて歯をむき出しにすることもなくのんびりと泳いでいる姿は、悪魔の面影とはほど遠くなんら恐ろしいところはなかった。顎を突き出した独特のイメージとは大きく異なり、頭が少し長いくらいでほかのサメと大差はない。水槽内ではあまり長生きしないそうで、強い生命力というよりも、はかなくか細い生きものの印象が強い。「悪魔のサメ」という強烈《きょうれつ》な名前とは、あまりにもギャップが大きかった。

なお、このとき搬入されたミツクリザメは、飼育最長記録を塗《ぬ》り替《か》えた。水槽内で16日間生存したという。ほかの水族館よりも長生きした理由は、漁獲水深が100m前後と浅かったこと、魚体の状態が非常によかったことが考えられるのだそうだ。

後日、駿河湾でたまたま漁獲された120㎝ほどの小ぶりのミツクリザメを譲《ゆず》ってもらうチャンスに恵まれた。「悪魔」と呼ばれるサメがどのような味がするのか気になっていたわたしは、その肉を食べてみることにした。

はじめに、ミツクリザメに出刃包丁《でばぼうちょう》を入れてみたのだが、その感触《かんしょく》に驚いた。筋肉がとてもみずみずしいのだ。東北地方や栃木《とちぎ》、新潟《にいがた》でよく食べられているモウカ（ネズミザメ）ではこのようなことはなく、鶏《とり》のささみくらいのしっかりした肉質がある。肉質に水分を多く含むのは、ミツクリザメが深海ザメだからだろうか。これだけ水分が多いと、炒《いた》め物《もの》や揚《あ》げ物《もの》にはとうてい使えそうにない。

いろいろな方の助言を参考にして試行錯誤《しこうさくご》した結果、塩をまぶして水分をうまく取り除けば、唐揚《からあ》げをつくれることがわかった。味付けは多少しょっぱくなったが、鶏肉よりもふんわりした食感で、ビールとの相性《あいしょう》が抜群《ばつぐん》のよいおつまみとなった。

サメコレ
SHARK COLLECTION

ラブカ

ウナギのように細長い体。「古代ザメの生き残り」か、それとも……

駿河湾

エラがまるでフリルのよう

静岡県中部の由比《ゆい》（静岡市清水区）は、背後に富士山が控《ひか》える、駿河湾に面した漁師町だ。わたしの母校、東海大学海洋学部（清水キャンパス）から20㎞ほど、車で30分ほどのところにある。海岸沿いを走るＪＲ東海道線の車窓からは、「日本一の桜えびのまち由比へようこそ」という大きな文字と、大きなサクラエビのモニュメントが見える。

日本人に馴染《なじ》みの深いサクラエビは深海生物のひとつだ。４～５㎝ほどの小型のエビで、日本では駿河湾においてのみ漁獲対象になっている。サクラエビのかき揚《あ》げ丼《どん》を目当てにこの場所を訪れる人も多く、漁期（３～６月、10～12月）になると、生や軽く塩ゆでした釜揚《かまあ》げな

DATA

05

和名

ラブカ

学名

Chlamydoselachus anguineus

英語名

Frill(ed) shark / Lizard shark / Scaffold shark

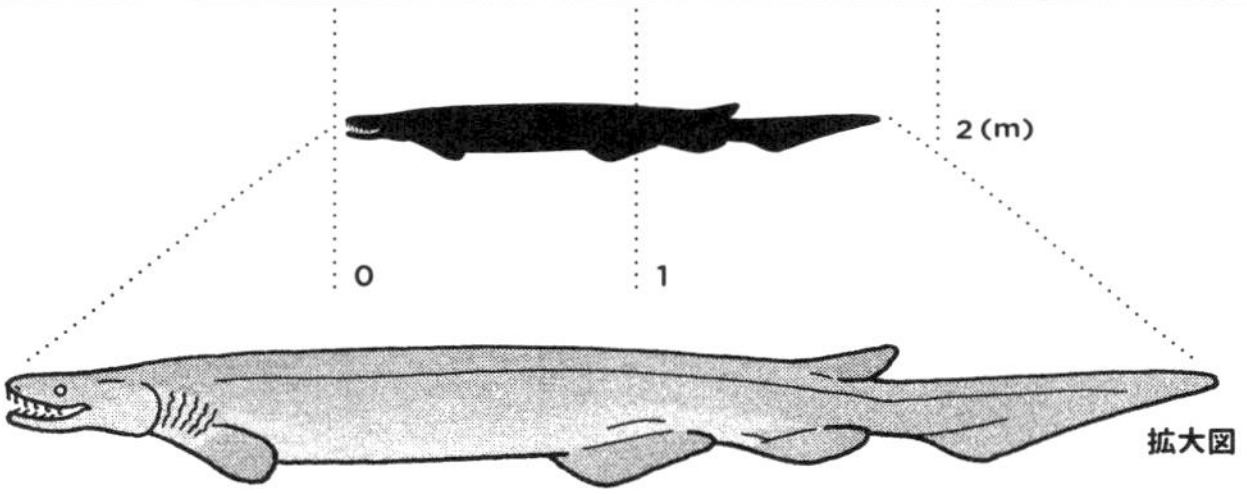

分類

カグラザメ目

ラブカ科

全長

60cm ほどの生まれたての個体か、1.1m を超《こ》える成熟個体しか確認《かくにん》されていない。記録上の最大サイズは 1.8m ほどだが、2.0m 近くまで成長すると推定されている

分布

太平洋・インド洋・

大西洋の熱帯から冷帯まで幅広《はばひろ》く分布する

生息域

水深 50 ～ 1500m ほどの大陸棚《たいりくだな》や大陸斜《しゃ》面《めん》に生息する

形態の特徴

「サメ」と聞いて想像する体型とは著《いちじる》しく異なり、ウナギのように細長い体をしている。ほとんどのサメは腹側に口があるが、頭の先端《せんたん》に口がある。エラ孔《あな》は６対《つい》（多くのサメは５対）でフリル状をしている。歯は三《み》つ又《また》の棘状《きょくじょう》。これらは原始的なサメの特徴《とくちょう》とされる。こうした特徴的な形状をしたラブカだが、映画『シン・ゴジラ』をご覧になった人は「アッ」と声をあげるのではないか

行動・生態など

8500 万年前から現存するとされるサメ。生態には謎《なぞ》が多い。たいていのサメのメスが１対の子宮を持つのに対し、ラブカは片側の子宮だけが発達する。●食べもの：深海の小魚やイカ・タコ、エビ類など。口が体の前方にあるため、口を大きく開けて捕食《ほしょく》する。●繁殖《はんしょく》方法：子ザメを産む「胎生《たいせい》（卵黄《らんおう》依《い》存型《そんがた》）」。一度に２～ 12 尾《び》を出産する。妊娠《にんしん》期間は非常に長く、３年半と言われている

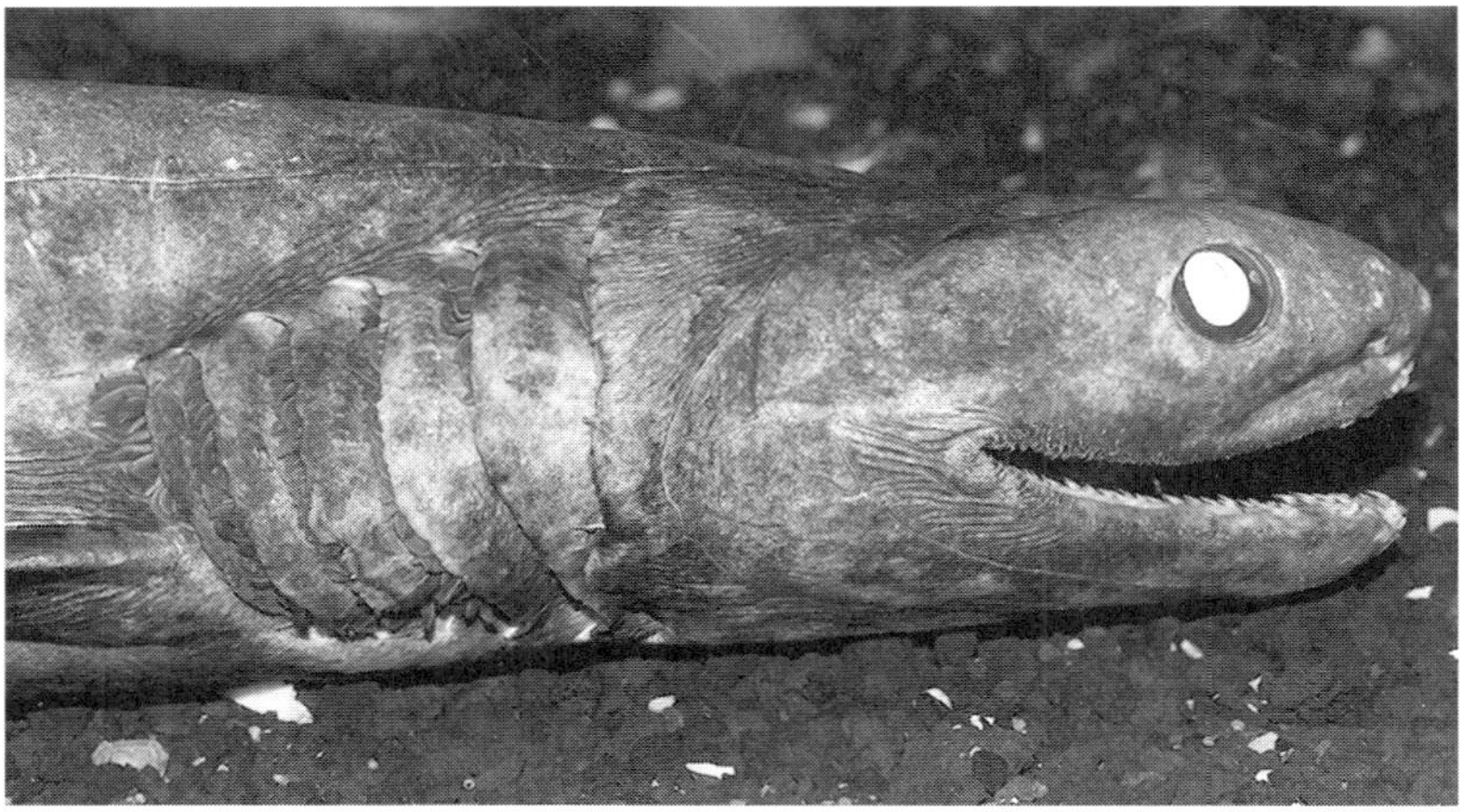

ラブカにはフリルのようなエラがある（写真：沼津港《ぬまづこう》深海水族館）

ど、サクラエビの注文が殺到《さっとう》する。

しかしながら、サクラエビの美味しさを知っているのは、わたしたち人間だけではない。

サクラエビは日中は深海におり、好物のプランクトンを捕食するため夜には浅場近くまで浮上《ふじょう》する「日周鉛直《えんちょく》移動」を行う。このとき、表層へ移動するサクラエビを追いかけて、ともに浮上してくるサメがいる。そのため、サクラエビを狙う漁網《ぎょもう》に迷《まよ》い込《こ》んでしまうサメも少なくない。

２０１４年11月13日、駿河湾奥部《おくぶ》の海域で、サクラエビ漁の最中に、珍しいサメが２尾同時に水揚げされた。元気に生きていたら海に帰してあげることがいちばんいいと思うのだが、残念ながら漁獲時に死んでしまったらしい。

その珍しいサメの名は、深海に生息する「ラブカ」（カグラザメ目ラブカ科）だ。エラ孔《あな》から覗《のぞ》く赤いエラがフリルのように特徴的なことから、英名では「Frilled shark」とたいへん愛らしい名がつけられている。

メディアなどでは現存している古代生物として扱《あつか》われることもしばしばある。ラブカという名前よりも「生きている化石ザメ」、「古代ザメの生き残り」と言ったほうがピンとくる人もいるかもしれない。

なぜ、「生きている化石」や「古代ザメ」と呼ばれるのか。それはラブカの歯の形に由来する。

サメの歯というと、ホホジロザメの二等辺三角形をイメージされがちだ。しかし、サメの種類によってその歯の形はさまざまだ。ラブカの歯には一本一本、白い針状の3つの突起《とっき》がある。鳥の足のようにも見える繊細《せんさい》な形状だ。このような三《み》つ又《また》の歯や特有の歯列を持つのは、現生のサメではラブカの仲間以外にはいない。

似たような歯の特徴が、3億7000万年前の地層から見つかった、すでに絶滅《ぜつめつ》している古代ザメ、「クラドセラケ（*Cladoselache*）」にも認められる。そのため、ラブカは「生きている化石ザメ」や「古代ザメの生き残り」と呼ばれるようになった。

『生物の科学　遺伝　vol.62　no.3　軟骨魚類《なんこつぎょるい》のふしぎ』（遺伝学普及会《ふきゅうかい》編集委員会著、エヌ・ティー・エ

三《み》つ又《また》に分かれたトゲのように細かい歯

ス）によれば、ラブカは古生代型《こせいだいがた》の軟骨魚類の特徴を残す遺存種《いぞんしゅ》であるという。歯以外にも、「古代ザメ」であるという状況証拠《じょうきょうしょうこ》らしきものは複数ある。現生のサメの多くは、腹側につく口が斜《なな》め下に向かって開き、エラの孔は5対《つい》であるのに対し、ラブカはほかのサメと違って口が頭の前方に向かって開き、エラの孔が6対ある。もうひとつは背骨の形状だ。脊椎動物《せきついどうぶつ》では、背骨のもとになる「脊《せき》索《さく》」が、発生の過程で背骨と置《お》き換《か》わると消えてなくなり、多くのサメでも成魚に「脊索」は見られない。一方、ラブカは「脊索」が永存する。これは原始的な生物によく見られる特徴だ。

だが、ラブカが「クラドセラケ」の流れを汲《く》む「古代ザメ」であることを示す決定的な証拠は見つかっていない。それどころか、近年になってそのことを否定する研究成果が報告されている。

２０１７年1月に発表された研究成果では、「クラドセラケ」は、サメやエイが属する板鰓類（板鰓亜綱《あこう》）ではなく、ギンザメが属する全頭類《ぜんとうるい》（全頭亜綱）に分類するのが妥当《だとう》と報告されている。一方のラブカは、れっきとした板鰓類である。

つまり、この説では、両者は進化の系統上、遠い関係ということになる。それでも三つ又の歯という共通の特徴を持つのは、系統的にはまったく異なる種が、同じ環境に適応した「収斂《しゅうれん》進化」の結果だとしている。

「化石」や「古代生物」という響《ひび》きは、たしかにロマンを掻《か》き立《た》てるものではある。だが、そもそも何をもって「古代生物」とするかは難しい。現生のサメときわめて近縁なサメの化石も、何千万年も前の地層から見つかっている。ならば、すべてのサメを「古代ザメ」と呼んでもよさそうだが、そうなっては「古代」のありがたみも薄れてしまうのかもしれない。

世界一妊娠《にんしん》期間が長い動物

話を戻そう。駿河湾で水揚げされたラブカを、このときは幸運なことに特別に譲っていただけることになった。

ラブカは、およそサメらしからぬ、ウナギのように細長い体つきが特徴だ。

わたしはラブカを東京・葛西にある「東京コミュニケーションアート専門学校」へ運び込

んだ。同校のエコ・コミュニケーション科の海洋生物などを学ぶ学生に向けてわたしは環境学の授業を受け持っている。学生たちは、ネイチャーガイド、水族館などの飼育員やトレーナーになることを目指している。彼ら彼女らに、サメを通じて人と環境の関わりを考えてもらうのが目的だ。

その授業の一環《いっかん》で、このときは、ラブカを用いた板鰓類の解剖実習という特別授業を開催した。学生たちとともに、ラブカの外部および内部形態の観察を行ったのだ。

学生たちはまず、ウナギのように細長い茶色い体、深海ザメ特有のエメラルドグリーンの眼に驚きを示した。

頭部を切り落とし、顎の形状を観察して歯を数えると、少なくとも255本が確認できた。1本の歯の大きさは4~5㎜ほど。そのひとつひとつに、三つ又の棘《とげ》が生えているわけで、765もの棘を間近に見るのは圧巻だった。

体内を観察するべく胸《むな》ビレの後ろに包丁を入れ、メスの腹部を切開した。すると、直径10㎝以上もあるグレープフルーツ大の卵が8個出てきた。

第1章で見たように、サメの繁殖形態は、母ザメが卵を産む「卵生《らんせい》」と、母ザメが子ザメを出産する「胎生《たいせい》」の大きく2つに分かれる（第1章95ページ参照）。ラブカの場合は、6~7割を占める主流派の「胎生」だ。

卵巣《らんそう》から子宮へ排卵《はいらん》される過程で、ラブカの卵は卵殻《らんかく》に包まれる。卵殻内で子ザメが発生し、10㎝くらいの大きさになると卵殻を脱《ぬ》ぎ捨《す》てる。子ザメは子宮内で自由に泳ぎ回りながら、自分の腹部についている卵黄嚢《らんおうのう》の栄養をたよりに成長し、全長が55㎝前後、母ザメの半分くらいの大きさになった時点で、出産されるのだ。ちなみに、サメはふつう1対の卵巣や子宮があるのだが、解剖したラブカは片側の子宮のみ肥厚《ひこう》していることが確認された。これは異常ではなく、ラブカに見られる一般的《いっぱんてき》な現象だという。また、ラブカの妊娠期間は3年半にも及《およ》ぶとの研究結果があり、ラブカは世界一妊娠期間が長い動物としてギネスブックに掲載《けいさい》されている。

続いて腸を観察する。サメの腸は太く短い。その短い腸で効率よく栄養を消化・吸収するために、内部が螺旋状《らせんじょう》になり、内部を仕切る弁（螺旋弁）がついているのだ。

このときの解剖実習の目的は、学生自らがサメの形態を観察し、科学的に種を特定することだった。近年までラブカは1科1属1種だと思われていたが、２００９年に南アフリカで新種のラブカの報告があったため、現在は1科1属2種となっている。

実習では、上顎《うわあご》の歯列の数、頭部の全長に占める割合、腸内の形状の3つを手掛《てが》かりに種を判定し、新種のミナミアフリカラブカ（和名はまだないので仮称《かしょう》。学名 *Chlamydoselachus africana*）ではなく、日本にも生息しているラブカ（学名 *Chlamydoselachus anguineus*）であることを確認した。

夜の博物館でサメの顎標本をつくる

ラブカの解剖が終わった後、ある学生がラブカの頭を持って帰りたいと申し出てきた。顎の骨格標本をつくりたいのだという。わたしもラブカの顎には忘れられない思い出があり、当時の自分をふり返りながら、顎を渡《わた》して標本のつくり方のコツを伝えた。

その思い出とは、わたしが大学1年生のころのものだ。どうしても水族館で働いてみたかったわたしは、東海大学海洋科学博物館の当時の館長鈴木克美《すずきかつみ》氏に何度も何度も頼《たの》み込《こ》み、博物館の魚類飼育課で週に1度、実習をさせてもらっていた。

その日の実習内容は、サメの顎標本の作成だった。そのときわたしがはじめて手にしたのがラブカだった。長さ1・3mほどの体から、頭部を出刃包丁でいっきに切り落とす。そこから取り出した顎で骨格標本を作成するのだが、わたしは作業に手間取り、標本室の窓の向こうは夜の闇《やみ》に覆《おお》われていた。闇の中では空と海との区別もつかない。

夜にひとり、深いエメラルドグリーンをしたラブカの瞳に見つめられながら、解剖用器具を使って顎の肉をはぎ、薬品で固定処理を行う。わたしは、何度も何度も自分の手《て》の甲《こう》にラブカの歯を突《つ》き刺《さ》した。楊枝《ようじ》で刺したような無数の点の傷跡《きずあと》から、一瞬遅れて真っ赤な血がじわっとにじみ出る。薬品が染《し》みているのか、顎標本づくりのたびに、このとき感じた皮膚《ひふ》の焼けるような痛さが今でも鮮明《せんめい》に思い起こされる。

数日かけて作業を続け、完成したラブカの顎は、列をなして並ぶ歯が本当に美しく、うっとりするような標本に仕上がった。わたしはこの一件を機にサメに開眼し、ネコザメやアオザメなど十数種類、数十個体ものサメの顎標本をつくってきた。種類が違えば顎の造形も異なるが、どれにもそれぞれの美しさがある。そして、サメの美しさに魅《み》せられて、今ではサメに関する情報発信や教育を仕事にしている。

標本づくりの作業中は、いまだに手の甲が血に染まることも少なくないが、そのたびにラブカのことを思い出す。ラブカは紛れもなく、わたしの人生を変えたサメなのだ。

サメコレ
SHARK COLLECTION

メガマウスザメ

“幻《まぼろし》の巨大ザメ”の公開解剖

駿河湾

駿河湾に現れた、“幻の巨大ザメ”

わたしの母校である東海大学には、海洋学部のキャンパスから少し離れた三保の岬《みさき》の突《とっ》端《たん》に、博物館（東海大学海洋科学博物館）がある。その名のとおり、海洋にまつわる科学を学べる展示構成になっていて、3階建ての建物の1階には、海洋生物の生態を学ぶための水槽もある。サメの顎標本づくりに血と汗を流したわたしにとって、思い出深い場所でもある。

公共交通機関で博物館に行くには、ＪＲ東海道線の清水駅からバスに乗る。博物館の最寄《もよ》りのバス停はなぜか「東海大学三保水族館」、この路線の終点だ。バスの道中の車窓からは、「海のはくぶつかん」という看板も見かける。

3000人あまりのギャラリーに囲まれてメガマウスザメの公開解剖《かいぼう》が行われた（撮影《さつえい》：鈴木《すずき》啓司《ひろし》）

わたしは、このバス停の名称《めいしょう》には戸惑《とまど》いを感じている。「水族館」の呼び名には、地元の人からの親しみが込められていることを理解しつつも、その言葉は、研究施設《しせつ》には不《ふ》釣《つ》り合《あ》いの、イルカショーのようなエンターテインメントを連想させるからだ。ここは学術機関、教育と研究に重きを置いた展示施設であってほしいと卒業生のひとりとして強く思う。

だが、そのことを気にしているのは、在学生や卒業生、大学関係者だけかもしれない。「博物館」に行こうとしたら、バスの案内表示に「水族館」と表示され、着いた先にある建物に「博物館」と書かれていても、来場者たちは困惑《こんわく》するわけでもない。研究施設が地元の人に親しみを持って受け止められていることを喜ぶべきなのだろう。

学名	英語名
Megachasma pelagios	Megamouth shark

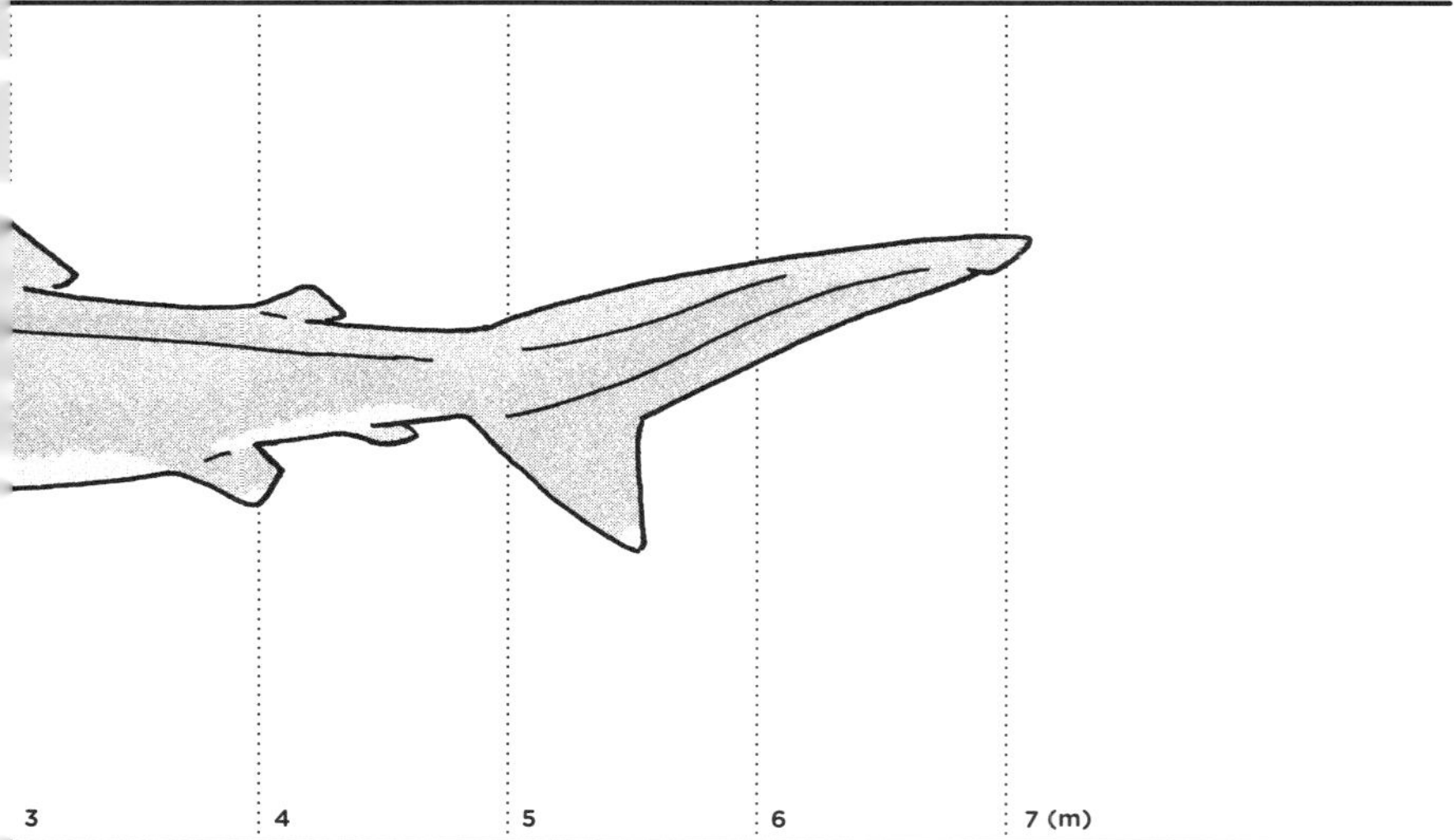

形態の特徴

鼻先は短く、オタマジャクシのように丸みを帯びた頭に、その名のとおり大きな口を持つ。その口は笑っているようにも見え、つぶらな瞳《ひとみ》と相まって、巨大《きょだい》でありながらかわいらしさを感じさせる。喉《のど》にシワがあり、ゴムのように伸縮《しんしゅく》する。胸《むな》ビレの付け根が緩《ゆる》やかに動く。口元に白い縞《しま》がある。体色は灰色で、顎《あご》に黒い斑点《はんてん》がある

行動・生態など

わずか40年前には認識《にんしき》されていなかった新種の巨大ザメ。「幻《まぼろし》の深海ザメ」と呼ばれたこともあるが、魚体に計測器をつけた調査や肝油《かんゆ》の組成成分調査によって、深海ザメではないことが明らかになった。詳《くわ》しい生態は解明されていない。●食べもの：プランクトン。ゴムのように伸縮する喉を伸ばして、プランクトンの群れを海水ごと丸呑《まるの》みすると考えられている。●繁殖《はんしょく》方法：子ザメを産む「胎生《たいせい》（母体依存型《いそんがた》・卵食《らんしょく》）」と考えられているが詳細《しょうさい》は不明。2018年2月24日に胎内から卵殻《らんかく》が発見された

DATA

06

和名

メガマウスザメ

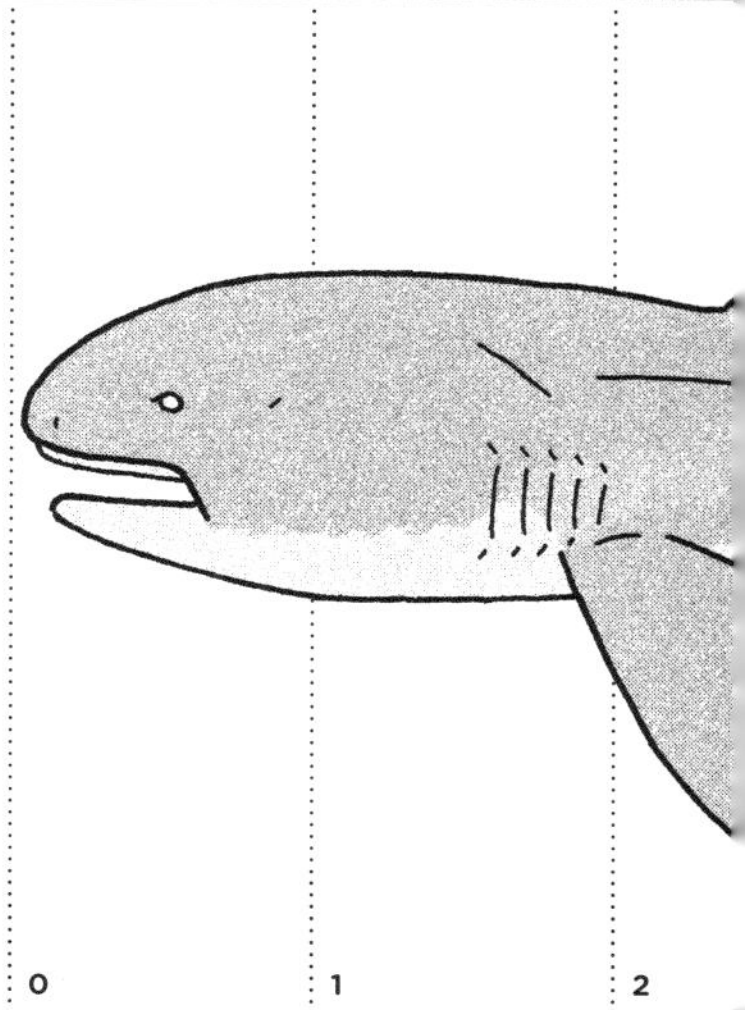

分類

ネズミザメ目
メガマウスザメ科

全長

出生サイズは 1.7m 以下と推定され、成熟個体は
4.3 ～ 5.5m ほど。現在記録されている最大サイズは 7.1m

分布

太平洋・インド洋・
大西洋の温熱帯海域。
日本では常陸沖《ひたちおき》や東京湾《とうきょうわん》、
駿河湾《するがわん》、熊野灘《くまのなだ》、
九州の海域で分布が
確認《かくにん》されている

生息域

沿岸から沖合《おきあい》の表層
（水深 0 ～ 200m 程度）に生息

さて、ときは２０１４年5月、ゴールデンウイークも終わりに差しかかったころ。この「博物館」のエントランス前に、３０００人あまりの人たちと、報道機関13社が集まった。清水駅からバスで30分ほどかかる、けっして交通の便のいい場所ではないこの地に、これだけ多くの人とメディアが集まったのにはワケがある。

人だかりの中心にあるのは、全長４・４６mの巨大ザメだ。しかも、これはただの巨大ザメではない。〝幻のサメ〟といわれる「メガマウスザメ」（ネズミザメ目メガマウスザメ科）だ。この珍しいサメの公開解剖が行われることになり、大勢の人が貴重な休日を使って集まってきてくれたのだ。この日の情報はテレビのニュースでも報じられ、インターネットでも情報が拡散されていたようだが、予想をはるかに超えた大入りとなった。

遡ること3週間ほど、２０１４年4月14日の駿河湾は、水温わずか15℃だった。そんなまだひんやりとした春の海に、突如《とつじょ》として彼女は我々の前に姿を現した。そう、公開解剖されたメガマウスザメはメスの個体だった。

由比漁港（静岡市清水区）は、先ほど触れたとおりサクラエビで有名な漁港だが、アジやサバ、タチウオ、マグロなどを獲る定置網漁《ていちあみりょう》も盛《さか》んだ。網は魚が一度入り込むと出られないようになっていて、迷い込んだ魚を捕《つか》まえる漁法だ。網は港の沖合８００m、水深35mのところに仕掛けてあり、日の出とともに水揚げが始まる。

定置網漁で漁獲される種類は、季節によってさまざまだ。4月14日の月曜日、定置網では、タチウオ100kg、アジ600kg、ブリ1尾、そのほかにイカなども水揚げされた。2日前の12日から、これらの魚介類《ぎょかいるい》が多く獲れるようになっていたとのこと。

この定置網の中で、メガマウスザメも発見された。14日の早朝5時のできごとだ。日曜は漁が休みのため、この網に彼女が入り込んだのは、12日の水揚げ終了時刻の午前7時から、14日の早朝5時までの間に限られる。獲物を追って、網の中に迷い込んだのだろう。

話は少し逸《そ》れるが、わたしが所属していた研究室は、代々ここ由比の漁師さんにお世話になっている。定置網漁をお手伝いしながら、サメの研究をさせてもらうのだ。わたしも大学4年生のとき、定置網を引く手伝いを何度かさせてもらったことがある。

早朝、日の出前に定置網漁船で出港し、およそ10分強で漁場へ到着する。船上で漁師たちが網をたぐり、魚を1ヵ所に追い込んですくって船の上にあげる。網をたぐっていくにつれ、水面はばちゃばちゃと慌ただしくなる。網にかかった魚が網の底でぐっと押《お》し上《あ》げられるからだ。たぐったときの網の重さや魚のはね方を見て、漁師はその網の中の様子をかなり正確に予測できる。

この作業では、いつも見たことのない魚や生物に出会うことができる。そのため、「手伝い」というよりは、生きもの好きなわたしのような学生にとって、心から楽しめるイベントだった（ただひとつ、朝3時に起きなくてはならないことをのぞいては……）。

いちばん印象に残っているのは、オサガメとの遭遇《そうぐう》だ。オサガメとはウミガメの大型種。四肢《しし》を広げたら、6畳《じょう》の部屋がいっぱいになるくらいの大きさの巨大なウミガメが目の前に現れたときの興奮は忘れられない。頭の高さだけでも30cm以上はあっただろうか。海の中には巨大生物がいるとは頭でわかっているものの、実物の迫力《はくりょく》たるや大変なものだった。高鳴る胸の鼓動《こどう》を今でも鮮明に記憶している。

2014年4月のこの日、たまたま定置網漁船に乗船していた研究室の後輩《こうはい》によれば、いつもと様子がまるで違ったという。ふだんよりも格段に重い網をたぐり寄せたら、巨大なおたまじゃくしのような生物がぬぼっと水面に顔を出したというのだ。

オサガメよりもかなり大きい生物。それが、メガマウスザメだった。

わずか40年前に発見された、巨大な新種

定置網に対象漁獲物ではない大型生物がかかると、漁師はそれらを生きたまま海へ帰すのが原則だ。しかしながら、研究例が少ない貴重な生物の場合はその限りではない。

メガマウスザメは、まさにその例外に該当《がいとう》する貴重な生物だ。

メガマウスザメがはじめて人の目に触れたのは、わずか40年ほど前の1976年11月15日、ハワイのオアフ島でのことだった（1983年に新種記載《きさい》された）。言葉を換《か》えれば、それまで

目撃例《もくげきれい》はいっさい報告されたことがない。小さなエビなどが新種記載されることは日常茶飯事だが、最大で7mを超える巨大生物が、それまで人の目を逃れてきたのは驚き以外の何ものでもない。いったいどのように生きてきたのだろう。

世界中で確認されたメガマウスザメの記録をまとめたサイト（http://sharkmans-world.eu/mega.html）によれば、2014年4月に由比で発見されたこの個体は、63番目に記録されている。2018年3月18日現在、世界中で119例ほどが確認されているようだ（なお、メガマウスザメの記録数は研究者によってさまざまだ。このサイトの数字は、ひとつの参考情報として捉《とら》えていただきたい）。

漁師さんのご厚意《こうい》により、このときのメガマウスザメは東海大学海洋学部に引き渡されることになった。冷凍保存ののち、5月6日に東海大学海洋科学博物館にて一般公開解剖されることになったのである。わたしは幸運にも、公開解剖の司会進行役を仰《おお》せつかった。

トラックに積まれ学内へ運び込まれてきたメガマウスザメを一目見たとき、思わず、「カワイイ！」と叫んでしまった。魚体が傷《いた》まないよう、直射日光を遮《さえぎ》るためにかけていたビニールシートの狭間《はざま》から、つぶらな瞳がこちらを覗《のぞ》いていたのだ。

300人の観衆が見守るなか、解剖は、外部形態計測、腹部の切開、頭部の解剖の順に手際よく進められた。作業に当たるのは、わたしもかつて所属していた田中彰研究室の現役《げんえき》メンバーたちである。

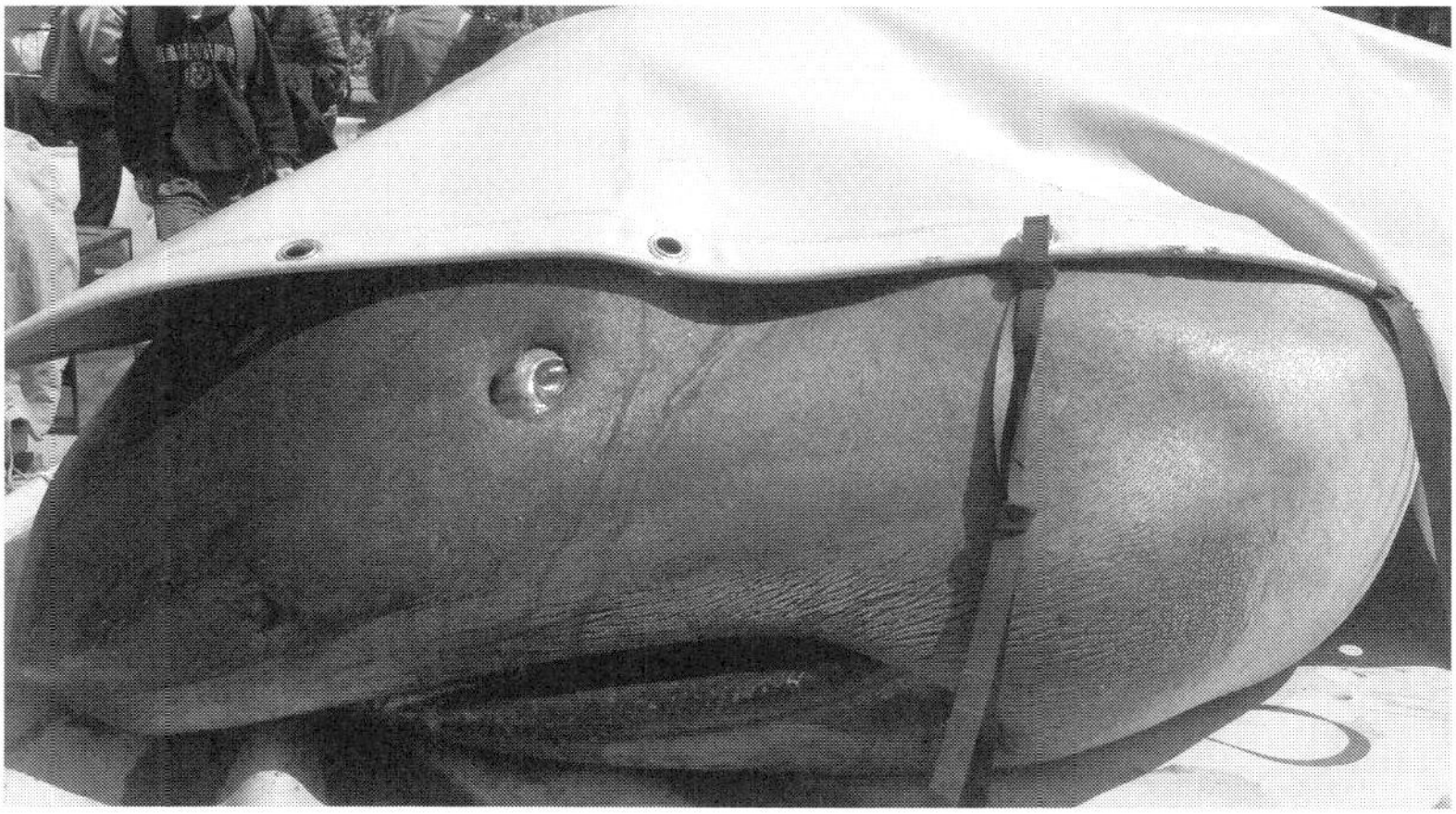

メガマウスザメのつぶらな瞳《ひとみ》に見つめられ思わず心が躍《おど》る

パンパンに膨らんだ胃、ソーセージ状の短い腸、クリーム色の大きめの肝臓が、腹部の正中線上の切《き》り込《こ》みからにゅるりと滑《すべ》り出《で》てきたと同時に、ギャラリーがどよめいた。次に開いた胃からは、大量のピンク色のどろっとした液体が溢れ出てきた。それは胃液で溶《と》かされつつあったサクラエビやオキアミであった。これは、従来から考えられていた、食性がプランクトン食という説を裏づける結果となった。

　プランクトンとは、水中や水面を漂う浮遊《ふゆう》生物《せいぶつ》のことだ。藻類《そうるい》や小型の甲殻類《こうかくるい》、クラゲや魚類の幼生などが該当する。サクラエビもオキアミも、成長しても大きさは数センチほど。波や潮の満ち引きがある海の中では、その流れに身を委《ゆだ》ねて生きている（ただし、サクラエビは浅場と深場を行き来する日周鉛直移動を行う）。ジンベエザメやウバザメ、メガマウスザメのような巨大なサメは、なぜかこうした小さなプランクトンを主食として生きている。

解剖でもっとも時間がかかったのは、脳の摘出《てきしゅつ》作業だ。

メガマウスザメを仰向《あおむ》けにして、口蓋《こうがい》から頭骨を少しずつ掘《ほ》り起《お》こし、脳の入っているところまでを掘っていく。軟《やわ》らかく繊細な脳を壊さないように、慎重《しんちょう》に取り出さなければならない。とてもじゃないが、わたしにはできないレベルの高い解剖技術である。

公開解剖は4時間にも及んだが、最後の1時間は脳の摘出作業に使われた。摘出の瞬間を、マイクを通じて伝えたところ、ギャラリーから拍手喝采《はくしゅかっさい》が起こった。

脳の重さを測ると、体重677kgのメガマウスザメの脳みその重さはわずか38・3gであった。何百キログラムもある巨体の脳が、わずか数十グラムである。そして、巨大なサメから出てきた小さな小さな脳は、その形もサメ特有のものだった。ヒトのような丸みを帯びた形ではなく、まるで昆虫《こんちゅう》の脚《あし》のように眼や鼻につながる神経がニョキッと張り出して伸《の》びている。この、小さくもサメの特徴をはっきりと示す脳に、わたしは思わず息を呑《の》んだ。

“幻のサメ”はなぜ“幻”でなくなったのか?

メガマウスザメの確認は2014年前後から数多く報告されるようになり、2017年の1年間だけでも、千葉県や三重県《みえけん》ならびにインドネシアや台湾《たいわん》、フィリピンから少なくとも

13個体が記録されている。

メガマウスザメの報告例は増えており、かつて幻だと言われていたが、いまや、メガマウスザメには「幻」という形容詞はふさわしくなくなった。

それはなぜなのだろう。メガマウスザメとは対照的に、昔はたくさん目撃されていたが人間による乱獲《らんかく》などで減っている生物は、残念ながら近年、多く聞くようになった。しかし、1976年に発見され、1983年に新種として報告された6mを超える大型生物であるメガマウスザメが、近年になり、よりいっそう、わたしたちの目に触れるようになったのは、いったいぜんたいどういうことなんだろう。


そんな疑問を胸に抱《かか》えながら、2017年の年末に、東海大学海洋学部教授・田中彰先生の研究室を訪れた。わたしもかつて所属していた研究室。扉《とびら》を開けると懐《なつ》かしいサメと薬品のにおいが漂《ただよ》ってくる。

わたしはメガマウスザメが近年よく目撃される理由として、こんな自説を持っていた。これまでも、定置網漁をする漁師などはある程度頻繁《ひんぱん》に目撃していたが、お金にならない魚種のため、誰《だれ》にも知らせずそのまま海に帰していた。ところが、メディアがニュースで取り上げ、一時的に話題になったことで報告数が増えただけで、メガマウスザメの個体数自体が増えたのではなく、そんな人間社会の事情により、増えているように思われるのではないか。

田中先生は言う。

「近年、沿岸域での漁で捕獲されていますが、定置網漁や刺し網漁は明治時代からすでに行われており、メガマウスザメが目撃されれば、奇妙《きみょう》な外形から報告されていたはず。発見確率の上昇が、メガマウスザメが増えたことに起因しているとすれば、生態系のフタとなっていた生物がいなくなってきたことの証《あかし》ではないだろうか……」

「フタ」というのは食物連鎖《れんさ》の高次捕食者のこと、つまり、海でいえばホホジロザメやシャチのことだ。メガマウスザメは大型種なので天敵は多くはないが、大型の魚食性のサメ類や大型のハクジラ類がそれにあたる。たとえば、北西太平洋のマッコウクジラやシャチ、日本近海ではオキゴンドウが減っているという報告もあり、絶滅危惧種《きぐしゅ》としてホホジロザメをはじめとした大型サメ類が複数種レッドリストに掲載されていることから、彼らも減っている可能性が示唆《しさ》されている。

捕食者の個体数が減っているとすれば、被《ひ》捕食者であろうメガマウスザメの個体数が増えている可能性があるという。そして、天敵がいなくなり、好物であるプランクトンが多く発生する沿岸域に姿を現しやすくなったとも考えられるのだ。加えて、メガマウスザメと似たような食性を持つウバザメ漁の最盛期《さいせいき》が、1970年ごろであり、1980年以降、日本近海での目撃例は非常にまれなものとなっている。ウバザメの減少時期とメガマウスザメの出現の増加時期がほぼ重なることから、競争者の減少も、近年のメガマウスザメの出現の増加に影響を及ぼしている可能性もあると指摘《してき》する。

　というわけで、もう幻でもなくなったメガマウスザメだが、さらに加えて彼らのことを「深海ザメ」扱いするのはいかがなものかという意見も出てきた。現に、メガマウスザメに計測器をつけた調査の結果によれば、夕方6時〜朝6時までは表層近く、日中の時間帯は120〜166mあたりが生息域だったというのだ。海底水深は800m前後だったにもかかわらず、一般的な深海の定義である200mより深い水深には移動していない。彼らがこの水深を主な生息域にしているのだとすれば、深海ザメと呼ぶには違和感《いわかん》があるだろう。

　幻でも深海ザメでもないメガマウスザメ。そして、わたしたちが環境を破壊《はかい》した結果、日の目をみることとなったかもしれないメガマウスザメ。海にはまだまだ未知の大型生物が潜《ひそ》んでいると想像するのはロマンがあるが、それが、高次捕食者を絶滅に追いやっているわたしたち人間による影響だとしたら……。

　メガマウスザメがわたしたちの目の前に現れはじめた理由は、人間への警告なのかもしれない。複雑な思いを抱《いだ》きながら、わたしは研究室を後にした。

ツラナガコビトザメ

手のひらサイズのサメが放つ鮮烈《せんれつ》な光にしばしば放心

駿河湾

世界最小のサメとご対面

大学時代、同じサメの研究室に所属していた後輩の家に、卒業してからしばらくぶりに遊びにいった。

リビングルームのこたつテーブルの上には、液体の入った小瓶《こびん》が置いてあった。フタには、中身がこぼれないようガムテープが何重にも巻いてある。中には、10㎝強ほどの小さな真っ黒い魚が入っている。瓶に貼《は》られた耐水性《たいすいせい》ラベルには、鉛筆《えんぴつ》書きで「ツラナガコビトザメ」（ツノザメ目ヨロイザメ科）と書かれてあった。

彼女は笑顔でこう語った。

和名

ツラナガコビトザメ

DATA

07

学名

Squaliolus aliae

英語名

Smalleye pygmy shark

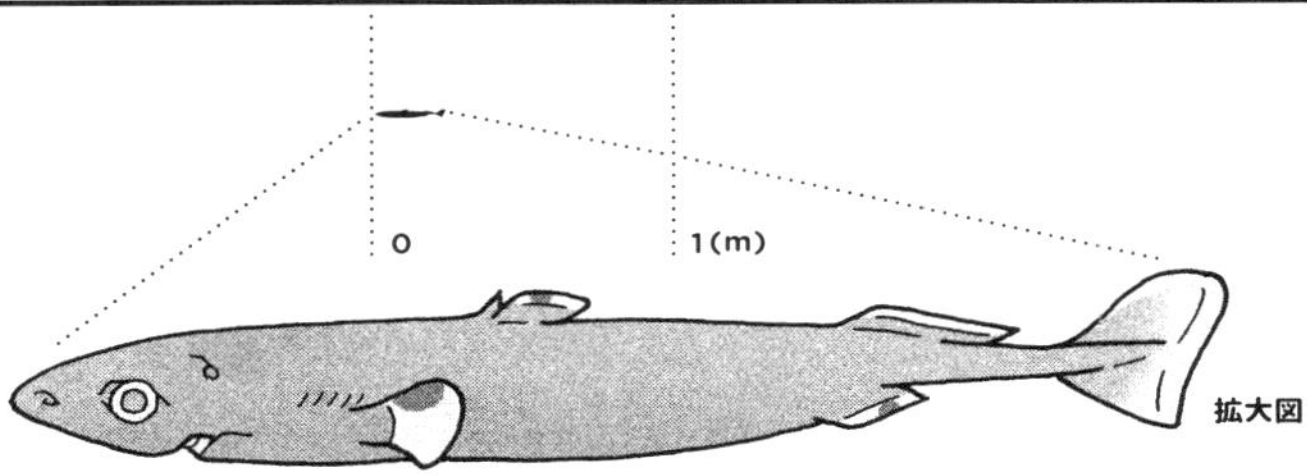

分類

ツノザメ目
ヨロイザメ科

全長

出生サイズは 10cm 以下、15cm ほどで成熟し、
記録されている最大サイズは 22cm ほど

分布

西太平洋から
西インド洋に分布。
日本近海にも生息

生息域

表層(水深 0 〜 200m 程度)から 2000m の
深海まで広く生息していると考えられる

形態の特徴

手の平サイズの小さな黒いサメ。眼《め》がとても大きい。発光器を持つ。
第 1 背ビレにのみ棘《きょく》がある。尻《しり》ビレを欠き、尾《お》ビレは半透明《はんとうめい》

行動・生態など

詳《くわ》しい生態は不明。日周鉛直《えんちょく》移動を行い、腹側が光る。
これは、海底側にいる敵に見つかりにくいように、海面側の光に溶《と》け込《こ》み見えなくなる
カウンターイルミネーション(カウンターシェーディング)効果の役割を果たしている。
泳ぎはお世辞にもうまくない。●食べもの:小型の甲殻類《こうかくるい》。●繁殖《はんしょく》方法:不明

「いつか飼育を成功させたいサメなんです」

それは、サメの液浸《えきしん》標本だった。

彼女は大学卒業後、福島県の水族館に勤めている。仕事でいろいろな魚類の飼育をしているが、大学時代に専門としていたサメに対する愛は衰《おとろ》えるどころか、ますます深くなっているようだ。

彼女の熱い眼差しを感じながら、こたつの上の液浸標本を手に取った。手のひらに収まるサイズの魚が、まさかサメとは思ってもいなかったが、天井《てんじょう》の照明にかざしてじっくり眺めてみると、エラが5対あるのが確認できた。紛れもなくサメだ。そしてよく見ると、ツラナガという名前のとおり、たしかに体の大きさのわりには面《つら》が長い気がする。

これが、サメ好きにとって憧《あこが》れの世界最小のサメ、「ツラナガコビトザメ」と、はじめて対面を果たした瞬間だった。

なぜ、この小さなサメにサメ好きは惹《ひ》かれるのか——。理由は明快だ。

サメ図鑑の冒頭《ぼうとう》には、たいてい次のような常套句《じょうとうく》ともいえる言葉が綴《つづ》られている。

「ジンベエザメは大きなものは全長17mをも超える世界最大の魚類である一方で、20cmあまりの世界最小のサメ、ツラナガコビトザメがいる。このようにサメと一概《いちがい》に言っても、その生態は多様性に富んでいるのだ」

この文句のすぐ横なり下なりに、小ささを強調するがごとく、ツラナガコビトザメを手の

手のひらに載《の》る世界最小のサメ、
ツラナガコビトザメ

ひらに載《の》せた写真が挿《さ》し込《こ》まれている。

わたしは子どものころからずっと疑問に思っていた。

世界最大のジンベエザメは、水族館でも飼育され、「かわいいサメ」として人気が高い。それなのに、世界最小のツラナガコビトザメを水族館で見かけたことはない。このサメっていったい何者？　どこに棲んでいるの？

実は、ツラナガコビトザメの長期飼育の成功例はない。なんと、我らが母校の東海大学海洋科学博物館での3日間の飼育例が記録らしい記録なのだという。だからこそ、彼女は自分の手で飼育を成功させたいと息巻いたわけだ。

わたしはてっきり、どこか遠くの聞いたこともない国にいるサメなのだと思っていたから、あまりに身近なところで飼育を試みた例があるという彼女の話に、驚きを感じていた。

「そのサメはいったいどこで獲れたの？」と彼女に聞こうとしたそのとき、手に持っていた瓶に書かれた文字に、目を見開かされた。

「ツラナガコビトザメ」と書かれたラベルの裏側に、「採集場所　駿河湾」と書かれているではないか。

えっ、この謎めいた小さなサメは、我らがお膝元《ひざもと》に棲んでいたわけ？

在学中から各地を訪ね歩いていろいろなサメを追いかけてきたが、幼少期から気になっていた世界最小のサメが、今もわたしの自宅近くに生息していると思うと、居ても立ってもいられない気持ちになってきた。灯台下暗《とうだいもとくら》しとはまさにこのことである。

わたしは、ツラナガコビトザメに会いにいくことに決めた。

「生きてるら、6匹《ぴき》いるら」

しかしながら、駿河湾といえど、広くて深い。深いところでは2000mの深海に生息する彼らに、どうやったら出会えるものだろうか——。

困り果てていたら、プロの釣り師になった大学の先輩《せんぱい》が、ツラナガコビトザメを漁獲したことのある漁師さんを紹介してくれた。松坂孝憲《まつざかたかのり》さん、通称「まっちゃん」である。

わたしはさっそくまっちゃんに電話をかけ、ご挨拶《あいさつ》に伺《うかが》いたいと告げたが、静岡弁まるだしの返答たるや、そっけないものだった。

「わざわざ挨拶になんて来なくていいら。黒くてちいせぇ、サメの子どもみたいなやつだら？　今まで数回見たことあるよ。いつ入るかわかんねーけど、まあ、入ったら教えてやるよ」

そして、その日の夜中に突如として運命のときはやってきた。

「おぅ、サメの先生か？　お望みのサメが獲れたから持って帰ってきてやるよ。あと1時間で入港するから港で待っとけ」

電話はわたしの返答も待たずに切れた。自宅から車に飛び乗り、由比漁港に向かう。心臓の鼓動が速くなっているのが自分でもわかる。交通事故を起こさないように、はやる気持ちを抑えながら運転をする。

30年近く会いたかったサメに、ついに出会える。新鮮《しんせん》だったらわたしも液浸標本をつくって、リビングに飾《かざ》ろう。

まっちゃんの船が入港するのを真っ暗な港で待つ間、胸にさまざまな思いが去来した。まっちゃんを紹介してくれた先輩にも電話をかけて報告すると、遅れて先輩も合流することになった。

入港したまっちゃんの船に走り寄ると、大きな樽《たる》に水がはってあり、小さな魚が何尾もぎこちなく泳いでいる。

「生きてるら。クーラーボックス持ってこいよ。6匹いるら」

「えっ！　生きてるんですか⁉」

水揚げの際に命を落としたとばかり思っていたので、標本にすることしか考えていなかった。死んだツラナガコビトザメに出会えるだけでもすごいことだが、6尾もの生きたツラナガコビトザメにお目にかかれるなんて……。こんなに幸せなことがほかにあるだろうか。ラッキーすぎる。わたしは思わず声が上《うわ》ずった。

わたしの興奮をよそに、まっちゃんが乗り込んだ船の船長さんが続けて叫ぶ。

「今日はメガマウスザメも入ったけど、邪魔《じゃま》だったから沖で放してきてやったよ。昔はカイマンリュウ（ラブカの地方名）もよく入ったものだなぁ」

えっ、巨大ザメのメガマウスザメと世界最小のツラナガコビトザメが一緒《いっしょ》に獲れちゃうなんて……。おまけに生態が謎に包まれたラブカまで獲れただなんて、駿河湾は恐るべきサメスポットであったのだ。

サメの「目くらまし」にあった

わたしは、先輩が漁港に到着するのを待ち、真っ暗な深夜の漁港でひとり、クーラーボックスに入った小さなサメを眺めていた。途中、パトカーが港に入ってきて職務質問されたが、上の空で何を聞かれて何を答えたか覚えていない。それよりも、この生きた小さなサメをどうしようか、考えることに夢中だった。

というのも、我《わ》が家《や》にこの稀少《きしょう》なサメを生かしておける水槽がなかったからだ。時間はすでに夜の11時半を回っている。この時間で水槽を買いにいけるところはない。

家に帰り、水槽の代用にできるものはないかと部屋を見回す。ふと、サメのフィギュアを入れているガラスケースが目に入る。大きさにして40㎝ほど。馴染みの美容師さんから譲《ゆず》り受《う》けたものだ。そういえば、彼女はこれでカメを飼育したと言っていたっけ……。

これなら水槽になるだろうと、急いでフィギュアを取り出し、テーブルの上にガラスケースを移動する。その中に、由比から持ち帰った海水とサメを注ぎ込んだ。

深海生物の飼育でもっとも気をつけねばならないこと、それは、光の遮断《しゃだん》と水温を低く保つことだ。水温は10℃以下が望ましい。幸運にも、わたしが住んでいるところは街灯がなく、部屋の電気を消すと完全な暗闇《くらやみ》となった。差し込む光もゼロだ。田舎《いなか》ならではの絶好条件。

問題は水温だ。季節は晩春、まだ暑さに苦しめられることはないとはいえ、我が家に水槽もないのに水槽用のクーラーなどあるはずがなく、何もしなければ水温は10℃を上回ってしまうだろう。世にも珍しいサンプルが手に入ったのに、彼らを生かしておく設備が何もないなんて……。己《おのれ》の準備不足を猛烈《もうれつ》に悔《く》やんだ。

しかし、くよくよしても仕方がない。その間にもサメたちはどんどん弱っていってしまう。わたしはコンビニに走り、数袋《すうふくろ》のロックアイスを購入《こうにゅう》した。

家に戻るやいなや、溶け出した水が水槽へ漏《も》れないよう氷を袋のまま水槽に入れ、水温計の代わりに手を水に入れる。

「冷たっ！」

わたしには辛《つら》くとも、彼らには居心地《いごこち》のいい温度のはずだ。ときおり水に手を入れ温度を確かめながら、世界最小のサメを飽《あ》くことなく眺めていた。

すると、わたしの目の前で思わぬ現象が起きた。1尾のサメがぼわーんぼわーんと淡《あわ》い光を放ちはじめたのだ。

それはまるで、深夜の森の中にあるコテージの窓からもれたランタンの柔《やわ》らかい光を想像させた。

そうだった。深海ザメの一種、フジクジラの仲間（ツノザメ目カラスザメ科）には、「ランタンシャーク（Lantern shark）」の英語名を持つものがいる。そのまま日本語に訳せば「提灯《ちょうちん》ザメ」、その名のとおり、体の一部が光るのだ。

ツラナガコビトザメは発光するサメだったんだ！

そんなことを考えていると、違う1尾がビカビカと鮮明な光を一瞬だけ放った。

すると、わたしの目にはサメの残像だけが残り、サメ本体の姿がまったく見えなくなった。わたしは生まれてはじめて、サメからの目くらましにあったのだ。それは、忍者《にんじゃ》が雲隠《くもがく》れするときにこんな光を出すのだろうと思わせる眩《まばゆ》さだった。

す、すごい‼

わたしたちがなかなかうかがい知ることのできない深海で、ツラナガコビトザメがどのように生きているのか、その様子を垣間見《かいまみ》た瞬間である。

興奮サメやらず、ひとり真っ暗闇のリビングでツラナガコビトザメを眺めていると、いつしか時計は早朝5時を回っていた。日の出を迎《むか》え、春の朝日が窓から部屋に差し込んでくる。部屋が明るくなってくると、幻想的《げんそうてき》ですらあったサメの光はとたんに見えなくなった。

この小さなサメが放っていたのは、真っ暗闇でなければ見えないほどの繊細でか弱い光だった。

もしかして、あの光は夢のなかで見たものだったのではないか……。

そんなふうに錯覚《さっかく》してしまうほど、わたしの心を捉えて離さなかった光はわずかで頼《たよ》りないものだったのだ。

サメコレ
SHARK COLLECTION

ネコザメ

これが卵？　それともメカブ？
ドリルのような形の不思議

駿河湾

水槽から聞こえてくる音の主

ガリッガリッガリッ……。

メガマウスザメの公開解剖に続いて、ここは東海大学海洋科学博物館である。横幅《よこはば》2mほどの水槽の前に立つ解説員の肩《かた》から下げられたスピーカーから、歯で硬《かた》いものを噛んでしまったときのような音が断続的に聞こえてくる。音を拾っているのは、水槽のすぐ横に置いたマイクだ。

水槽の前には、15人ほどの来場者が集まり、前のめりになって中を覗《のぞ》き込《こ》む。その視線の先にいるのは、もぐもぐと口にエサをほおばる全長1mほどのネコザメ（ネコザメ目ネコザメ科）

和名

ネコザメ

DATA

08

学名

Heterodontus japonicus

英語名

Japanese bullhead shark

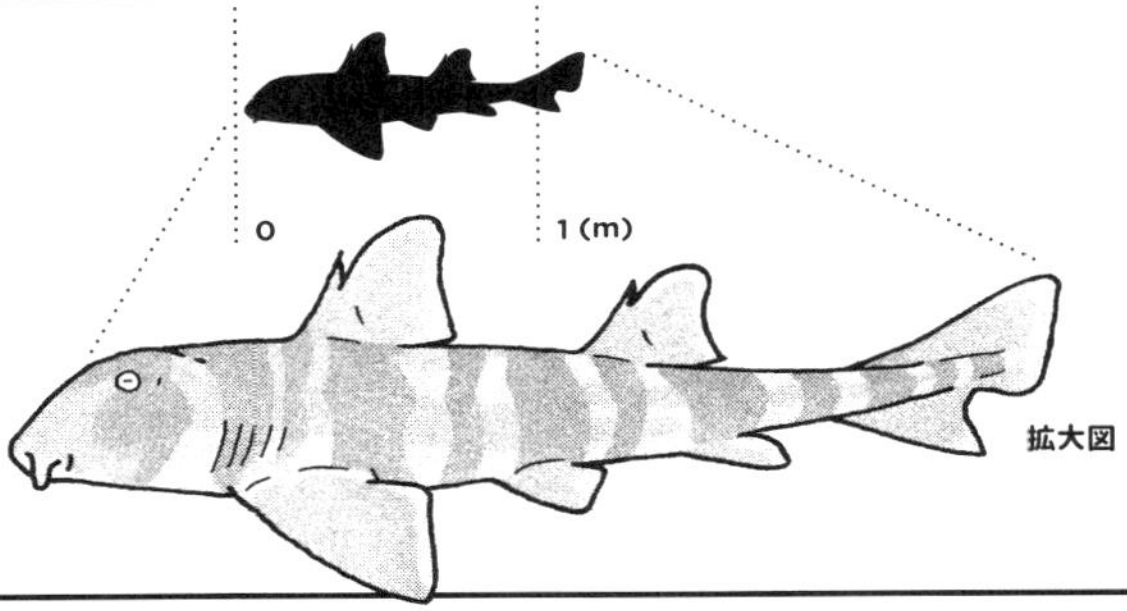

分類

ネコザメ目

ネコザメ科

全長

20cm 前後で孵化《ふか》、50 〜 70cm ほどで成熟する。

現在記録されている最大サイズは 1.2m

分布

北西太平洋の亜熱帯《あねったい》から温帯海域に分布。

日本、韓国《かんこく》、中国、台湾《たいわん》にかけてよく確認《かくにん》されている

生息域

おおよそ 100m より浅い海域に生息する。岩場を好む

形態の特徴

頭部は太く短く、眼《め》の上が張り出している。体全体に垂直で幅広《はばひろ》い濃色帯《のうしょくたい》が 8 条ほどある。

この頭部や眼の形、あるいは縞模様《しまもよう》がネコを連想させたようで、ネコザメの名がつけられた。

背ビレの付け根に大きな棘《きょく》があり、サメ肌《はだ》は全体的にとてもザラザラしている。

歯はサメらしからぬ形状で、敷石状《しきいしじょう》の臼歯《きゅうし》のような形をしている

行動・生態など

サザエワリという別名があるように、敷石状の歯で硬《かた》いものをも噛《か》み砕《くだ》く。

水族館や伊豆《いず》などのダイビングポイントで出会える、日本人にとっては親しみやすいサメ。

●食べもの：貝類（サザエなど）、エビ・カニなどの甲殻類《こうかくるい》、ウニなど。

●繁殖《はんしょく》方法：卵を産む「卵生《らんせい》」。ねじ状の卵殻《らんかく》が特徴的《とくちょうてき》

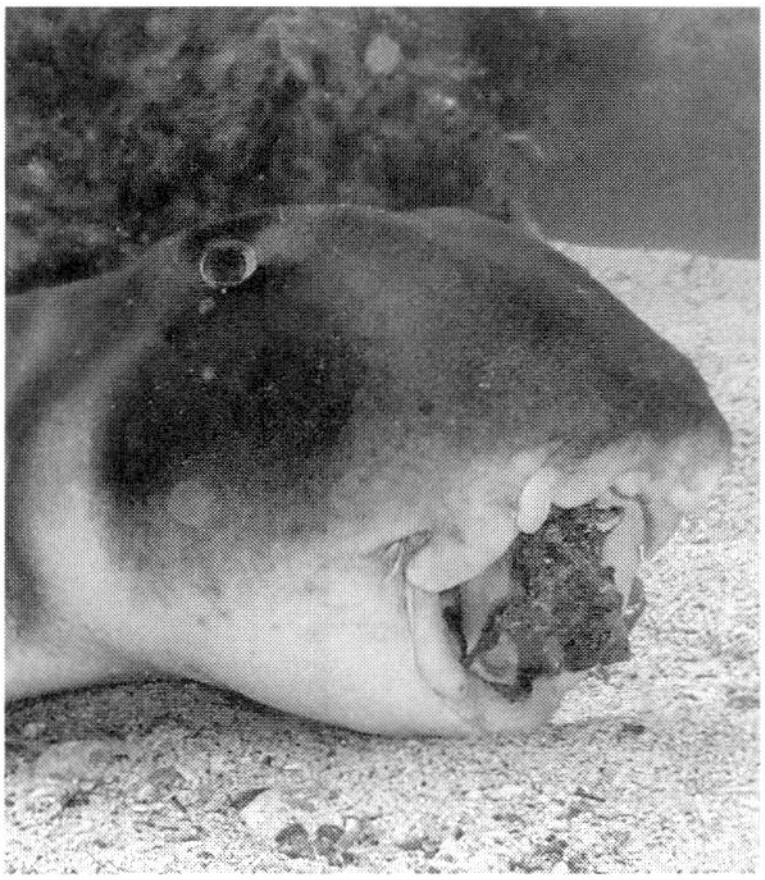
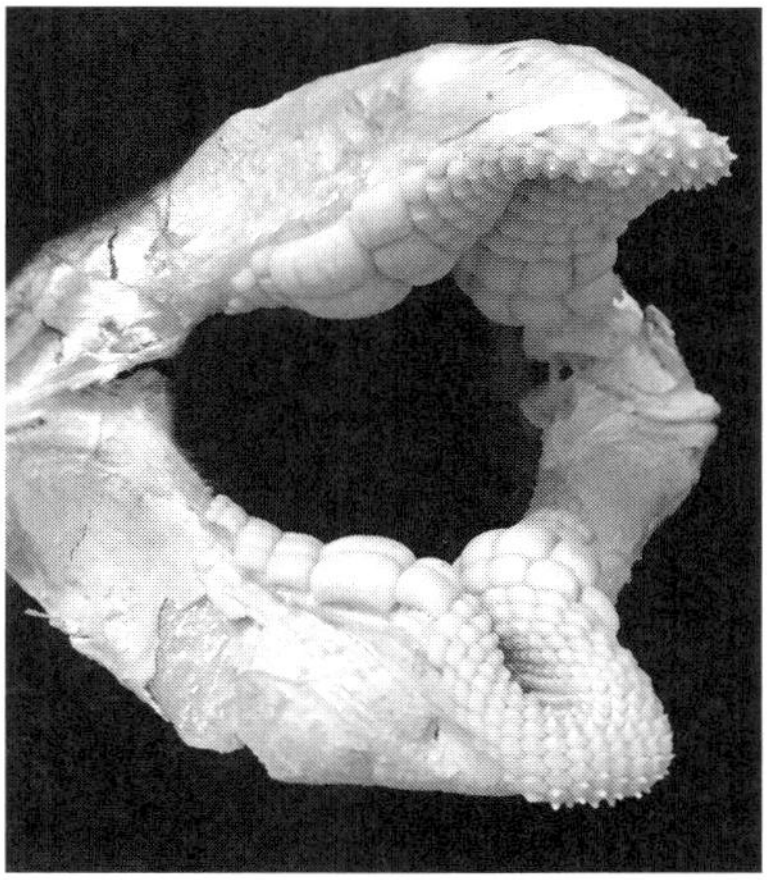

サザエの殻《から》をも噛《か》み砕《くだ》くネコザメの頑丈《がんじょう》な顎《あご》と歯（写真左・撮影《さつえい》：篠原直道《しのはらなおみち》）

だ。体には、名前の由来とも考えられるネコのような縞模様《しまもよう》がある。

サメといえば、鋭い歯で獲物を切《き》り裂《さ》くイメージがあるが、ネコザメがエサを食べると、なぜガリガリと硬い音がするのか。

ネコザメは関西から九州方面では別名「サザエワリ」と呼ばれている。好物はサザエやウニ、エビ、カニなどの歯ごたえのありそうな無脊椎動物《むせきついどうぶつ》。それらを食べるために、歯の形が特異的に進化したのだ。

ネコザメの顎の写真をはじめて見た人はたいてい、サメの顎だということに気がつかない。無理もない。サメの歯のイメージは牙《きば》のように大きく尖《とが》った歯であるのに対し、ネコザメの歯に鋭く尖った箇所《かしょ》はほとんどない。敷石状《しきいしじょう》に隙間《すきま》なく並ぶ歯は、丸みすら帯びている。この特徴ある歯は、陸上の草食動物が草などをすりつぶして食べるときに使う臼歯《きゅうし》と同じような役割を担《にな》っている。

東海大学海洋科学博物館では、サメに関する館内ツアーや特別展を不定期に開催している。わたしも解説員のお役目を担い、ネコザメにアサリを与えてエサを食べる音を聞きながら観察するツアーを行ってきた（現在は催行《さいこう》されていない）。

ネコザメはアサリを殻《から》ごと口にほおばり、ガリッガリッと大きな音を立てて、人間でいえば臼歯に相当する頑丈《がんじょう》な歯で貝殻《かいがら》を噛《か》み砕《くだ》く。エサを噛み砕くたびに、粉砕《ふんさい》されたアサリの殻は、体の側面にあるエラの孔から排出《はいしゅつ》される。消化しにくいものは体外へ吐《は》き出《だ》す、ネコザメのとても器用な体の構造に来場者からはいつも感嘆《かんたん》の声があがっていた。

ネコザメは見た目が非常にかわいいため、水族館でも人気の高いサメのひとつだ。日本人はネコにそっくりな瞳や顔、体の縞模様に飼いネコのかわいらしさを感じて、ネコザメと名づけたと思われるが、文化圏が変われば同じサメが違って見えるからおもしろい。英語圏では、その姿が「雄牛《おうし》の頭（bullhead）」に見えるようで、「Bullhead shark」と呼ばれている。

生まれたてのネコザメは、頭部が小さく、ピンッとした大きな第1背ビレが特徴的で本当に愛らしい。全長約18㎝と小柄《こがら》なので、若いネコザメであれば幅90㎝ほどの水槽を用意できれば、一般家庭で飼育も可能だ。

だが、かわいらしいからといってうかつに手を出してはいけない。サザエの殻も噛み砕ける顎を持つということは、もし噛まれたらどうなるか……想像してみてください。

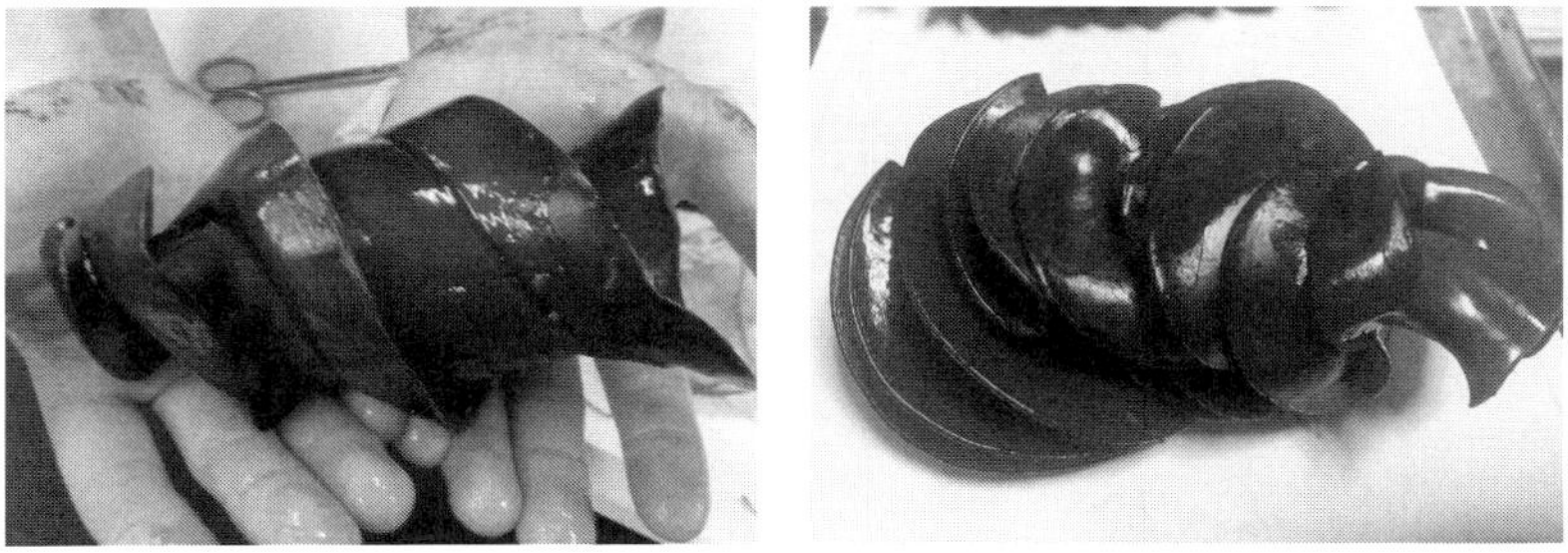

メカブ（右）と、色も形もそっくりなネコザメの卵殻《らんかく》。ワカメなど海藻類《かいそうるい》の群生地で産み落とされる（写真左：東海大学海洋学部）

弾力性《だんりょくせい》のある卵殻に包まれて

ネコザメの生息域は、だいたい水深40mより浅い海域だ。そのため、ダイビングでも気軽に出会えるサメでもある。わたしが住んでいる静岡県では、熱海《あたみ》から伊豆半島《いずはんとう》あたりでよく出会うことができる。3〜9月ごろ（ピークは3〜4月）はネコザメの産卵期《さんらんき》であり、海の中で彼らの卵を観察することもできる。

すでに何度か見たように、サメの繁殖形態は「卵生」と「胎生」の大きく2つに分かれる。ネコザメの仲間は全部で9種類が確認されており、いずれもが、サメ全体の3〜4割と少数派の「卵生」である。

注目すべきは、ネコザメの卵殻（つまり卵の殻）の形だ。まるでドリルのようなねじ状で、海中でメカブに擬態《ぎたい》しているかのように思える（メカブはワカメの胞子葉《ほうしよう》のこと。ワカメが岩に付着している茎《くき》の付け根の膨らんでいる部分）。

前ページの左の写真がネコザメの卵だ。大きさは手のひら大の15㎝ほど。これが擬態である場合、いったいぜんたいどのような進化の過程を経て、ネコザメの卵殻がメカブに似ていったのか。はたまた、メカブがネコザメの卵殻に姿を似せたのか。

なんとも不思議なのは、卵の形だけではない。ネコザメの卵殻は、触ってみるとニワトリの卵のようにカチカチではなく弾力性《だんりょくせい》がある。卵殻の成分が、ニワトリなど鳥類のものと、サメのものでは異なっているためだ。前者は主に炭酸カルシウムでできており、サメの卵殻は角質などでできている。

妊娠した母ネコザメは、一度に2個ずつ、約2週間〜数週間おきに最大12個の卵を産むと考えられている。ワカメなど海藻類《かいそうるい》が群生する岩場を好むネコザメの仲間は、産んだ卵を口にくわえ、その卵の隠《かく》し場所《ばしょ》を悩《なや》みながら泳ぐ様子がしばしば確認されている。

ネコザメの出産秘話

わたしは大学の研究試料を集めるために、南伊豆《みなみいず》のある漁港でイセエビ漁の手伝いをしていたことがある。イセエビ漁は、仕掛けた網にヒゲや足が絡《から》まったものを引き上げて漁獲する、一種の刺し網漁である。

底冷えする早朝3時半ごろから漁港でスタンバイし、水揚げされたイセエビが絡みつく赤い網をカーテン状に吊るして、ヒゲや足などを傷つけないように慎重にイセエビを網から外《はず》していくという作業。イセエビはヒゲの一部でも折れようものなら、とたんに価値が下がってしまう。

慣れないと非常に時間がかかる作業ではあったが、漁港にいるおばちゃんたちがわずか10秒ほどで絡みついた網からイセエビを外していく神業《かみわざ》を目の当たりにしたときは、その手際のよさにびっくりしたものだった。

このエビ刺し網に、ネコザメがかかるときがある。通常は、網から外して海へリリースするのだが、研究試料として2尾ほどいただいたことがある。

そのうちの1尾、メスのネコザメのお腹を切ると、卵巣からは直径4cm弱の黄色のまん丸の卵が8個ほど出てきた。まだ卵殻には包まれていない状態の卵だ。さらにおもしろいことに、長さ15cm前後のねじ状の卵殻に包まれた卵が、左右の2つある「輸卵管《ゆらんかん》」に、それぞれ1個ずつ入っていた（96ページ参照）。きっと産卵する直前だったのだろう。

ネコザメのお腹の中にある卵殻を観察したとき、わたしは疑問を持った。

卵巣から輸卵管へ卵が移動する間に、どうやってあのメカブのような卵殻に卵が包まれるのだろうか——。

その謎を解く鍵《かぎ》は、卵巣と輸卵管をつなぐ間、直径4cm前後の膨らみ部分にある。

その膨らみの名前は「卵殻腺《らんかくせん》」という。ここに卵巣から卵が運ばれ、オスの精子も辿《たど》り着《つ》いて受精する。受精卵《じゅせいらん》が卵殻腺を通って輸卵管へ運ばれる際、卵殻腺から分泌《ぶんぴつ》される角質などによって卵殻がつくられる。

それにしても、直径４㎝くらいしかない卵殻腺の中で、15㎝近い卵殻が形成される過程はどうも想像がつかない。いつか科学が発達して生きているままサメの体内が観察できるようになったら、真っ先に確認してみたい事象のひとつだ。

ちょっと
フカ掘り
サメ講座
No.9

トラがキャット(cat)で、タイガー(tiger)がイタチ?

全長30cmのクジラ!?

チョウザメやコバンザメ、サカタザメやウチワザメなど——第1章で、名前に「サメ」とついているのにサメじゃない紛らわしい生きものたちをいくつか紹介したが、サメの名前も、どうしてそんな名前になったのか、不思議なものが多い。

サメの仲間に、「フジクジラ」(ツノザメ目カラスザメ科)と呼ばれるものがいる。それがクジラみたいに巨大なサメなら、名づけた理由もわからなくはないが、なんとこのサメ、全長30~50cmにしかならない小さな深海ザメだ。いったい、誰がどういう理由で「クジラ」と名づけたのやら……。

ちなみに、英語で「Whale shark(鯨鮫《くじらざめ》)」といえば「ジンベエザメ」のこと。こちらは17mをも超える魚類最大サイズを誇《ほこ》り、英語名には納得《なっとく》だ。

サメの和名と英語名の関係も、摩訶不思議《まかふしぎ》なものがいくつもある。

和名で「トラザメ」(メジロザメ目トラザメ科)と呼ばれるサメの英語名は「Cat shark(猫《ねこ》鮫《ざめ》)」。トラもネコ科の動物だからね……と、大目に見てあげたいところだが、先にとりあげ

フジクジラ（上・撮影《さつえい》：福島剛《ふくしまたけし》）と
トラザメ（下・写真：素人《しろうと》が作ったお魚図鑑《ずかん》）

た、和名で「ネコザメ」と呼ばれるサメもいるからややこしい。

　ネコザメの英語名は、「cat」でも「tiger」でもなく、「Bullhead shark」（雄牛の頭のようなサメ）。ネコザメの頭の角張った骨格の形が、雄牛の頭に似ていることから、この英語名がつけられたのだろう。そう思って、ネコザメの頭を舐《な》め回《まわ》すように観察してみると、いつのまにかネコザメの頭が、雄牛の頭のように見えてくるからおもしろい。

　もうひとつややこしいことに、英語名で「Tiger shark（虎鮫《とらざめ》）」と呼ばれるサメもいる。和名はもちろん「トラザメ」であるはずはなく、「イタチザメ」（メジロザメ目メジロザメ科）。大きくなると5ｍを超えるサメだ。

　トラが猫（cat）で、ネコが雄牛（bull）、イタチが虎（tiger）……。英語のテストでこんな答えを出したら落第だが、サメの世界では１００点満点。「なんでそーなるの？」という声がそこかしこから聞こえてきそうだ。

幼魚は「サバブカ」

　ちなみに、イタチザメ（Tiger shark）は、体の色や模様が成長過程で3段階に変化する。

　まず、お腹の中の赤ちゃん（胎仔《たいし》）は、サバの背中のような模様をしている。わたしも石垣《いしがき》島《じま》を訪ねた際、実際に観察したことがある。生

たしかにトラのような縞模様《しまもよう》があるイタチザメ（撮影《さつえい》：佐藤春彦《さとうはるひこ》）

まれたての個体も、この模様は変わらない。

それが少し大きくなると、きれいな縞模様を身にまとう。わたしは、フィジーでダイビング中に全長3m前後のイタチザメに遭遇した。この模様こそが英語名の「Tiger shark」の由来なのだと納得がゆく。

さらに大きくなる（7・5mもの個体も確認されており、サメのなかでは大型の部類に入る）と、この縞模様は薄くなっていく。

この体の模様の変化に合わせて、昔の人は呼び名を変えていたようだ。昔の日本の図鑑を見ると、イタチザメの幼魚を「サバブカ」、成魚を「イタチザメ」と使い分けていた。別種と認《にん》識《しき》していた可能性も感じられる。

ただ、なぜ「イタチザメ」の名前で呼ばれるようになったかは判然としない。日本周辺で見られるイタチザメの多くは縞模様を持つが、陸上動物のイタチには顕著《けんちょ》な縞模様が見られない。

サメコレ
SHARK COLLECTION

カスザメ

サメがいなければ浮世絵は生まれなかった!?

東京・目《め》白《じろ》

はりつけの刑《けい》に処されたサメ

「焼津さかなセンター」などにいくと、サメ肌を使ったわさびおろしが販売されている。粗《あら》くて硬いサメ肌（楯鱗《じゅんりん》）は、いい塩梅《あんばい》にわさびがおろせると定評があるのだ。

これはたいていの場合、カスザメやコロザメ（いずれもカスザメ目カスザメ科）のサメ肌が使われている。しかしながら、それらのサメが使われているのはわさびおろしだけではない。サメ好きの方から情報を得て、わたしはある場所へ駆けつけた。

東京・JR目白駅にほど近い閑静《かんせい》な住宅街の一角に見えたのは、「木版アダチ」という看板だ。浮世絵の木版の技術を現代に受け継ぐ、知る人ぞ知る場所であるらしい。ショールーム

DATA

09

和名

カスザメ

学名	英語名
Squatina japonica	Japanese angelshark

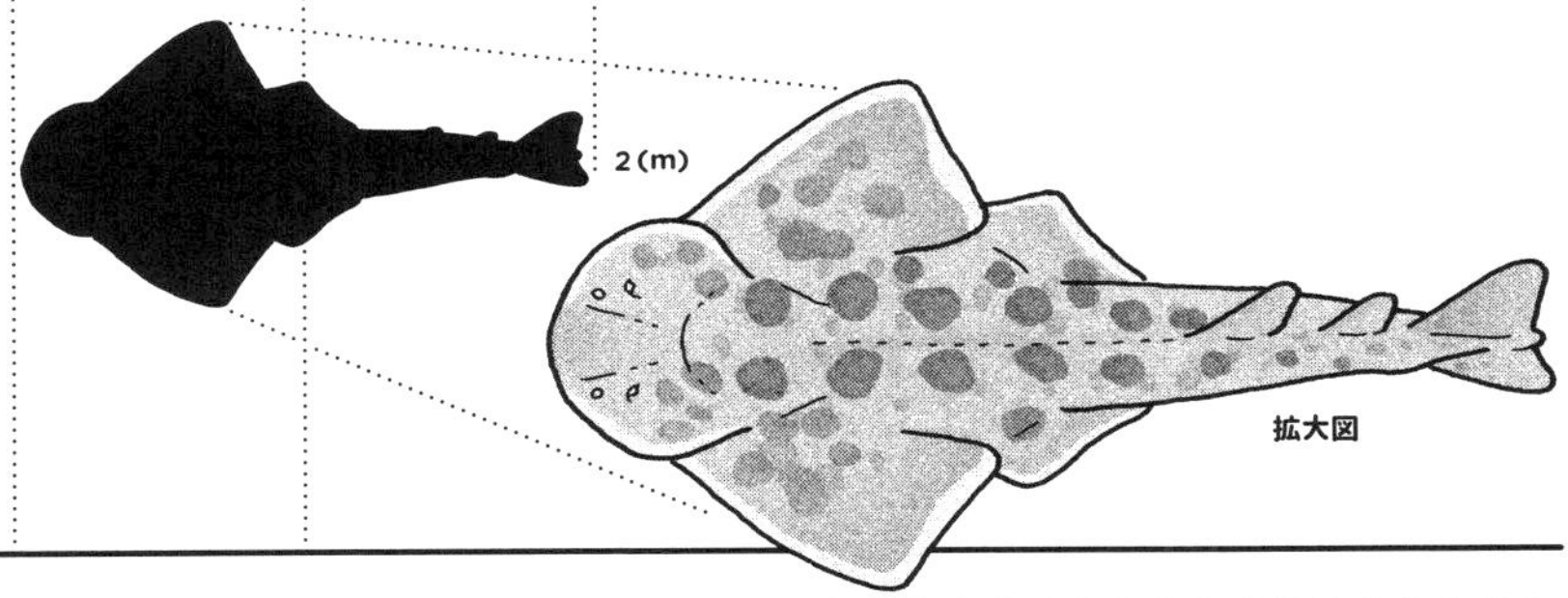

分類

カスザメ目

カスザメ科

全長

出生サイズは 30cm ほど、最大で 2.0m ほどになる

分布

北西太平洋の亜熱帯《あねったい》から温帯海域に分布。とくに北海道南部から台湾《たいわん》までの太平洋・日本海・東シナ海に生息する。日本、韓国《かんこく》、中国、台湾でよく確認《かくにん》される

生息域

水深 200m ぐらいまでの大陸棚《たいりくだな》上の砂泥底《さでいてい》に生息

形態の特徴

エイのように平べったい形をしているが、エラ孔《あな》が腹側（海底側）ではなく体側にあり、サメの仲間である。全体的に褐色《かっしょく》。口は体の先端《せんたん》に位置し、歯はとても鋭《するど》い。真上から見た胸《むな》ビレの角度はほぼ 90 度。頑丈《がんじょう》なサメ肌《はだ》を持つ。

なお、カスザメの仲間のコロザメ（*Squatina nebulosa*）も形はよく似ている。両者の違《ちが》いは大きく２つ。正中線に棘状突起《きょくじょうとっき》があるほうがカスザメ、ないほうがコロザメ。また、上から見たときに胸ビレの角度が鈍角《どんかく》（120 度前後）なのがコロザメ

行動・生態など

海底の砂の中に潜《ひそ》んで待《ま》ち伏《ぶ》せし、近づいてきたエサ生物を一気に吸《す》い込《こ》んで食べる。ただ、水族館などで餌付《えづ》けを観察しようとすると、なかなか食べてくれないことも。目の前に人間の足があれば、鋭い歯で噛《か》むことがある。●食べもの：小魚や甲殻類《こうかくるい》、イカ、貝、底生魚類（ヒラメ・カレイなど）。●繁殖《はんしょく》方法：子ザメを産む「胎生《たいせい》（卵黄依存型《らんおういそんがた》）」

に足を踏《ふ》み入《い》れると、壁《かべ》には一面に浮世絵が展示されている。なかでも、部屋のいちばん奥に、ひときわ目を引くものが立てかけられていた。

高さ80㎝ほどの厚みのある木の板に、ほぼほぼ左右対称《たいしょう》な奇妙な形をしたものがはりつけられている。板にはご丁寧に「鮫皮」と書かれている。

正中線の棘状突起《きょくじょうとっき》、平べったい胸ビレ、粗くザラザラしたサメ肌……。それらの特徴から推察するに、このサメ皮は、カスザメのものだった。

近づいて見てみると、カスザメの皮の縁《ふち》には、これでもかといわんばかりに無数の鋲《びょう》が打ち込まれている。まるで、はりつけの刑に処されているかのようだ。カスザメから皮だけをはぎ取り、それを板にはりつけて乾燥《かんそう》させたのだろう。

サメの皮は、乾燥させると縮んで反り返ってしまう。執拗《しつよう》なまでに鋲で固定したのは、反り返りを防ぐためであろう。

これはいったいぜんたい、何だろう……？

展示資料を見てみると、「刷毛《はけ》」と書かれた展示パネルにはこう記されている。

「馬の尾毛で出来ており、熱した鉄板で毛先を焼き、鮫皮でおろして調《ととの》える。摺《す》る部分によって、毛先の長さ、やわらかさを使い分ける」

ほう。カスザメの衝撃の姿に忘れかけていたが、ここは浮世絵とゆかりの深い場所である。どうやら、カスザメのサメ皮は、浮世絵の版木に染料《せんりょう》を塗《ぬ》る刷毛と大いに関係があるもののようだ。

お店の方に話を聞くと、馬の毛でつくった刷毛はとても硬く、そのままでは染料のノリが悪いのだという。そこで、版木に色をのせる「摺《す》り」の職人さんは、一枚の絵の中のどこに使う色かも考えて、刷毛を好みの硬さに調整する必要があるのだ。

はりつけにされたカスザメの皮は、そのために欠かせない道具だ。カスザメの背中に刷毛をこすりつけると、馬の毛に枝毛や切れ毛ができ、刷毛の手触《てざわ》りが柔らかくなる。

特別にお願いして、その作業の実演をしてもらった。足の前に板を置き、腰《こし》を折り曲げ前《まえ》屈《かが》みで、刷毛をカスザメの背中で下から上にゴシゴシとこする。こすった前後の刷毛の硬さ

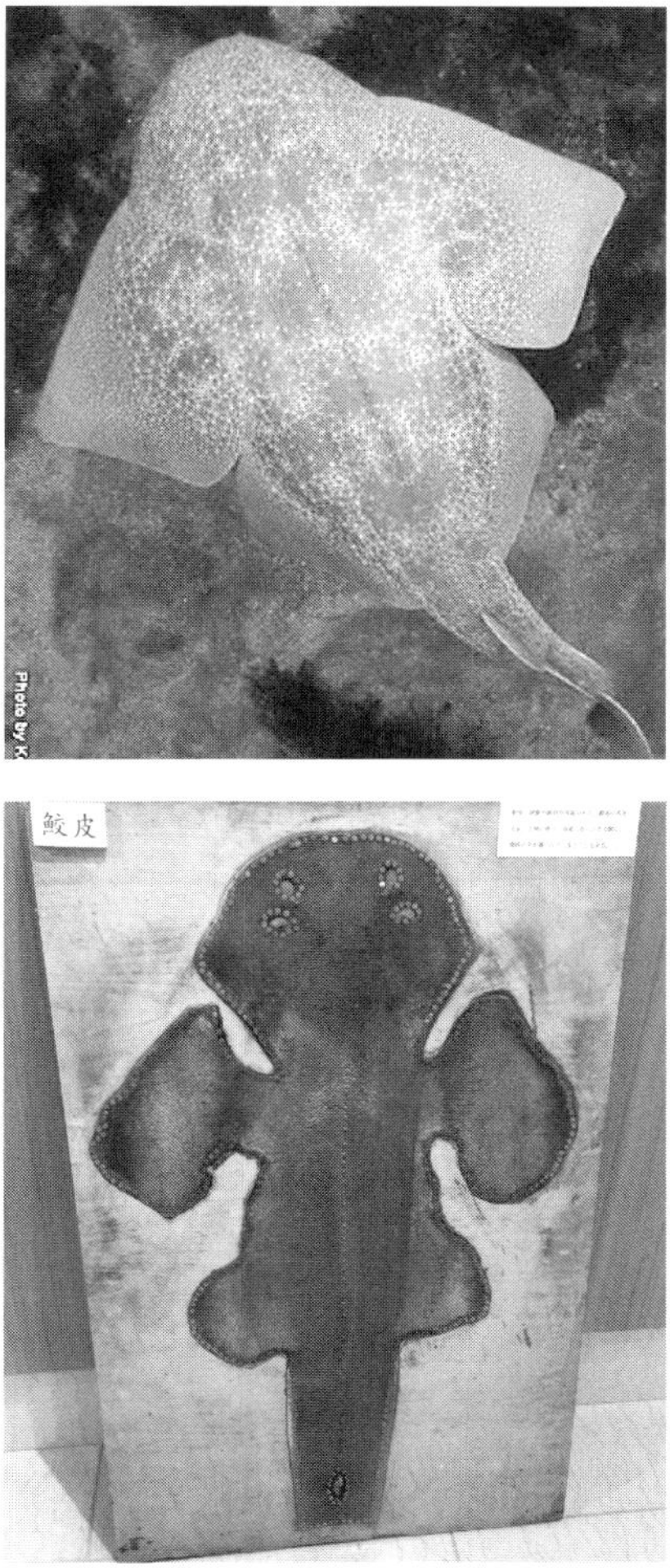

生きているカスザメと、はぎ取られ板にはりつけられたカスザメの皮（写真上・撮影《さつえい》：福田航平《ふくだこうへい》）

を触り比べてみると、サメ皮でこすった刷毛の触り心地《ごこち》は、驚くほど柔らかくなっていた。

ついでに板も触らせていただくと、裏側に驚きの秘密が隠《かく》されていた。

なんと、裏にもう一尾、はりつけの刑に処されたカスザメがいたのだ！

聞けば、カスザメの皮は画材屋さんで売られており、板の両面にはり、一年に1度はり替《か》えるとのこと。案外、消耗品《しょうもうひん》なのである。

ちなみに、わたしの自宅玄関《げんかん》には、わたしの背丈《せたけ》と同じくらいの、はりつけになったコロザメがいる。酔《よ》っ払《ぱら》って帰宅したときは、よろけた拍子《ひょうし》に手をついて、ザザッと擦《す》りむいて流血することもしばしばだ。

サメコレ
SHARK COLLECTION

オオセ

一度食らいついたら離さない「マンキラー」の執念《しゅうねん》を体験

南伊豆

カモフラージュに長《た》けているサメ

このサメはカモフラージュが本当にうまい。まだら模様に身を包み、海底の砂地や岩場にするりと溶け込む。体全体が平べったく、大きめの頭には肉厚のビラビラした柔らかい突起がいくつもついている。それがゆらゆらしていると、まるで海藻《かいそう》のようにも見える。このような風貌《ふうぼう》からは、人を襲うようなサメとはとうてい思えないだろう。

そのサメの名は、オオセ（テンジクザメ目オオセ科）という。

ダイビングをしていて、彼らが近くにいても気がつかないことがしばしばある。しかしながら、彼らは自らの射程圏内に入ってきたエサ生物を容赦《ようしゃ》なく襲うハンターだ。獲物が目の

和名

オオセ

DATA

10

学名

Orectolobus japonicus

英語名

Japanese wobbegong

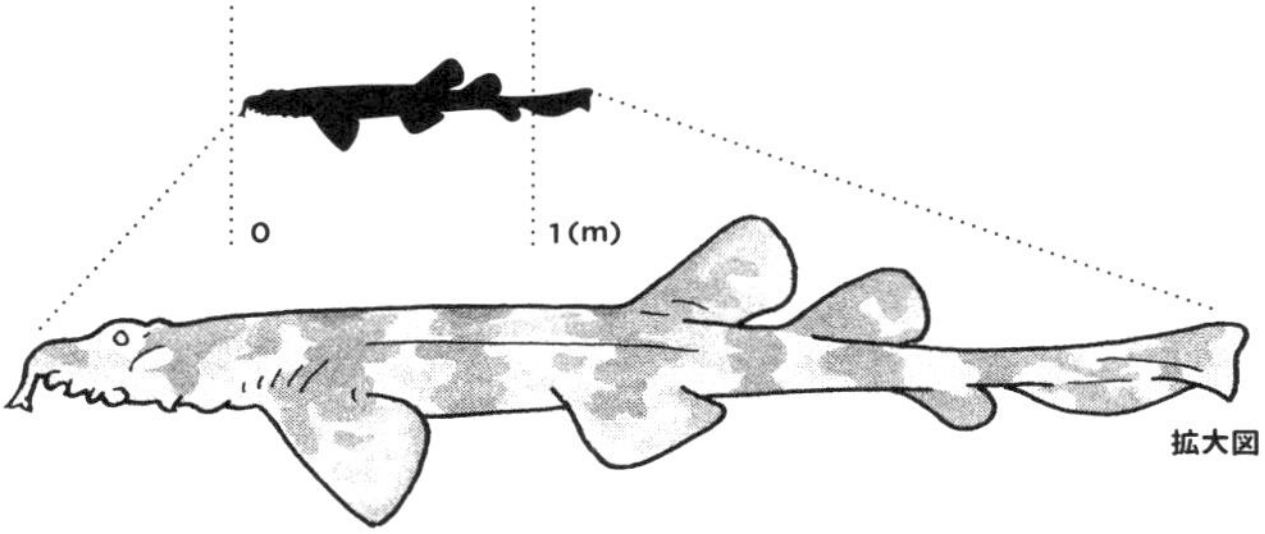

分類

テンジクザメ目
オオセ科

全長

20cm ほどで生まれ、1.0m ほどで成熟する。
最大で 1.2m ほどになることが確認《かくにん》されている

分布

北西太平洋の亜熱帯《あねったい》から温帯海域に分布。南日本・東シナ海・南シナ海に生息する。日本、韓《かん》国《こく》、中国、台湾《たいわん》、フィリピンでよく確認される

生息域

水深 200m より浅い海域の、サンゴ礁《しょう》や岩礁《がんしょう》地帯を好んで海底に生息する

形態の特徴

体は平べったい。口のまわりにフサフサしたヒゲ状《じょう》の突起《とっき》がたくさん生えており、体表にはカモフラージュのための装飾《そうしょく》が施《ほどこ》されている。歯は鋭《するど》い

行動・生態など

サンゴ礁や岩場などに擬態《ぎたい》してエサが来るのを待《ま》ち伏《ぶ》せする。けっして攻撃的《こうげきてき》ではないが、口付近に触《ふ》れたりすると、エサと勘違《かんちが》いして本能的に噛《か》みついてくることがある。海底にいる彼《かれ》らに気づかず踏《ふ》んでしまうことのないようご注意を。●食べもの：大型甲殻類《こうかくるい》、イカ・タコ、底生魚類、サメの卵など。●繁殖《はんしょく》方法：子ザメを産む「胎生《たいせい》(卵黄依存型《らんおういそんがた》)」。一度に 20 尾《び》ほどを出産する

前を横切ったときには、ものすごいスピードで捕食する。彼らの歯の鋭さは、外見から想像できないほどだ。

オーストラリアではオオセの仲間による被害《ひがい》も多く報告されており、一説によれば、パプアニューギニアでは「マンキラー（人殺し）」という名前で呼ばれているという。さすがに、大人を丸呑《まるの》みするようなサメではないが、口の近くを触ったり、尾ビレを触ったりと、こちらからちょっかいを出すと、瞬時《しゅんじ》に口を前に突き出して、勢いよく嚙みついてくる。

細長く尖った歯が口の内側に向いて並んでおり、一度嚙まれると、抜こうとすればするほど歯が肉に食い込む。怪我《けが》の度合いはけっして軽くないだろう。実際、海外では浅瀬《あさせ》を歩く人がオオセに嚙みつかれ、何針も縫《ぬ》う大怪我をしたという事例も少なくない。

わたしが大学生だったころ、オオセの忘れられないエピソードがある。

伊豆半島のとある漁港で、研究室の先輩たちとエビ刺し網漁の手伝いをしていたときのこと。漁師さんから、誤って網に入り込んだサメを研究試料として何尾かいただいたのだが、そのひとつがまだら模様の美しいオオセであった。これらのサメを、漁の手伝いが終わり研究室に戻るまでの間、漁港のコンクリートの上に丁寧に並べておいた。

研究に使うサメの個体は、できるだけ自然に近い状態で調べられるよう、慎重な取《と》り扱《あつか》いが必要だ。傷がつかないようにするのはもちろんのこと、サメにストレスを与えるようやな

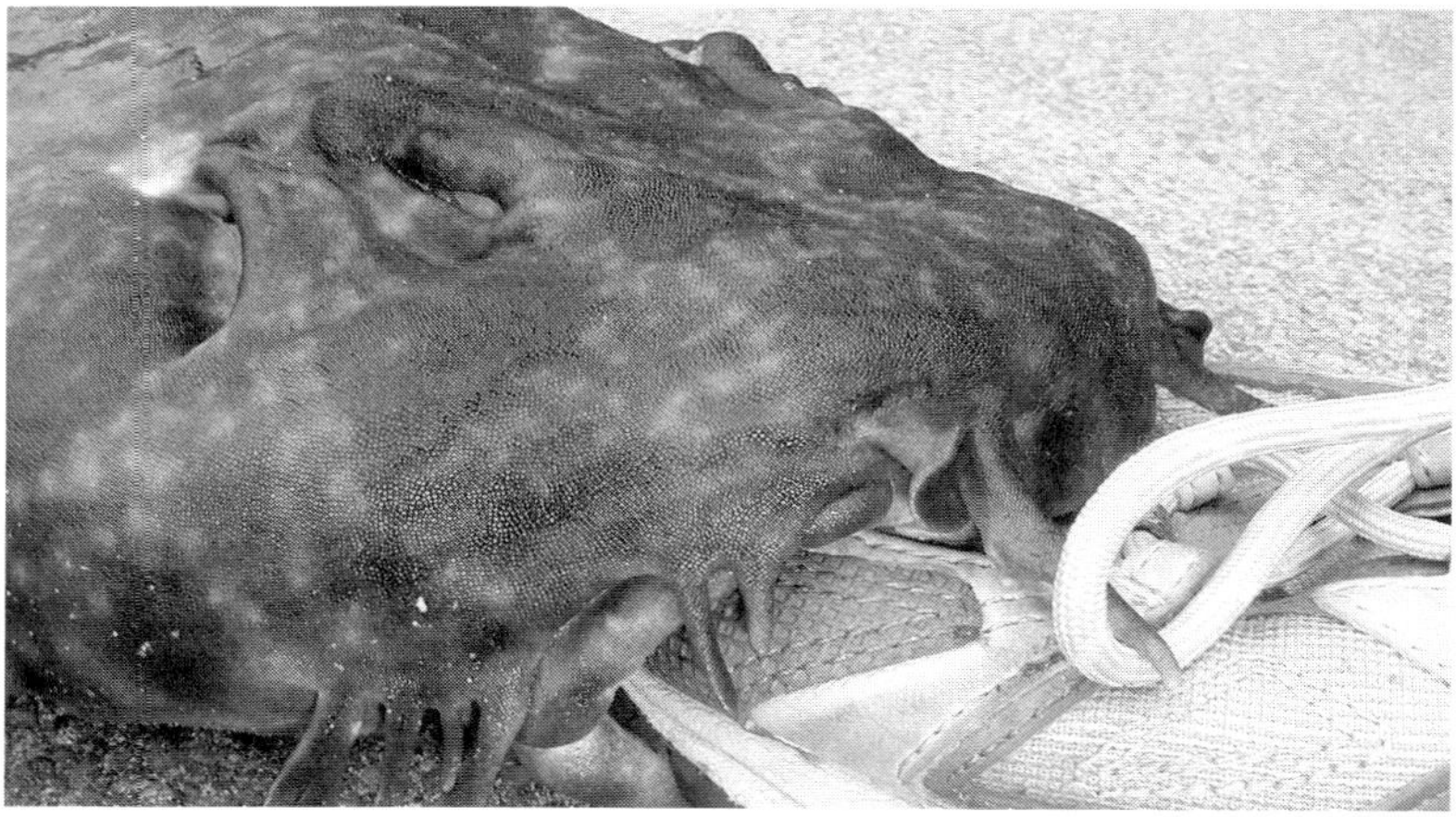

噛《か》みついたスニーカーを離《はな》そうとしないオオセ

刺激《しげき》も避《さ》けたい。鮮度《せんど》維持《いじ》も重要だ。気温が高まる季節には、魚体が傷まないようすぐにクーラーボックスに入れるが、このときは冬場の早朝、鮮度の心配はなさそうだった。

先輩の足にガブリ

ところがあろうことか、一緒に手伝いに来ていた先輩のひとりが、わたしが丁寧に並べたサメを足で小突《こづ》いたのだ。まだ生きているかどうかを確認するための何気《なにげ》ない行為《こうい》だったのかもしれないが、大切な試料をぞんざいに扱っているようで、内心嫌《いや》な気持ちがした。

「事件」が起きたのはそのときだ。もう生命《いのち》尽《つ》きているように見えたオオセの目に、突如として生気が蘇《よみがえ》り、先輩が履《は》いていたスニーカーにガブリと力強く食らいついた。

水揚げから3時間以上が経過しており、オオセはコンクリートの上に2時間は横たわっていた。その生命力たるや恐《おそ》るべしである。

驚愕《きょうがく》の事態はまだ続く。危機一髪《ききいっぱつ》、先輩はスニーカーを瞬時に脱《ぬ》ぎ、大事には至らなかったが（そんな機敏《きびん》な先輩もすごいが）、オオセは噛みついたスニーカーを離そうとしない。ありったけの力で顎を食いしばっているように見えた。先輩と2人でスニーカーを抜き取ろうと何度も引っ張ってみたが、歯がしっかり刺さっており、オオセ自ら口を開けない限りは取れそうにもない。

為《な》す術《すべ》なく途方《とほう》に暮れかけていると、またしても信じられないことが目の前で起きた。最年長の漁師さんが、無言でわたしたち2人のところに近づいてきたかと思うと、オオセの尾ビレをむんずとつかみ、次の瞬間、オオセを空中高らかに振《ふ》りかぶった。そして、積年の恨《うら》みをいざ晴らさんとばかりの勢いで、コンクリートに激しく打ちつけたのだ。

ビッターン！

まさかの光景と激しい音に、わたしと先輩は身動きひとつとれなかった。研究に使うため、丁寧に取り扱ってきたのに……。しかも、漁師さんのこの行動は、一度では終わらない。

ビッターン！　ビッターン！　ビッターン！

漁師さんは何度も何度も、激しくオオセをコンクリートに打ちつけた。港には、水気のあるものが硬いものにぶつかる音が鳴《な》り響《ひび》く。それが、オオセがスニーカーを離すまで続く。あいにく時間を測っていなかったが、体感で30分ほど続いたように思われた。

横を見ると、先輩の顔は激しく引きつっている。だが、このときのわたしたちには、「研究試料なので、オオセを叩《たた》きつけるのはやめてください」と伝える勇気はなかった。漁師さんのご厚意を、無下にすることなどできようもない。漁師さんのあだ名が、「オオセはたきのおっちゃん」となったのは、わたしたちだけの秘密である。

と、話がここで終わらないのがオオセの執念のすごさである。

それは、オオセを研究室に持って帰り、解剖実験をはじめてからのこと。エラの部分で切り落としたオオセの頭部を、まな板の上に載せて作業をしていると、何かのはずみで左手がオオセの頭部、おそらく口の部分かビラビラの突起に触れた。その瞬間、ものすごい勢いで、オオセがわたしの手をめがけて噛みついてきたのである。

このオオセ、水揚げからこの時点で6時間以上が経過していた。頭部はすでに胴体《どうたい》から切《き》り離《はな》されていたが、おそらく顎の筋肉に、何らかの反射反応があったと考えられる。まるでゾンビ映画のようなまさかのできごとだったので、今でも鮮明に覚えている。

わたしが「いちばん強いサメは何ですか?」と聞かれたら、迷わずオオセの名を挙げたい。このすさまじい生命力が、個体特有のものだったのか、オオセという種に共通するものなのか……。足で小突かれたオオセの怨念《おんねん》でないことを願うばかりだ。

サメコレ
SHARK COLLECTION

シロワニ

母体内での共食いの勝者が出生するサメを女子中学生たちと仲良く解剖

小《お》笠《がさ》原《わら》

母体の中の、弱肉強食の世界

サメは、地域によっては「フカ」や「ワニ」と呼ばれることもある（第1章67ページ参照）。中国地方の山間部でワニ料理といえばサメ料理のことを指すし、昔話の「因幡《いなば》の白兎《しろうさぎ》」に出てくるワニも、実はサメのことだという説もある。

シロワニ（ネズミザメ目オオワニザメ科）も、名前に「ワニ」がついているが、けっしてワニの仲間ではなく、れっきとしたサメの一種だ。とても紛らわしいのだけれど、シロザメ（メジロザメ目ドチザメ科）という別種のサメもいる。シロワニのほかにも、名前にワニがつくサメは数種類ある（ちなみに、シロワニが属する「オオワニザメ科」は、「ワニ」と「サメ」のダブルネーミングになっている）。

和名

シロワニ

DATA

11

学名

Carcharias taurus

英語名

Sand tiger shark/ Spotted ragged-tooth shark / Grey nurse shark

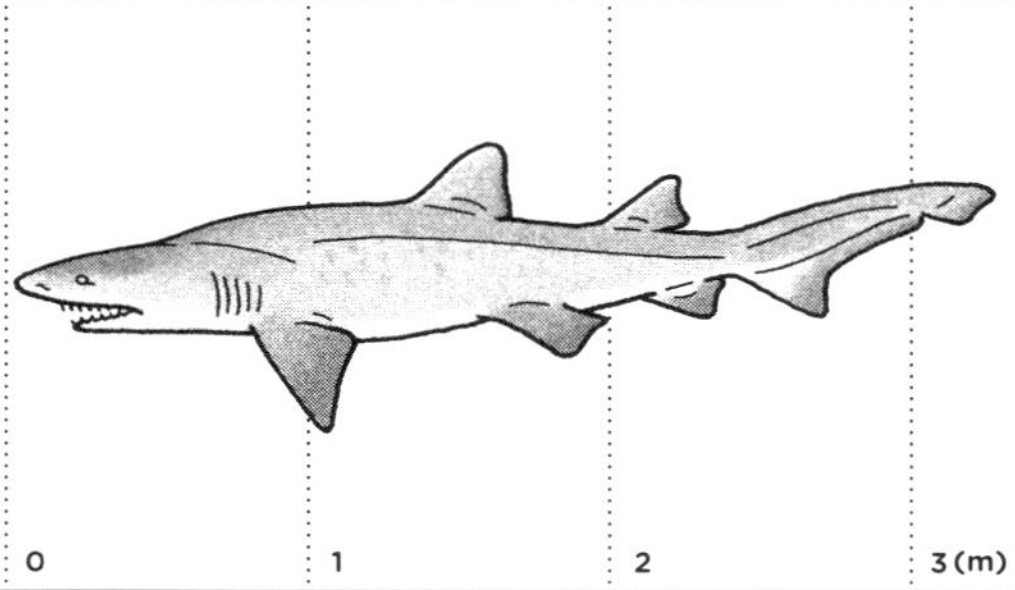

分類

ネズミザメ目
オオワニザメ科

全長

95 ～ 105cm ほどで生まれ、2.0m 前後で成熟する。
現在記録されている最大サイズは 3.2m ほど

分布

西太平洋・インド洋・大西洋の温熱帯海域と地中海、紅海に分布。日本では、伊豆七島《いずしちとう》や小笠原諸島《おがさわらしょとう》など南日本の海域に分布。相模湾《さがみわん》や駿河湾《するがわん》でも出現記録があるが非常にまれ

生息域

波《なみ》打《う》ち際《ぎわ》から水深 200m ほどの浅海《せんかい》に生息。水深 15 ～ 25m ぐらいでよく見られる。内湾《ないわん》や沖合《おきあい》の浅瀬《あさせ》、サンゴ礁《しょう》や水中洞窟《どうくつ》などを棲処《すみか》とする

形態の特徴

鋭《するど》い乱杭歯《らんぐいば》に強面《こわもて》の顔。歯の両サイドには突起《とっき》がある。体表は全体的に白みがかった黄土色で、個体により斑点《はんてん》がある。尾《お》ビレの上側が長い

行動・生態など

日中は海底付近の洞窟や岩陰《いわかげ》でゆったりと泳ぐ。水面から顔を出して空気を吸《す》い込《こ》み、胃の中に空気を蓄《たくわ》えてうきぶくろ代わりにする特殊能力《とくしゅのうりょく》を持つ。夜に活発に行動し、回遊する個体もいる。強面の表情とは裏腹に、性格はいたって温和。国内ではこちらから手を出さない限り、人を襲《おそ》ったという記録はない。●食べもの：硬骨魚類《こうこつぎょるい》、エイ、甲殻類《こうかくるい》など。●繁殖《はんしょく》方法：子ザメを産む「胎生《たいせい》（母体依存型《いそんがた》・卵食《らんしょく》）」。胎内の子ザメは卵を食べるだけでなく子宮内共食いをした結果、生き残った２尾《び》が生まれる

シロワニの属するネズミザメの仲間は、子ザメが子宮内にいる間、母ザメの排卵した卵を食べて育つ（これを「卵食」という）。

だが、ネズミザメの仲間のなかでもシロワニは例外だ。妊娠初期段階の子ザメにはすでに鋭い歯が生えており、子宮内に発生した子ザメたちがお互《たが》いに共食いをはじめるのだ。これは「子宮内共食い」と呼ばれる。兄弟姉妹《しまい》である子ザメ、あるいはあとから子宮内に排卵される卵を食べて栄養に変え、最後にはひとつの子宮内に1尾の子ザメしか残らない（サメのメスは子宮を2つ持つため、1尾のシロワニの母ザメからは最大2尾の子ザメが産まれる）。

サメが一度に産む子（もしくは卵）の数は、数尾（あるいは数個）から数十程度だ。「数撃《う》ちゃ当たる」で多くの卵を産む「硬骨魚類《こうこつぎょるい》」と対照的に、少数精鋭《せいえい》の生存戦略をとっている（一部のサメは、例外的に100〜300尾以上を産むが、数千万個もの卵を産む硬骨魚類と比べれば、圧倒的《あっとうてき》に少ないといえるだろう）が、シロワニの少数精鋭主義は際立《きわだ》っている。

シロワニの出生サイズは1m前後。成体の大きさは2m前後だから、母ザメの体の中で、その半分ぐらいの大きさまで成長してから海に放たれる。大海原にはシロワニよりも体の大きなサメも生息し、彼らに食べられることなく、日々の食べものを確保し続けなければ生きていけない。つまり、弱い個体をどれだけたくさん産み落としても、生存戦略のうえではあまり意味をなさない。それよりは、母体の中に弱肉強食の世界をつくり、強い個体だけを世に送り出し、その個体が生き延びることに賭《か》ける。それがシロワニの繁殖行動で、まさに少数精鋭の鑑《かがみ》のような生態だ。

わたしが観察をしたことのある妊娠中のシロワニは、左右の子宮内にいる子ザメがほぼ同じ発育状態だった。すなわち、2尾の最強子ザメが、ほぼ同時期にこの世に放たれると推測される。誕生前に兄弟姉妹を殺《あや》めて成長するシロワニ。その非情なまでの強さが、厳しい大自然を生き抜く力になっているのだろう。

小笠原《おがさわら》で出会ったシロワニ

誕生の瞬間から「弱肉強食」を地でいくシロワニは、表情もいかつい。だが、意外にも性格はおとなしく、飼育しやすいサメとして全国の水族館で展示されている。さらには、日本のダイバーたちには、近づいても危険が少ないサメとしても人気が高い。第1章で紹介した「国際サメ被害目録(International Shark Attack File)」によれば、シロワニによるシャークアタックの被害が世界で報告されているようだが、日本では、人間から過剰《かじょう》に近づかない限り、シロワニに襲われたという話をわたしは聞いたことがない。

日本のダイバーたちに、シロワニダイビングスポットとして人気なのが、小笠原諸島周辺の海域である。シロワニは、国内だとほぼ小笠原諸島周辺でしか見ることができない。相模湾や駿河湾での目撃例もあるようだが、きわめてまれだ。実際、シロワニを見るために、東京から24時間もかけて船に揺られ、小笠原を訪れる人たちが後を絶たない。

わたしも、小笠原で忘れられないシロワニ体験をしたことがある。小笠原のサメを研究するため、父島《ちちじま》に引《ひ》っ越《こ》したその翌年、大学院1年生のときのできごとだ。

わたしは小笠原での生活費を稼《かせ》ぐため、港に設置されている小笠原水産センターの生《い》け簀《す》にいる養殖《ようしょく》カンパチのエサやりのアルバイトをしていた。温かい海では、カンパチの成長も順調で、20cmくらいにまで育っていたように記憶している。

そんなある日、カンパチの生け簀の漁網にシロワニがなぜか絡まっていた。わたしが大事に育てた脂《あぶら》ののったカンパチを食べにきたのか、水産センターの職員の方が気づいたときには、そのシロワニはすでに力尽《ちからつ》きていた。シロワニにとっては不運以外の何ものでもないが、わたしにとっては願ってもない幸運だった（シロワニさん、ごめんなさい）。

思いがけず手に入ったシロワニと

わたしはその日、アルバイトが休みで現場におらず、このビッグニュースを知らなかったが、職員の方が、気を遣《つか》ってわたしのためにシロワニを冷凍庫《れいとうこ》に保管してくれていた。シロワニを海から引き上げ、絡んだ漁網から外し、冷凍庫へ移動させるだけでも相当な苦労だったにちがいない（後日計測したところ、全長2・2m、重さは62kgだった）。後から聞いた話によれば、ユニックというクレーンのついたトラックを使い、陸揚《りくあ》げした後、複数のスタッフで大型の冷凍庫まで運び入れてくれたという。想定外の侵入者《しんにゅうしゃ》で、漁網が破れたところの修復も大変だったはずだ。解剖のために解凍《かいとう》が必要になったときも、冷凍庫から搬出《はんしゅつ》し、トラックのクレーンを使って解凍用プール（これも用意してもらった）への出し入れを手伝ってくれた。水産センターの方たちがわたしのシロワニへの思いを酌《く》んで、ことごとに骨を折ってくださったのだ。わたしの思いを察し、さまざま手を尽くしてくれた小笠原の方々の温かい気持ちには、感謝してもしきれない。

島の家庭に並んだシロワニステーキ

シロワニの解凍も終わり、わたしが水産センターの加工場を借りて、シロワニの計測をしていたとき。ひとりの女の子が加工場の入り口に立っていて、わたしのほうを興味深そうに見ていた。いわゆる島っ子、父島の中学生だった。

水産センターは水族館も併設《へいせつ》している施設で、出入りが自由だ。開いていた扉《とびら》からたまたま中の様子が見え、興味を持ったのだろう。

「何しているの？」

わたしが話しかけると、彼女は「島かくれんぼ」と答えた。なんでも父島全体を使ったかくれんぼらしい。父島全体⁉　そのかくれんぼは、まず見つからないのではないかと思ったが、気がつけば数人の女の子たちが集まってきた。そして、彼女たちは口々に言った。

「アザラシ見たの、はじめて！」

わたしはショックを受けた。国内では小笠原でしか観察できず、父島の観光資源のひとつにもなっているサメ。そのサメを、地元の子どもたちは見たことがなく、サメということすらわからなかったのだ。

その後、わたしは彼女たちにサメのレクチャーをしながら、シロワニの解剖をした。本来なら、より新鮮な状態でサンプルをとるために、できるだけ早く解剖を終えるのがベストなのだが、そのときは、彼女たちにサメを知ってほしいという気持ちが抑えきれなかった。初対面の彼女たちと一緒に解剖をすることにした。

まずは、眼や呼吸孔の位置、歯の形などサメの外部形態を観察し、雌雄《しゆう》の判別方法を解説、次に、お腹を開いて、何を食べているのか胃《い》袋《ぶくろ》を切開した。すると全長30cmもあるホオアカクチビ（小笠原ではショナクチと呼ばれているフエフキダイの仲間）が2尾も出てきた。シロワニは温和な

解剖《かいぼう》しながら島の女子中学生にサメレクチャー

サメだといわれているが、こんなに大きな魚を食べることができるとすると、実はものすごいハンターなのではないかと思ったことを記憶している。

それから腸を開いて、種査定のキーにもなる螺旋弁の数をみんなで数え、年齢《ねんれい》査定のための脊椎骨《せきついこつ》を採取する体験もしてもらった。

「螺旋弁っていうのは、サメが食べたものを効率よく吸収するために必要なもの。人間の腸はうねうね曲がりくねって長いけれど、サメの腸は太くて短い。腸の表面を螺旋状にすることで、表面積が大きくなって、食べたものを吸収しやすくなるってわけ」

そんな話をしながら解剖を手伝ってもらうと、彼女たちはサメに触れた分だけ、どんどん目の輝《かがや》きを増していった。

帰《かえ》り際《ぎわ》には、「シロワニを食べてみたい」という彼女たち全員にサメ肉を渡し、わたしもいい機会なので持ち帰った。

その日の夜、サメ肉を持ち帰った中学生の自宅やその近所の食卓《しょくたく》には、シロワニのステーキが並んでちょっとした話題となったらしい。それもそのはず、小笠原にシロワニを食べる文化があるわけではない。むしろ、ダイバーたちを呼び寄せる島の観光資源ともいえるシロワニを、食べたことのある人はほとんどいないはずだ。島の人たちにとっても、シロワニ料理はたいへん珍しい経験だったのだ。

わたしもその日の夜はシロワニのステーキをつくり、次の日はフライにし、カレーに載せて「シロワニカツカレー」を楽しんだ。淡白な白身魚のフライは絶品だった。わたしがシロワニを食べたのは、後にも先にもこのときだけである。

シロワニは水族館などで飼育されることの多い種であるが、国内での生息はおおむね小笠原諸島周辺海域に限定される。２０１７年、環境省《かんきょうしょう》は、板鰓類のなかでは唯一《ゆいいつ》、シロワニを絶滅危惧種としてリストアップしている。

サメ界
ミライの
エースたち
★その2

自宅で15種類のサメを飼育する 饗場《あいば》空璃《そらり》くん

サメの卵の孵化《ふか》に成功

「卵の殻をサメ談話会に持っていってもいいでしょうか」

謙虚《けんきょ》な姿勢でそう問いかけてくれたのは、埼玉県《さいたまけん》在住の饗場空璃くん、中学1年生だ。

サメ談話会とは、わたしが企画して開催するサメ好きの集まりのことだ。月に1度は開催し、毎月テーマを設定している。2016年9月のテーマは、「サメって卵から生まれるの?」だった。空璃くんは気を利《き》かせ、自宅で孵化した後のサメの卵の殻を持っていこうと提案してくれたのだ。

そう、そうなのだ。空璃くんは自宅でサメを飼育している。それも15種類もだ。

サメ好きの大人でも、自宅で15種類もサメを飼育しているツワモノは聞いたことがない。8月には、トビエイも仲間入りしたらしい。

サメやエイは食べるエサの量が多く、その分排泄物《はいせつぶつ》も多い。つまり、ほかの魚と比べて、水槽の水質が悪化しやすい。これだけ多くのサメとエイの長期飼育を成功させているのだから、水槽のインフラ設備の設計にも余念がないのだろう。

そもそも、空璃くんは15種類ものサメやエイ

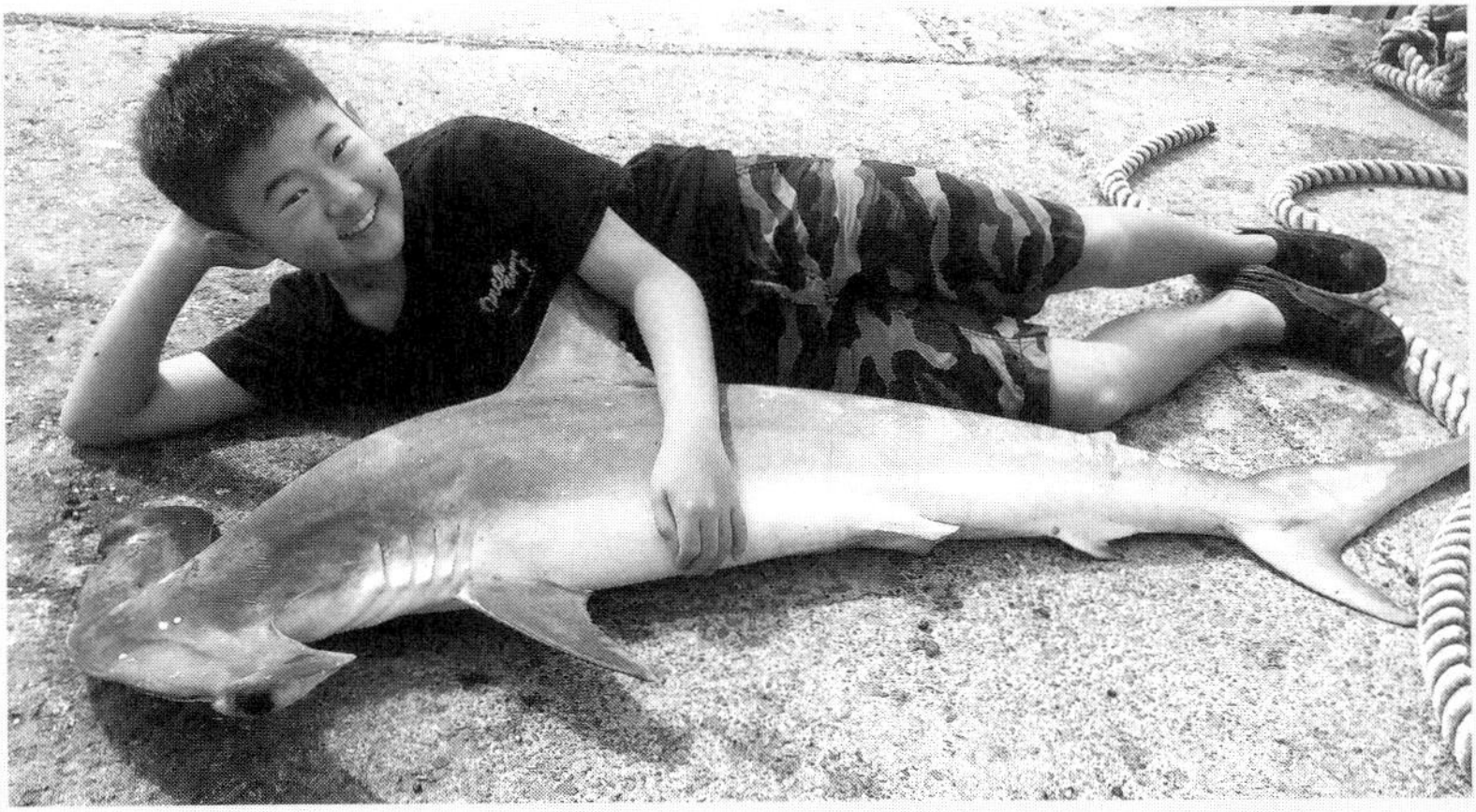

シュモクザメとのツーショットにご満悦《まんえつ》の空璃《そらり》くん

を、どのように手に入れているのだろうか。サメやエイを専門に扱う店はわたしも聞いたことがない。空璃くんに、入手ルートを尋《たず》ねてみた。

いわく、休みのたびに漁港に通い、漁師さんと仲良くなって譲ってもらう。日本近海では獲れない珍しいものは、サメを取り扱うペットショップや熱帯魚屋が頼《たの》みの綱だ。店に足繁《あししげ》く通って店員さんから逐一入荷《ちくいちにゅうか》情報を聞き、両親と交渉《こうしょう》して、購入するかどうかを決めるのだという。

この年の9月の連休の家族旅行は、日本全国のサメ関連施設をまわるものだった。宿の手配以外はすべて空璃くんが計画したという。そのリサーチ力と行動力は、大人顔負けだ。

さて、卵をテーマにしたサメ談話会には、12名のサメ好きが集まった。

空璃くんは、サメ柄の迷彩模様《めいさいもよう》の大きな手提《てさ》げから大きなタッパーをおもむろに取り出し

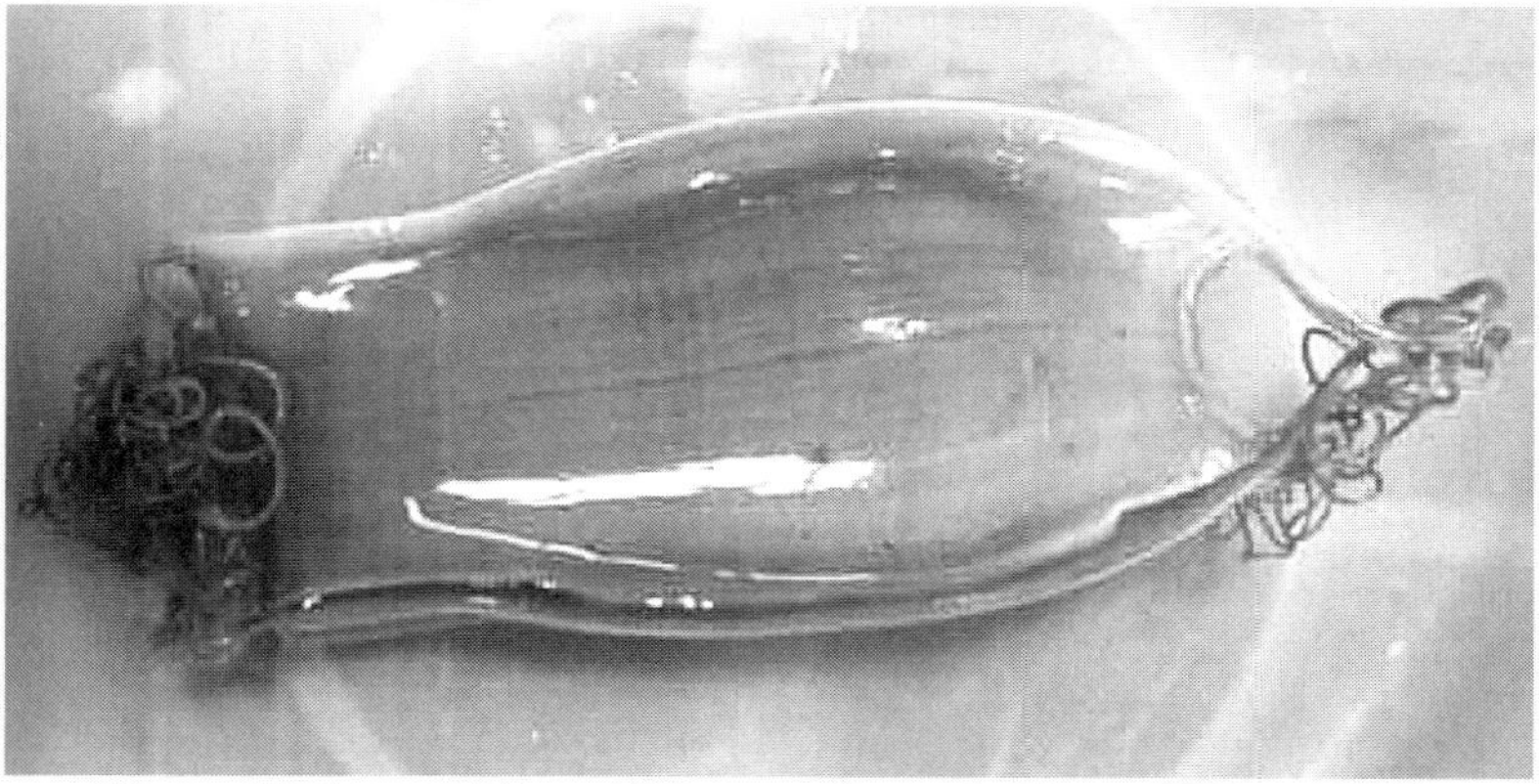

空璃《そらり》くんからの出題。何ザメの卵殻《らんかく》でしょうか？　ヒントは「人魚の財布《さいふ》」

た。中には、水に浸《つ》かったサメの卵殻が10個ほど入っている。同じ種類のものもあり、全部で9種類のサメの卵があるという。

　これらはすべて、孵化させる目的で購入したものだ。孵化に失敗したものもあったそうだが、うまく孵化して元気に水槽内を泳いでいるサメもいる。サメの卵は孵化するまでに半年から1年近くかかるものもある。卵の段階から飼育しているのだから、サメへの愛着もひとしおであろう。そんな思い出深いサメの卵殻をみなのために持ってきてくれたのだ。

　ここで空璃くんからクイズの出題。これ（上写真）は何ザメの卵殻《らんかく》でしょうか（答えは98ページに登場しているサメの卵殻です）。

　空璃くんも2016年の日本板鰓類《ばんさいるい》研究会フォーラムに参加した。サメを飼育している強みを生かし、種類別やサイズ別の摂餌量《せつじりょう》の差を調べて発表した。

サメコレ SHARK COLLECTION

ハチワレ

長い尾ビレを操《あやつ》るハンターの最期《さいご》の一撃《いちげき》を受ける

小笠原

頭にある溝《みぞ》の秘密

こんなサメがいるのか――。

ハチワレ（ネズミザメ目オナガザメ科）を実際に目にすると、誰もがそう思うであろう。

わたしがハチワレに会ったのは、小笠原のサメを研究するため、父島へ引っ越した大学4年生のときのことだ。

頭の先から尾ビレの先端までの長さは3・75m。大学生だったわたしが当時出会ったサメのなかでも抜群に大きい。しかも、その体の半分が尾ビレという、なんとも不思議な形をしていた。この長い尾ビレこそ、ハチワレのほか、ニタリとマオナガという3種が属するオ

学名	英語名
Alopias superciliosus	Bigeye thresher / False thresher

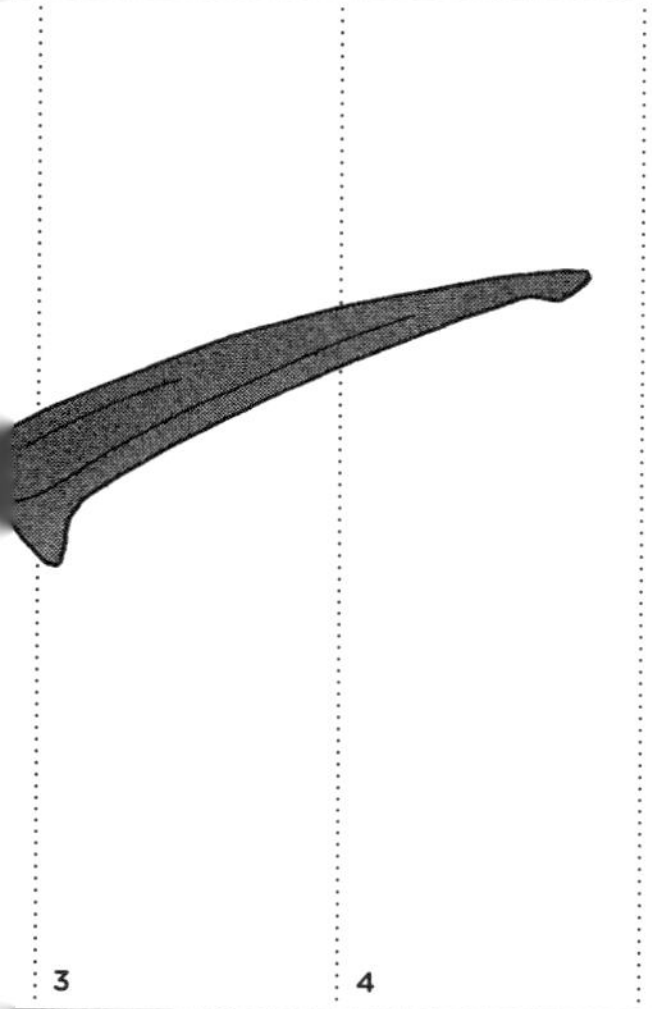

形態の特徴

全長の半分近くを占《し》める長い尾《お》ビレを持つオナガザメ科の１種。
３種いるオナガザメ科の仲間は形態がよく似ているが、こげ茶色の体色と、
名前の由来にもなっている頭部の八の字状の溝《みぞ》、
縦に大きな眼《め》がほかの２種（ニタリ・マオナガ）との大きな違《ちが》い。
眼は背面にまで達しており、真上から見ても眼があることがわかる

行動・生態など

魚群に向かって尾ビレをムチのように巧《たく》みに使い、深場で狩《か》りをするサメ。
長い尾ビレは想像する以上に硬《かた》く、強力な武器になる。
●食べもの：イカ、サバ・イワシ・カジキ（幼魚）などの硬骨魚類《こうこつぎょるい》と甲殻類《こうかくるい》。
●繁殖《はんしょく》方法：子ザメを産む「胎生《たいせい》（母体依存型《いそんがた》・卵食《らんしょく》）」。一度に２〜４尾《び》の子ザメを産む

DATA

12

和名

ハチワレ

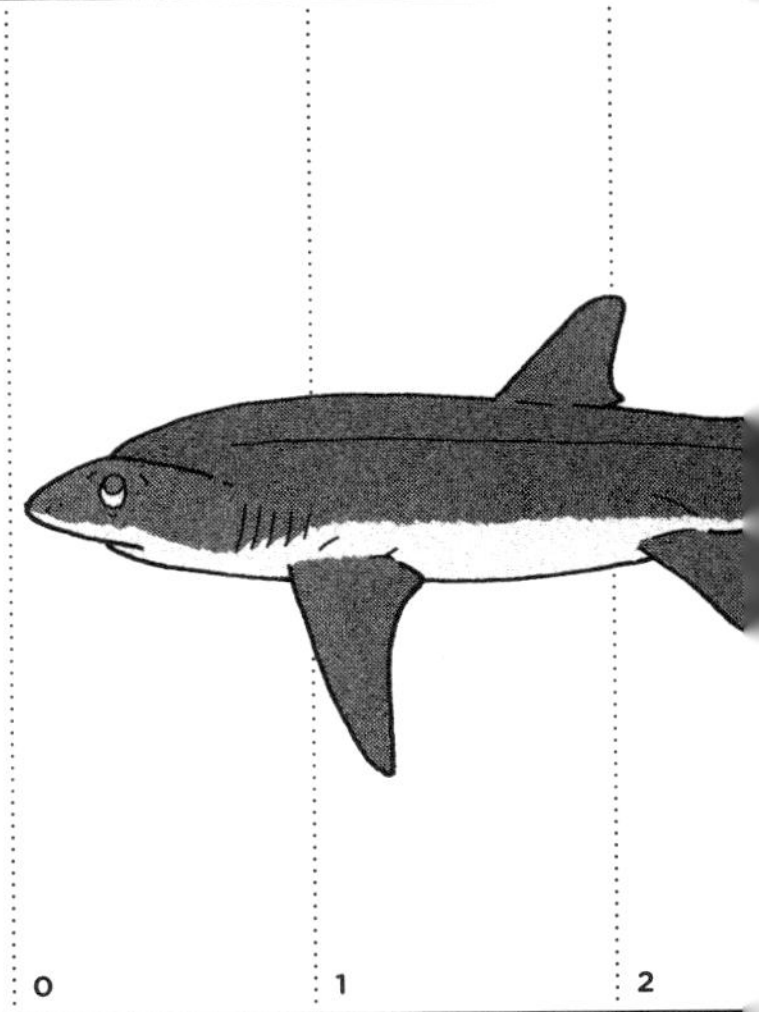

分類

ネズミザメ目
オナガザメ科

全長

1.0 ～ 1.4m ほどで生まれ、2.7 ～ 3.5m ぐらいで成熟する。
現在記録されている最大サイズは 4.8m

分布

太平洋・インド洋・
大西洋の温帯／亜《あ》熱帯《ねったい》
海域と地中海に分布。
日本では南日本
海域に分布

生息域

沖合《おきあい》や外洋の表層
（水深 0 ～ 200m 程度）から
水深 700m ぐらい
（中層）に生息

ハチワレはこの長い尾《お》ビレで獲物《えもの》を攻撃《こうげき》する（撮影《さつえい》：錦織一臣《にしきおりかずおみ》）

ナガザメの仲間に共通する特徴だ。

一見しなやかに見えた長い尾ビレに触れてみると、ものすごく硬い。わたしの力ではほんの少ししならせるぐらいで精一杯《せいいっぱい》。たとえるなら、ウシのような陸上動物の硬い革《かわ》でできた2m弱のムチといったところか――。尾ビレの付け根は、幅20cmはあっただろうか、こんなものではたかれたらひとたまりもないことは容易に想像がついた。

ところで、この「ハチワレ」の名に、イヌやネコを飼われている方はピンときた人もいるかもしれない。白黒の毛を持つイヌやネコが、額から鼻筋にかけて白い筋ができていると、それらはやはり「ハチワレ」と呼ばれる。漢字で書くと、「八割れ」もしくは「鉢《はち》割《わ》れ」だ。黒い毛の部分が漢数字の「八」の字に割れていると見るのが前者で、頭部を意味する「鉢」が割れていると見るのが後者の由来のようだ。

サメの「ハチワレ」も、頭部に特徴的な形状がある。頭の左右に大きな切れ込み（溝）が1本ずつ入っているのだ。この頭部の形状が名前の由来になっている。

このハチワレの長すぎる尾ビレと頭の溝には、いったいぜんたいどんな秘密が隠されているのだろうか——。

延縄《はえなわ》漁船や釣り人が揃《そろ》って口にする、ハチワレにまつわるたいへんおもしろい話がある。オナガザメの仲間を釣り上げたときはいつでも尾ビレに、エサをつけた針が刺さっていると。

彼らは体の大きさのわりに口がとても小さい。性格もおとなしく、人を積極的に襲うことはまずないが、長い尾ビレを使って獲物を攻撃《こうげき》する。そのため、口ではなく尾ビレに針が刺さるのだ。

かなり昔から、小笠原の父島などでは、湾内で尾ビレを使って水面をバシャバシャと叩く光景が目撃されていた。そんな彼らの捕食行動の撮影に成功したのが、日本で有数の規模を誇る大阪《おおさか》の水族館「海遊館《かいゆうかん》」だ。同館の所有する海上生《い》け簀《す》で飼育していたニタリというオナガザメの仲間が、尾ビレでエサをはたくシーンがしっかりと映像に収められた。

ニタリと同じく長い尾ビレを持つハチワレも、ムチのような尾ビレを巧《たく》みに使い、長い尾で海面を叩いて魚の群れを脅《おど》かし、あるいはエサになる魚やイカにダメージを与えて捕食する、特殊《とくしゅ》な能力を持つハンターだ。

ハチワレは、オナガザメのなかでもさらに特殊な能力を持つ。眼の後ろに血管が多数分岐《ぶんき》した血管網《けっかんもう》（奇網《きもう》）があり、脳や眼の温度を外部水温よりも高く保つことができる。これは、深場に潜《もぐ》るなどしたときの水温の急激な変化に対しても、視覚が増進されるような機能を果たしているという。

さらに、ハチワレは眼がたいへん大きく、なんだか少女漫画《まんが》に出てくる女の子のキラキラした眼のようだ。この眼がまた特殊で、上方に細長いため、真上も見ることができるようだ。

ハチワレの名前の由来でもある頭の溝は、この大きな眼の視野を広げるためではあるまいか。ほかのサメよりも明らかに広い視野を持ち、捕食に有利に発達した体に進化したと考えると理にかなっている気がする。

ちなみに、ハチワレがどんなものを食べているのかと、ワクワクしながら解剖し、胃を切開して驚いた。出てきたのは、「FamilyMart」のロゴが入ったビニール袋《ぶくろ》。小笠原諸島にはないコンビニで、このハチワレはいったいぜんたいどこでこのビニール袋を食べたのか、謎のままだ。

「肋骨《ろっこつ》が折れちゃった」

ここからは、ハチワレと同じオナガザメ科のニタリの話だ。舞台はやはり小笠原の父島、わたしが大学4年生のときのことだ。

その日も漁師さんから無線が入った。発信元は父島沖で操業している小笠原式縦延縄《たてはえなわ》漁船「翔雄丸《ひゆうまる》」の上口幸雄《かみぐちゆきお》さんだ。

小笠原の「縦延縄漁」とは、延縄を文字どおり「縦」にして獲物を狙う漁法だ。「延縄」でもっともポピュラーなのが、延縄全体に浮きをつけて海面近くの魚を狙う「浮き延縄漁」だが、焼津前の「長兼丸」は、延縄全体に重りをつけた「底延縄漁」で深海ザメを狙う。「浮き延縄」も「底延縄」も、延縄を水平方向（横向き）に使い、同じ深さにいる獲物をまとめて漁獲する点では共通している。対する「縦延縄」は、延縄を「縦」、すなわち垂直方向に使うのが特徴だ。そのため、生息深度の異なるさまざまな獲物を一度に狙うことができる。

「翔雄丸」の主な漁獲対象はマグロ類やメカジキなど。そのとき混獲《こんかく》されるサメを、研究試料としてよく提供していただいていた。そのなかでも、ニタリは比較的《ひかくてき》混獲が多かったサメのひとつだ。上口さんからは、サメが混獲された際には無線で連絡が入ることになっていた。無線は日ごろお世話になっているダイビングショップの方が受信して、わたしに電話をかけてくれる段取りだ。知らせを受け、わたしはすぐに軽トラックを港まで走らせた。

この日はオナガザメの仲間ニタリ4尾と、ヨシキリザメ2尾の水揚げがあった。わたしひとりでは一日で解剖しきれないほどの「大漁」だったが、たまたま研究室の同期が遊びに来ていて助かった。漁師さんに船からクレーンで軽トラックの荷台にサメを積んでもらい、大学の研究試料として解剖をするため、小笠原水産センターの加工場へ運び入れた。

そして、荷台の後ろからサメを1尾ずつ下ろそうとしたときに「事件」は起きた。

サメをトラックの荷台から下ろす作業は、怪我が絶えない危ない作業でもある。数百キログラム以上のサメが自分の上に落ちてきただけでも骨折は免《まぬが》れないが、サメの場合は、鋭い歯や、歯と同じ成分でできたサメ肌(楯鱗)も怪我のもとになるからだ。

築地《つきじ》でフカヒレやサメの軟骨の加工業を長年営んできた川田晃一《かわだこういち》さんの経験では、大きな口を開いた巨大なアオザメが滑って自分の足の上に落ちてきたことがあるという。200kg近い重さの巨体が勢いよく落ちてきて、そのまま膝《ひざ》に鋭い無数の歯が食い込んだのだ。何針も縫う大惨事《だいさんじ》になったそうで、数十年経過した今もなお、彼の膝には痛々しい傷跡がある。

だが、このときのニタリは、尾ビレを入れて全長2mほど。さほど大きくはない。重さにして40kgぐらいだろうと目測した。しかも都合のいいことに、頭が軽トラックの荷台の後ろ側を向いている。サメ肌の突起は、頭から尻尾《しっぽ》に向かってついており、頭から引っ張れば、サメ肌の向きと順目になって楽に運べると考えた。

「せーの!」

ニタリのエラの部分にカギ（大型の魚を引っかけて運ぶための道具）をかけ、引きずり下ろそうとしたときのことだ。「パッチーン」というすごい音とともに、わたしの頭にものすごい衝撃が走った。思わず目をつぶってしまったので、何が起きたかわからない。でも頭と首に大きな衝撃を受けたことだけは確かだった。

目を開けると、地面にわたしが落としたであろうニタリが転がっている。横を見ると、水産センターの職員の方が、「大丈夫《だいじょうぶ》？」と心配そうな顔をしている。

どうやらわたしは、オナガザメの仲間特有の長い尾ビレに頭をはたかれて飛ばされたらしい。とはいえ、ニタリはすでに息絶えていた。いったい、何が起きたのだろうか――。

父島《ちちじま》漁協職員と小笠原《おがさわら》水産センターの職員に手伝ってもらい、複数のニタリなどを船から軽トラックの荷台に積《つ》み込《こ》む。このあと事件が……

頭を整理して考えついた結論はこういうことだ。

ニタリの体は頭のほうが重い。頭から背ビレのあたりまで引っ張ったところで、頭の重さでニタリの体が地面へ傾《かたむ》いた。そして、背ビレのあたりを支点に、ニタリの体がぐるりと回転する。そのとき、長い尾ビレがムチのようにしなって弧《こ》を描き、わたしの頭を直撃《ちょくげき》したのだろう。

後日、漁師さんにこの話をすると、笑いながらこんな返事がかえってきた。

「小さいニタリだったからたいしたことなかったんだろう。延縄漁で前に巨大なハチワレが獲れたときは大変だったぞ。船にあげたら大暴れして、あの尾ビレでミゾオチにアタックされたんだ。船尾《せんび》から船首まで飛ばされて、肋骨が折れちゃったなぁ……」

頭部へのアタックを経験したわたしは、その衝撃の激しさを容易に想像することができる。彼らはこの尾ビレを操り、海を巧みに生き延びているのである。

ジンベエザメ

人によなく愛される世界最大の魚類のお墓に参る

気《け》仙《せん》沼《ぬま》

エビスさま

２０１４年9月下旬《げじゅん》、わたしはある丘《おか》に佇《たたず》んでいた。

初秋にしては少しひんやりと肌寒《はだざむ》い風。目の前には、わたしの背丈ほどの雑草が幾重《いくえ》にも伸びていた。それをかき分けていくと、どうにかその合間から、白波の立つ太平洋が一望できた。

ここは、東日本大震災で津波《つなみ》の被害を受けた宮《みや》城《ぎ》県《けん》・気仙沼の大島《おおしま》。その島の南側の斜面《しゃめん》を登って、「安《あん》波《ば》ヶ《が》丘《おか》」という場所を訪れていた。

「やっと見つけた」

わたしはホッと胸をなで下ろした。目の前には、つい数時間前に乱雑にチェーンソーで切られたと思《おぼ》しき切り株と、それに隠れるように、高さ50㎝ほどの縦に細長い石があった。その石は、木を伐《き》る人が作業の邪魔にならないよう、ちょこっと木の横に移動させたのではないかと勘ぐりたくなるほど、ポンッと無造作に置かれているように思われたが、彫《ほ》ってある文字を見ると間違いない。

奉祭恵部大神《ほうさいえびすおおかみ》――。

それは、わたしが探し求めていた慰霊碑《いれいひ》「ジンベエザメのお墓」だった。

供養碑《くようひ》から魚と人との関係を読み解くことを試みた、『魚のとむらい　供養碑から読み解く人と魚のものがたり』（田口理恵《たぐちりえ》編著、東海大学出版会）という本には、この慰霊碑の説明はこう書かれている。

「気仙沼大島にあがったジンベエザメを地元の方々でおいしくいただいて飢《う》えをしのいだお礼に、明治29（1896）年3月24日にアンバ様のそばに奉祭恵部大神と書かれた石碑《せきひ》を建てて弔《とむら》った」

この慰霊碑を見つけるため、わたしは2日前から気仙沼市の方々に聞き込みを行い、市内の山の中を歩き回っていた。

最初に訪れたのは、気仙沼の安波山《あんばさん》にある「大杉神社《おおすぎ》」。アンバ様というキーワードから、この場所だと思ったのだ。途中で特別天然記念物のニホンカモシカと出くわしたり、道

DATA

13

和名

ジンベエザメ

学名

Rhincodon typus

英語名

Whale shark

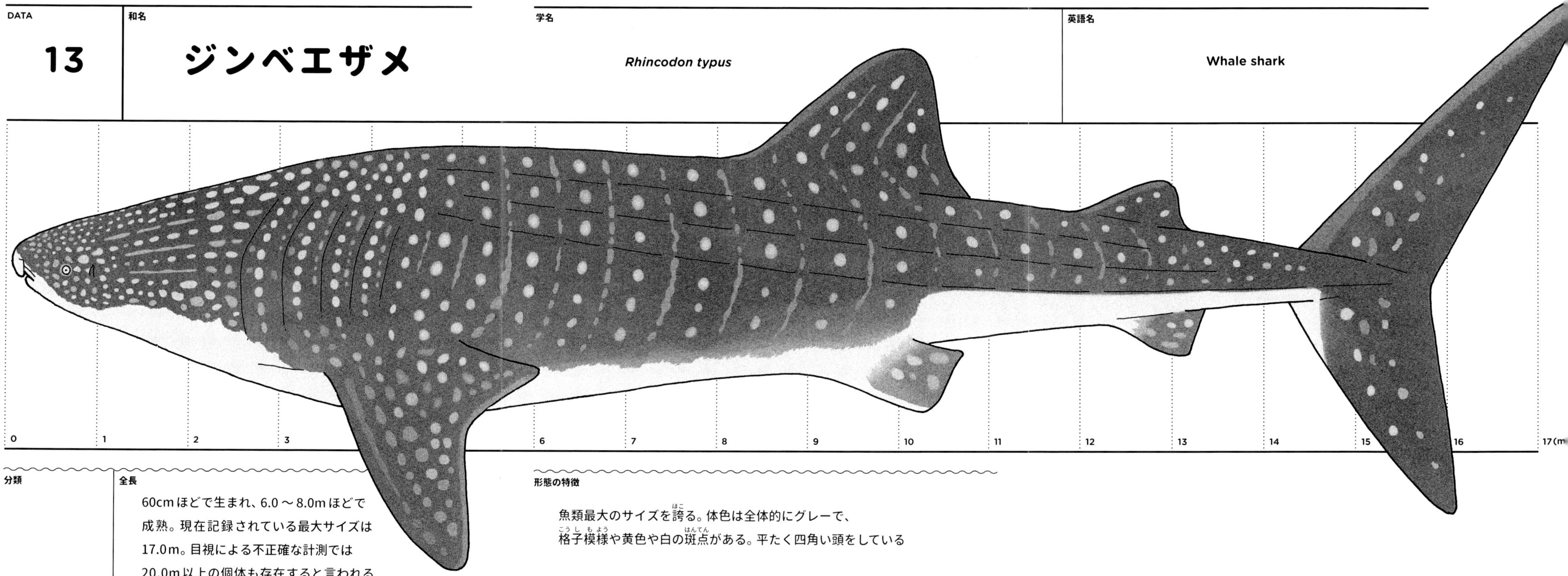

分類

テンジクザメ目
ジンベエザメ科

全長

60cmほどで生まれ、6.0～8.0mほどで成熟。現在記録されている最大サイズは17.0m。目視による不正確な計測では20.0m以上の個体も存在すると言われる

分布

太平洋・インド洋・大西洋の熱帯/亜熱帯《あねったい》/温帯海域に分布。日本では青森県以南の太平洋と日本海に分布

生息域

沿岸から外洋の表層(水深0～200m程度)に生息。ときに水深1300mぐらいまで潜行《せんこう》することも。2000m近い深海で確認《かくにん》された記録もある

形態の特徴

魚類最大のサイズを誇《ほこ》る。体色は全体的にグレーで、格子模様《こうしもよう》や黄色や白の斑点《はんてん》がある。平たく四角い頭をしている

行動・生態など

性格は非常におとなしい。温かい水温を好むが、水温が低い1000m以深にも移動し大回遊する

◆食べもの：プランクトン、小魚、イカなど

◆繁殖《はんしょく》方法：子ザメを産む「胎生《たいせい》(卵黄依存型《らんおういそんがた》)」。胎内から一度に300尾《び》もの胎仔《たいし》が発見されたことがあり、多産なサメとして知られる

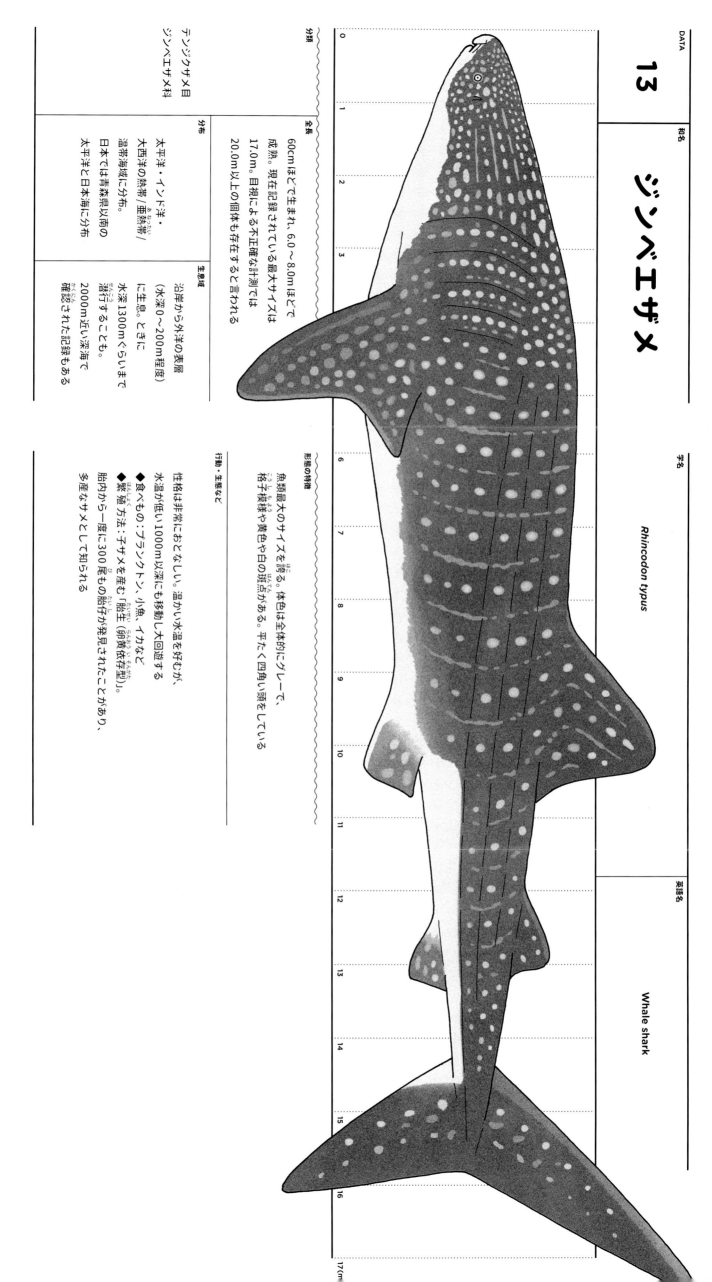

なき道を歩いてようやくこの神社に辿り着いたのだが、神社を管理している方に聞いても、石碑については知らないという。

「お墓」は「安波ヶ丘」ではないかという話は、その後の聞き込みで得られた。まる2日間、めぼしい情報がなかっただけに、石碑を目の当たりにしたときの感動はひとしおだった。

ジンベエザメ（テンジクザメ目ジンベエザメ科）は別名エビスザメとも呼ばれる。ジンベエザメがいる場所にはカツオのエサであるイワシ類などの小型魚がいることが多いため、ジンベエザメがいたら、カツオが豊漁になるからだ。つまり、カツオ漁の指標として、漁師の間ではジンベエザメが昔から使われており、「エビスザメ」という縁起《えんぎ》のよい呼び名がついているのだ。

そんなエビスさまが、気仙沼の人々を飢えから救うために身を挺《てい》したということから、ジンベエザメの慰霊碑はつくられたのではないか。わたしは、大海原でジンベエザメを目の前に、カツオを一本釣《いっぽんづ》りしている漁業風景を思《おも》い描《えが》きながら、ジンベエザメの石碑に水

気仙沼《けせんぬま》の安波《あんば》ヶ《が》丘《おか》で見つけた
「ジンベエザメのお墓」

をかけ、ゆっくりと手を合わせた。ジンベエザメはきっと海を恋しく感じているはずだ。この水で、少しでも海を思い出してほしい。そんな願いを込めていた。

雲間から太陽がほんの少し顔を出して、光が差し込んだ。石碑の下で休んでいたジンベエザメが、巨体をゆっくりと左右に揺らしながら、雑草で視界の悪い丘の上から大海原に向かって遊弋《ゆうよく》していく。わたしには、そんな光景が見えた気がした。

意外とグルメな世界最大の魚類

ジンベエザメといえば、全国でも有名な水族館の一番人気の魚だ。

テレビ番組で、デートで行きたい水族館ランキングを発表していた。1位に「沖縄美ら海《おきなわちゅらうみ》水族館」、2位に「海遊館《かいゆうかん》」（大阪市）とジンベエザメを目玉とする水族館が上位にランクインしていた。きっと大きくゆったり泳ぐ姿に、多くの人たちが癒《い》やされるのだろう。

ジンベエザメは、野球でいえば4番バッター、動物園でいえば、ゾウやライオンの地位を占める。大きな灰色がかった体の表面には格子模様《こうしもよう》と白い斑点《はんてん》。まるで和服の甚平《じんべい》を想像させることから、それが和名の由来になったのだろう。

ジンベエザメは世界最大の魚類である。成熟すると6～8mの大きさになり、記録されている最大サイズは17m。ホホジロザメが最大でも6・4mなのだから、その大きさたるや、すさまじいものがある。

体は大きいが、性格はとても温和だ。このギャップが、多くの人の心を惹きつけるのかもしれない。

今も昔も図鑑を開くと、ジンベエザメの横に並んで一緒に泳いでいるダイバーの写真がよく出てくる（昔の図鑑では、ジンベエザメのヒレをつかんで泳いでいる写真が掲載されているが、今では動物愛護の観点から、こうした写真が掲載されることは減った）。

彼らはなにせ、人間の10倍ほどの大きさがある。泳いでいる最中、彼らが動かしたヒレが人間に当たるだけで、すさまじいダメージを受けかねない。あるタレントさんがロケでジンベエザメに接近したらしいが、ヒレが触れただけでウエットスーツが見事に切れてしまったそうだ。ジンベエザメがその気になれば、小さなわれわれはひとたまりもないだろうが、悠《ゆう》然《ぜん》と泳ぐ姿を見る限り、そんな様子は微塵《みじん》も感じられない。

彼らの温和さにあやかるように、フィリピンやタイ、モルディブ、メキシコなど、赤道に近い低緯度の地域で、ジンベエザメと一緒にダイビングができる場所も数多くある。沖縄には、生け簀の中で、ジンベエザメと手軽に泳げるサービスもある。

巨体を維持するために、食べるエサの量も非常に多い。主食はオキアミなどのプランクトンや小魚など非常に小さいものだが、その食べる量がすごい。沖縄美ら海水族館でいちばん大きなジンベエザメは、一日に約30kgのエサをペロリと平らげるという。自然界のジンベエザメは四六時中泳ぎ続けているわけで、これとは比べものにならないほど多くのプランクトンンを食べていることだろう。
大分《おおいた》マリーンパレス水族館「うみたまご」で飼育した結果によると、全長70㎝だった個体がわずか3年で全長3・7mにまで成長した。人間でいえば、生後6ヵ月ほどの赤ちゃんの平均身長が70㎝前後。3歳《さい》6ヵ月の平均身長は1m弱だ。エサを大量に食べるからこそ、それだけ体を大きくできるということなのだろう（なお、この個体は残念ながら死んでしまったため、今現在は展示されていない）。

ジンベエザメの口は横に平べったい。泳ぎながら、口の前にいるプランクトンを大量の水と一緒に吸引する。エラの一部はとても細かい目のスポンジ状になっていて、それでプランクトンを濾《こ》し取《と》って食べる。水族館では、間違えて一緒に大きな魚やエイが入ってしまうこともあるそうだが、そういうときはゲップをしてちゃんと吐き出す。

世界最大の大きさになるためには、細かいことをいちいち気にして食べているヒマはないのかと思いきや、そうではないようだ。ジンベエザメの飼育経験者に聞いてみると、個体によっては生《い》き餌《え》しか食べなかったり、選《え》り好《ごの》みがあるという。案外、グルメな一面があるのもおもしろい。

ジンベエザメの赤ちゃんはどこにいるのか

人気も知名度も高いジンベエザメだが、生態は謎のベールに包まれている。とくに、出生

悠然《ゆうぜん》と大海原《おおうなばら》を泳ぐ巨大《きょだい》なジンベエザメ（撮影《さつえい》：増子《ますこ》 均《ひとし》）

から幼魚の段階についてはよくわかっていない。

以前は、ジンベエザメは卵を産むサメだと思われていたが、１９９５年に水揚げされた10mを超すメスのお腹の中からは、３０７尾の子ザメが確認された。卵生ではなく、妊娠によって子どもを産むサメであることが、つい20年ほど前に明らかになったのだ（サメの生《せい》殖《しょく》・繁殖については第1章95ページ参照）。

だがこのときの発見は、新たな謎を呼んだ。

サメの仲間は一度の出産数が数尾～数十尾程度だ。３００尾もの子どもを産むジンベエザメは、サメ界では飛《と》び抜《ぬ》けて出産数が多い。

ジンベエザメが生まれる大きさは60cm前後と考えられている。60cmもある子ザメが、３

00尾も海に放たれるとなると、そこら中で、小さなジンベエザメの目撃例が報告されてもいいはずだが、信憑性《しんぴょうせい》の高い報告は今のところない。

わたしたちの目に触れることがないということは、母ザメは深海底にでも行って出産しているのだろうか。ジンベエザメは水深1000mよりも深場に移動することが確認されている。海面すぐの大海を泳ぐ印象が強くて、あまり深い海を移動しているイメージがないものの、想像していたよりもずっと深く潜ることができる。水温の低い深場を泳ぐ際、かれらの大きな体は体温を保つために一役買っているという説もあるようだ。

ジンベエザメの生まれたばかりの赤ちゃんはどこにいるのか——。

これはわたしの勝手な妄想《もうそう》にすぎないが、深海底の砂泥域《さでいいき》で小さなジンベエザメが横たわり、砂の中の小さなエビ、カニを食べているなんてことはないだろうか。

プランクトンが主食のジンベエザメには、使い道のわからない歯が、3000本も生えている。それは米粒《こめつぶ》のような形をしていて、プランクトンを食べるのに必要とは思えない。ということは、何か違う用途《ようと》で使っているはずである。

いまだに解明されていないジンベエザメのミステリー。思いを巡《めぐ》らすだけで、なんだかワクワクしてくるのはわたしだけではないはずだ。

サメコレ

SHARK COLLECTION

ダルマザメ

小さなサメが手に入れた生態系にやさしい捕食術

気仙沼

まさに「クッキーカッターシャーク」

２０１４年11月2日、千葉県の九十九里浜《くじゅうくりはま》にメスのトドが漂着《ひょうちゃく》したというニュースが報じられた。口元から垂れる釣《つ》り糸《いと》に、痛ましさを覚えた人も少なくないだろう。

さて、ここで語るのはトドについてではない。注目してほしいのはトドの体にあった傷だ。首元から体の左側面に3ヵ所、お腹側に1ヵ所、直径5〜10㎝くらいの丸くえぐられたような傷跡があった。

実はこれ、「ダルマザメ」（ツノザメ目ヨロイザメ科）というサメの仕業《しわざ》なのだ。

サメの噛み跡にしては小さすぎるし、切り口が真《ま》ん丸《まる》なのはおかしいのではないか。そう

和名

ダルマザメ

DATA **14**

学名 *Isistius brasiliensis*

英語名 Cookiecutter shark

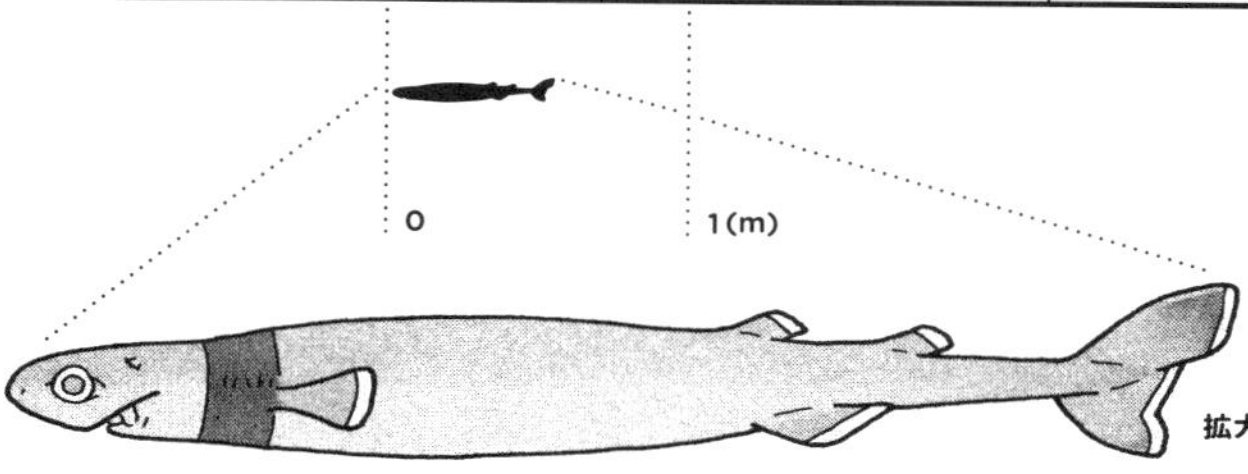

分類

ツノザメ目
ヨロイザメ科

全長

15cm ほどで生まれ、30 ～ 50cm くらいで成熟する。最大では 55cm ほどになる

分布

太平洋・インド洋・大西洋の熱帯／温帯海域に分布。日本では太平洋側で確認《かくにん》される

生息域

島嶼《とうしょ》付近や外洋域に生息し、昼間は深海に潜《もぐ》り、夜間に海面近くにまで浮《ふ》上《じょう》する。水深 3500m を超《こ》える深海でも確認されている

形態の特徴

葉巻のような形の小型のサメ。胸《むな》ビレの前に茶色いバンド（帯）がある。歯の形が特徴的《とくちょうてき》で、上顎《うわあご》は棘状《きょくじょう》、下顎《したあご》はノコギリのようにギザギザの歯が並んでいる。肉厚なくちびるを持つ。発光器がある

行動・生態など

分厚いくちびるの中にある舌の筋肉は、鍛《きた》え上《あ》げられた腹筋に繋《つな》がっている。抜群《ばつぐん》の吸引力と下の顎にある鋭《するど》い歯で、自分よりもはるかに大きいクジラやサメの肉をぐりんとえぐりとる。泳ぎはうまくない。詳《くわ》しい生態は解明されていない。●食べもの：小魚や大型プランクトン、小さなイカや甲殻類《こうかくるい》などをエサにするが、大型鯨類《げいるい》、メカジキ、サメ・エイなどの体の一部をえぐりとって食べることも。●繁殖《はんしょく》方法：子ザメを産む「胎生《たいせい》（卵黄《らんおう》依《い》存型《そんがた》）」。一度に６～９尾《び》を出産する

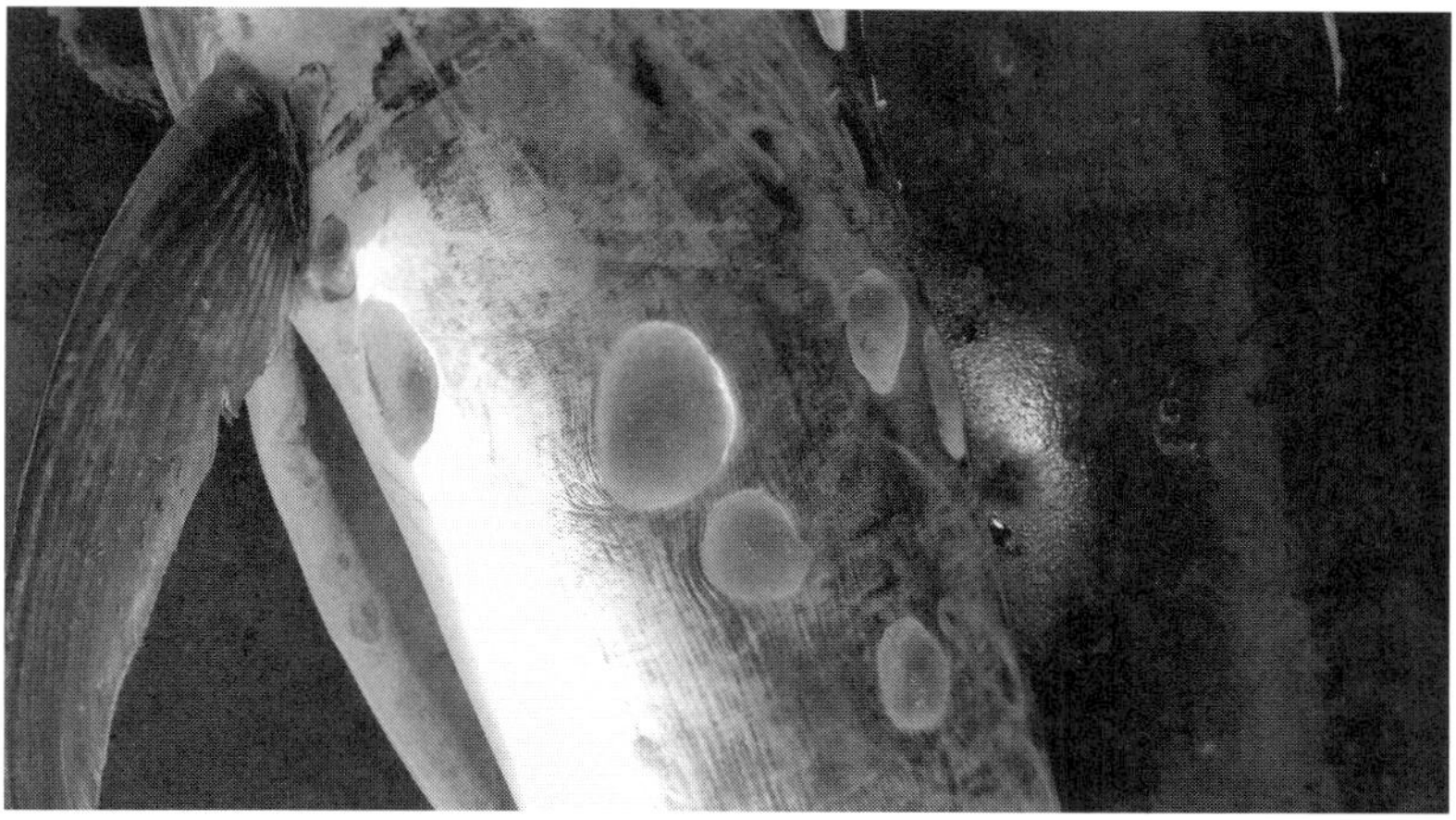

ダルマザメの噛《か》み跡《あと》。獲物《えもの》のメカジキの肉を丸くえぐる

思った人がいても、無理もない。

ダルマザメは、およそサメのイメージとはかけ離れた、全長40～50㎝くらいの小型のサメだ。深海性のサメといわれているが、水面近くでの目撃例もあるので、エサを求めて浅い海域にも現れるようだ。顔つきはスーパーマリオブラザーズのゲームなどに出てくる砲《ほう》弾《だん》キャラクターの「キラー」に似ていて愛《あい》嬌《きょう》がある。たらこくちびるもかわいらしい。

英語名には「クッキーカッターシャーク」という、これまた愛らしい名前がついている。この名の由来は、彼らの食べた跡が、まるでクッキーの型抜きをしたようにきれいな丸い形になるからだ。

わたしが持っているダルマザメの下顎の標本を裏側から見ると、真上を向いている機能《きのう》歯《し》（第1章73ページ参照）のほかに、反対側を向いて待機している歯（補充歯《ほじゅうし》）が3列見える。

このダルマザメの噛み跡が真ん丸なのは、彼らの歯の形に起因する。下の顎には二等辺三角形の歯が整列して並んでいて、下の顎全体はギザギザしたノコギリのような力強さを感じさせる一方で、上の顎には針のようなきわめて細い歯が幾重にも生えている。

では、この顎をどう使って捕食しているのか。

まず、上顎にある針状の歯を獲物に引っかける。次に下顎のギザギザの歯を突《つ》き立《た》てる。そして、濃厚《のうこう》なキスをするようにくちびるをぴったり獲物の皮膚にくっつける。ここからがおもしろい。なんと、舌を後ろに引っ張って口腔《こうくう》内を真空パック状態にすることができるの

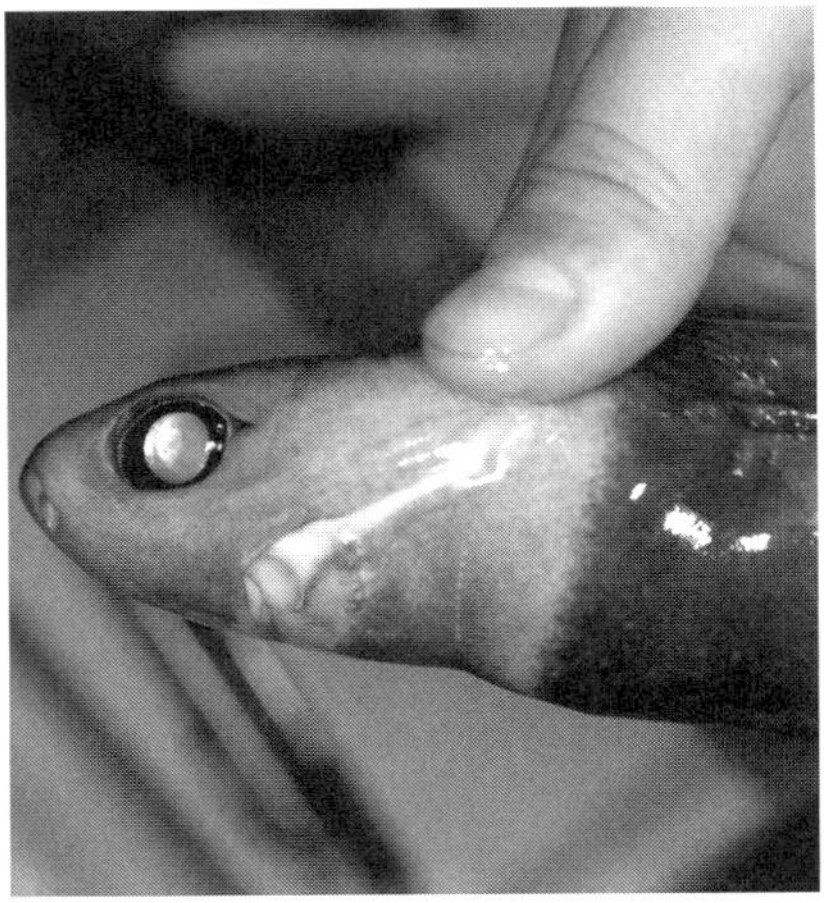

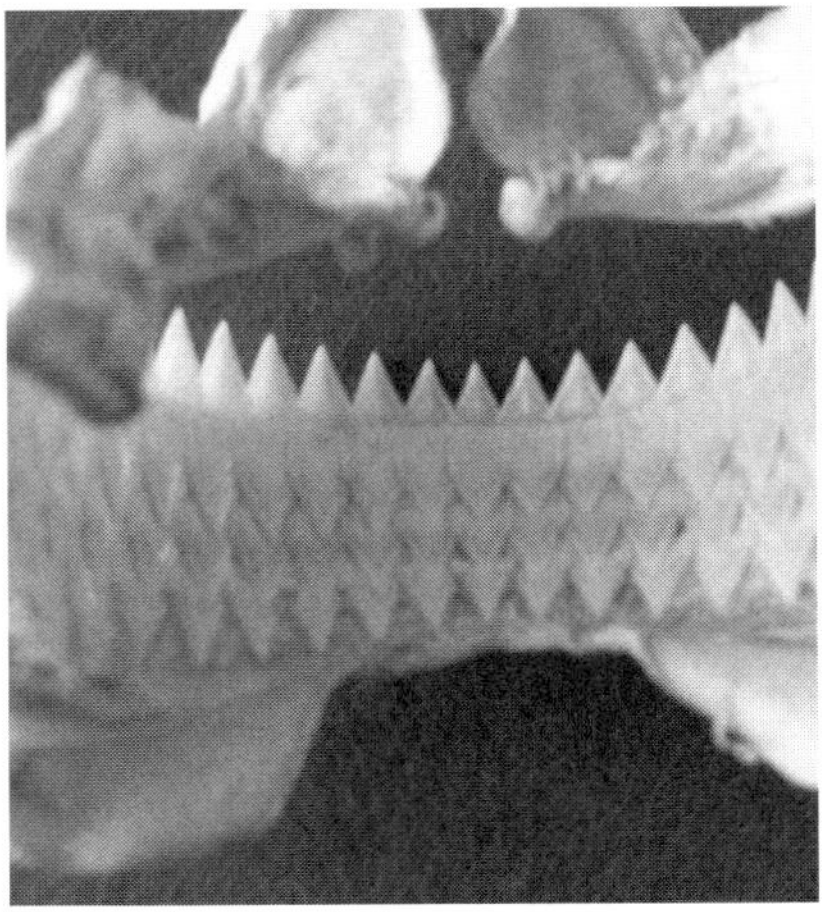

ダルマザメ（写真上・撮影《さつえい》：坂本衣里《さかもとえり》）
ダルマザメの下顎《したあご》の機能歯《きのうし》と
その下に控《ひか》える補充歯《ほじゅうし》

だ。

『サメ―海の王者たち―』（仲谷《なかや》一宏《かずひろ》著、ブックマン社）によれば、「舌を後ろに引く筋肉があるのだが、ダルマザメの筋肉はほかのサメと違って特大、しかも何と腹筋に繋《つな》がっている」という。彼らはサメのなかでもきわめて特殊な捕食行動を行うのだ。

小笠原諸島周辺の海で、いつもと違う激しいジャンプを繰《く》り返《かえ》しているイルカが目撃されたことがある。それをよく見ると、イルカの体表にダルマザメがかぶりついていたという。

ダルマザメは、一度噛みついたら、獲物がどんなに暴れようがお構いなし。吸盤《きゅうばん》のように吸いつきながら、体をぐるんと回転させ、下の顎にあるノコギリ状の歯列を使って、まるでアイスクリームをすくうスプーンのように、獲物の体をぐりっと美しい真ん丸にえぐりとる。

相手を生かし、自分も生きる

ダルマザメが漁獲されることは非常にまれで、彼らの歯形がついた生物を目にすることはあっても、生きているダルマザメを見たことがある人はほとんどいない。だが以前、東海大学の実習船で、プランクトンネットに引っかかってダルマザメが漁獲されたことがあった。その場に居合わせた学生によれば、甲板の上にあげられたダルマザメは油っぽくべとついていて、いつまでもクネクネと体を回転させるといった珍奇《ちんき》な動きを見せたという。

肉をえぐりとって食べ、クネクネした動きをすると聞くと、不気味な印象を受けるかもしれないが、ダルマザメの捕食スタイルはよくよく考えると合理的だ。

以前に素潜《すもぐ》りをしていて出会ったイルカの仲間の体表に、治りかけの丸い傷跡を見たことがある。クジラ類によっては、この傷跡が無数についているものもあるというが、ダルマザメが大型生物につける傷跡は致命傷《ちめいしょう》にはならないというのが専門家の見解のようだ。

これこそ、わたしがダルマザメの生き方でいちばん尊敬できるポイントだ。彼らは大型生物の一部分を齧《かじ》りとっていくが、命までは奪《うば》わない。もちろん、噛みつきどころによっては致命傷になることもあるだろうが、多くの大型生物に、ダルマザメの噛み跡と思われる痕跡が見られる。ダルマザメは相手を殺さずに、エサを得る方法を身につけたのだ。

生物が絶滅した原因を推測する際、必ず出てくるのが、エサ生物の枯渇《こかつ》という問題だ。個体数が増えすぎて、エサ生物を捕り尽くしてしまい、最終的には自らも絶滅してしまう。しかしながら、ダルマザメが確立したこの捕食方法なら、エサ生物を絶滅させるリスクは低い。ホホジロザメやウバザメ、クロマグロやニホンウナギなど、乱獲によって多くの種を絶滅の危機へと追い込んでいるわたしたち人間も、ダルマザメを見習ったほうがいいかもしれない。

サメは歯が生え変わり続けることは第1章で見たとおりだ（72ページ参照）。もし歯が欠けるような事態が起きても、たとえて言うならカッターの替《か》え刃《ば》が常に用意されているので、何も困ったことは起こらない。

海底ケーブルや原子力潜水艦《せんすいかん》にも、ダルマザメの歯形がついていたことがあるという。強靱《きょうじん》な下顎の威力《いりょく》を物語るエピソードだ。歯が無限に生え変わる特性を活《い》かし、未知のものにも迷わず嚙みつく性質を身につけたのだろうか。

ハワイ沖を遠泳中に襲われた

ダルマザメには、もうひとつ、ほかのサメにはない特徴がある。お腹側にある発光器だ。ダルマザメと、それよりさらに小さな近縁種であるコヒレダルマザメは、この発光器を使い、獲物になりそうなものをおびき寄せている可能性があるという(『サメのなかま　知られざる動物の世界11』ジョン・ドーズ著、山口敦子《やまぐちあつこ》監訳《かんやく》、朝倉書店)。そんなことをすると、逆にターゲットに捕食されてしまうのでは、と心配になるが、これが彼らのやり方らしい。

だが、その様子を見たことがある人は、世の中で誰ひとりとしていないという(『サメのおちんちんはふたつ　ふしぎなサメの世界』仲谷一宏著、築地書館)。つまり、海中におけるダルマザメの捕食シーンの目撃者は存在せず、真偽《しんぎ》のほどはわからない。

たいへん珍しい例だが、ダルマザメによるシャークアタックが報告されている。

2009年3月のこと。ハワイ島とマウイ島の間にあるアレヌイハハ海峡《かいきょう》での出来事だったという。

マイク・スパイディングさん（当時61歳）がハワイ島のウポル岬から出発、マウイ島に向かって遠泳していたところ、夜10時を回ったので、カヤックに乗っていたサポートのスタッフがライトをつけた。そうしたところ、光に集まってきたイカと接触《せっしょく》し、すぐにカヤックにあがろうとしたが、時すでに遅《おそ》し。

イカの群れの中に紛れていたのだろうか。ダルマザメに左のふくらはぎをえぐられたのだった。完治に9ヵ月を要するほど、傷は深かったという。

赤道付近の外洋では、夜間にダルマザメと思われる「小さな魚の群れ」に襲われる事例が数件報告されている。外洋の、しかも、夜間の遠泳はやめたほうがいいかもしれない（まずそんなことをする人はいないと思うけど……）。

エサ生物の魚価も下げないダルマザメ

日本には、その噛み跡を観察することができる漁港がある。

キーンと張りつめたような空気を感じながら、わたしが宮城県気仙沼漁港を訪れたのは早朝6時を回ったころだ。各地の漁港は漁獲物が異なるためか、漁港それぞれで水揚げのにおいが異なるのだが、気仙沼の早朝はいつもヨシキリザメの独特な濃《こ》いにおいが漂っている。

近海マグロ延縄船は深夜1時半ごろから水揚げが開始される。船の乗組員にとっては入札の始まるこの時間が仕事納めとなる。明るくなるころには、入《い》れ替《か》わりでやってくる入札関連の業者さんなどで漁港は活気づく。

気仙沼漁港は一般人《いっぱんじん》でも2階のギャラリーから水揚げ風景を自由に見学することができるのだ。そこから見下ろすサメ、メカジキ、マグロなどの大型魚類が一面に並ぶ光景は壮観《そうかん》だ。気仙沼漁港はサメの水揚げ日本一を誇る漁港であり、かつ、大型の魚類であるメカジキの水揚げも日本一だ。

メカジキとは、一般的にカジキマグロという名称でスーパーやレストランなどで販売されているカジキ類のひとつだ。上顎の先端が長く伸び、鋭く尖っていることが特徴で、マグロの仲間ではない。海の中ではその吻端を使って、獲物を八《や》つ裂《ざ》きにすると言われている。

メカジキは大きくなると全長4・5m近くまで成長する大型魚だ。残念ながら、ここで水揚げされる時点では特徴的な尖った上顎の先端は切り取られてしまっているが、メカジキの魚体の大きさから推測するに、その吻端も、さぞ大きなものであったことだろう。

水揚げおよび入札会場は基本的に部外者の立ち入りが禁じられているが、今回は取材ということで特別に入らせていただいた。事務所で漁協組合の名札を発行してもらい、長靴《ながぐつ》に履《は》き替《か》える。水揚げ場に足を踏み入れ、一面に並んだ大型魚類を観察する。

すると、すぐ目に飛び込んできたのは、背中前方にダルマザメにえぐられた噛み跡があるメカジキの魚体だった。しかも2つの穴が隣接《りんせつ》しており、各々《おのおの》がかなり深くえぐられているようで痛々しい。

別個体のダルマザメが同じような場所に食いついたのか、はたまた同一個体のダルマザメが2口食べていったのか。『海のギャング　サメの真実を追う』（中野秀樹《なかのひでき》著、成山堂書店）によれば、「カシュッカシュッと音を立てて映画のエイリアンのように盛んに顎を突出させ（中略）、漁師がかごに入れていたイカの上に（ダルマザメを）放り投げると、体をひねって、一瞬でアカイカの体にクッキー大の穴をあけた」という。

仮に、同一個体のダルマザメが2口を齧りとっていったと考えると、その所要時間はほんの数秒の芸術技《げいじゅつわざ》ではなかったか。

次に目にしたメカジキには、全身に8ヵ所以上の噛み跡があった（249ページ写真参照）。これを見る限り、ダルマザメは群れをつくっており、集団で獲物を襲っている可能性がありそうだ。しかも、どの傷口も新しいものであることから、このメカジキは水揚げ直前に襲われたのではないか。

最後に、漁港でこんな質問をしてみた。

「メカジキはこんなに穴が開いていたら、魚価もずいぶん下がってしまいますよね」

どんなに質がよくとも、ダルマザメが食い散らかした見栄《みば》えの悪いメカジキは、魚体価格が下がってしまうと思ったのだ。

すると驚きの答えが返ってきた。メカジキの販売形態はブロック売りであるため、嚙み跡の穴はさほど魚価には影響がないという。ターゲットのエサ生物の命を奪わないだけでなく、人間の経済活動に与えるダメージも最小限。

ダルマザメは本当にすごいやつなのかもしれない。

サメコレ
SHARK COLLECTION

ミッシェルエポレットシャーク

海底で時を忘れて、「歩くサメ」の姿に見惚《みほ》れる

パプアニューギニア

吾輩《わがはい》はサメである。和名はまだない

「歩くサメ」がいる——。

そんな情報がメディアを賑《にぎ》わわせたのは、2010年前後の5~6年の間のことだ。2008年から2013年にかけて、「歩くサメ」の仲間4種が新種記載されている。彼らは、サンゴの上を這《は》うように歩くことができるという。

そのサメをぜひともこの目で見たくて、2015年4月、わたしはパプアニューギニアに向かった。オーストラリアの北に位置する南太平洋の島、ニューギニア島の東部の国だ。

そこでわたしが出会ったのが、「歩くサメ」の仲間の一種の「ミッシェルエポレットシャ

DATA

15

ミッシェルエポレットシャーク

学名 *Hemiscyllium michaeli*

英語名 Michael's epaulette shark / Leopard epaulette shark

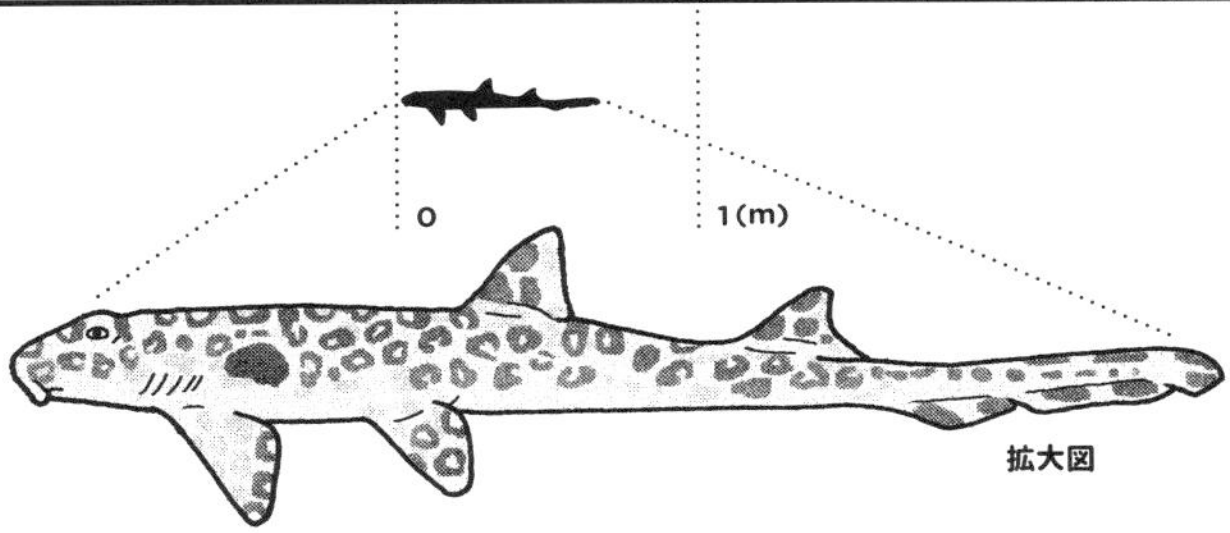

分類

テンジクザメ目
テンジクザメ科

全長

出生・成熟のサイズは不明。確認《かくにん》されている個体は 70cm ほど

分布

パプアニューギニアでのみ確認されている

生息域

浅海《せんかい》の岩場やサンゴ礁《しょう》、潮溜《しおだ》まりなど

形態の特徴

体はヘビのように細長い。体表はヒョウ柄《がら》、エラ孔《あな》の後ろに大きい黒斑《こくはん》がある。第１背ビレが腹ビレよりも後ろにある。光をあてると鱗《うろこ》がキラキラ輝《かがや》く

行動・生態など

発達した筋肉のある胸《むな》ビレと腹ビレを、手足のように使って海底やサンゴ礁の上を這《は》って前進する。細長い体は、サンゴの間にかくれて外敵から襲《おそ》われないようにするためと考えられる。食性・繁殖《はんしょく》方法はともに詳細《しょうさい》不明

ーク（Michael's epaulette shark）」（テンジクザメ目テンジクザメ科）。ヨーロピアンな雰囲気《ふんいき》漂う瀟洒《しょうしゃ》な名前だ。和名はまだない。

名前はヨーロピアンだが、ミッシェルエポレットシャークをはじめ、「歩くサメ」はオセアニア周辺でのみ生息が確認されている。なかでもミッシェルエポレットシャークは、パプアニューギニア東部のトゥフィとアロタウという2ヵ所でしか確認されていない稀少種だ。2010年に新種記載されたばかりで、生態はまだほとんどわかっていない。

このサメは、「テンジクザメ目テンジクザメ科」の「モンツキテンジクザメ属」という仲間の一種だ。体側部の胸ビレの横あたりに、大きな黒い丸模様があることから、「モンツキ（紋付《もんつ》き）」と名づけられたようだ。これは昆虫のチョウの仲間などによく見られる模様で、敵を欺《あざむ》く役割を担っているのではないかと考えられている。

同じ仲間には、和名で「マモンツキテンジクザメ」、英語名で「エポレットシャーク（Epaulette shark）」と呼ばれるサメなどがいる。「マモンツキテンジクザメ」は、日本の水族館でも展示されているから見たことがある人もいるかもしれない。

「エポレット」とは、トレンチコートなどの肩章《けんしょう》、つまり肩についている機能的にはあまり意味があると思えない飾りを意味するフランス語だ。日本語の感覚では「紋付き」に見える模様が、フランス語では「エポレット」になったわけだ。

『サメ―海の王者たち―』（前出）によれば、彼らは胸ビレの筋肉がよく発達している。ヒレの付け根部分の可動域が広く、自由にヒレを動かすことができる。

彼らは夜行性とも記されている。夜になるとテーブルサンゴの下から姿を現し、のそりのそりとサンゴのがれ場の上を徘徊《はいかい》しながら獲物を探すのだそうだ。

写真で見る限り、ヘビのようにひょろ長く、どちらかといえばかわいらしいサメで、強さを微塵も感じない。ネコザメのように背ビレに防御《ぼうぎょ》のための大きな棘《きょく》もなければ、オオセのように大きな口や鋭い歯も持っていない。天敵ばかりの海の中で彼らはいったいぜんたい、どうやって生き抜いてきたのか。

その手掛かりをつかむには、やはり実物をこの目で見るしかない。

パプアニューギニアには、曜日限定で成田《なりた》から飛ぶ直行便で向かった。7時間近く飛行機に揺られ、首都ポートモレスビーに降り立ち、チャーターしたプロペラ機に乗り換《のか》え、ミッシェルエポレットシャークが発見された東部のトゥフィを目指す。ダイバーに人気のリゾートだ。トゥフィまではおよそ1時間半。飛行機の中からは、世界的に珍しい熱帯フィヨルドが一望でき、リアス式海岸を彷彿とさせる。ノコギリの歯のように複雑に入り組んだ入り江《いえ》と、どこまでも奥深《おくぶか》い森のグリーンが眩《まぶ》しく輝いて見えた。

その突き出た岬のひとつ、およそ飛行場とは思えない短い滑走路《かっそうろ》に、プロペラ機は着陸した。そのすぐ目の前の岬に、トゥフィで1軒《けん》しかないホテルが建っている。わたしはここに、1週間ほど滞在《たいざい》する予定になっていた。飛行場を挟《はさ》んで反対側には小学校があり、生徒たちが物珍《ものめずら》しそうにこちらを見ていた。

チェックインを済ませると、すぐにダイビング器材を準備して海へ向かう。少しでも早く「歩くサメ」をこの目で見たい——。その一念が、わたしを海に向かわせたのだ。

泳ぐのなんかかっこ悪い

思いが通じたのか、幸運は早々に訪れた。

着いてすぐの最初のダイビングで、ミッシェルエポレットシャークはわたしの目の前に姿を見せてくれた。出会えるとしたらナイトダイビングだろうと思っていたが、南国の陽射《ひざ》しがまばゆい昼日中、彼らとの念願のご対面が実現したのだ。

そのサメは、水深15mより浅い、大きなテーブルサンゴの下に身を潜めていた。その隣《となり》には、カリフラワーのような白っぽいソフトコーラル（骨格を持たない軟らかいサンゴの仲間のこと）がゆらゆらと揺れていた。

サメの体表は、グレーや青、茶色など地味な色みのものが多いが、ミッシェルエポレットシャークは違う。鮮《あざ》やかで美しいヒョウ柄《がら》に身を包む。サンゴの陰《かげ》に潜む姿を写真に撮《と》るため、ライトを当てるとサメ肌がキラキラと輝いて見える。

まるで宝石を思わせるような、目を見張る美しさ。隣の白いソフトコーラルが、その姿の美しさを際立たせている。この個体の顔は面長《おもなが》で、南洋風の美人といったところか。その美

岩陰《いわかげ》にじっと身を潜《ひそ》めるミッシェルエポレットシャーク

しい姿に、わたしはひと目で魅了《みりょう》された。「歩くサメ」のなかでもとくに稀少なミッシェルエポレットシャークは、かくも美しいサメであったのだ。わたしは感激のあまり、しばし時が経《た》つのを忘れていた。

目の前のこのサメは、本当に歩くのだろうか。そうだとしたら、いったいどんなふうに歩くのか。このサメも夜行性なのだとしたら、日中はけっしてサンゴの下から出てこないつもりなのだろうか。それとも、しばらく待っていたら歩いてほかのテーブルサンゴへ移動するものなのだろうか……。

わたしはさまざまな疑問を抱きながら、彼女が隠れているテーブルサンゴの前に正座して（もちろん、ダイビングギアをつけて、大きなタンクを背中に背負っている）、身を屈《かが》めながらじっと観察することにした。

歩くのをやめて突如《とつじょ》泳ぎだし、私の前を横切っていった（撮影《さつえい》：中村卓哉《なかむらたくや》）

30分ほど経過しただろうか。凝視されていて居心地が悪くなったのか、テーブルサンゴの下で、ミッシェルエポレットシャークが一瞬、後ずさった。

「おぉ！」

思わず、水中で声が出てしまう。呼吸のためにロにくわえているレギュレーターがずれて海水が口の中に入ってきた。慌ててレギュレーターをくわえなおす。

そこには、胸ビレと腹ビレをそれぞれ左右交互《こうご》に動かしながら、後進しているサメの姿があった。紛れもなく、たしかに歩いている。

それは、本当に不思議な動きだった。ヒレが、手と足そのものに見えるほどに……。

わたしはさらに小さく身を屈め、テーブルサンゴの下を覗き込んだ。すると、サンゴの下のミッシェルエポレットシャークの動きが突然《とつぜん》機敏になったと思うやいなや、サンゴの陰から泳いで出てきてわたしの目の前を猛《もう》スピードで横切り、別のサンゴの陰に身を潜めた。

歩くところを観察しようと思っていたのに、一瞬そのそぶりを見せただけで、大急ぎで泳ぎ去ってしまうとは……。30分も観察していたのでストレスになっていたのかもしれない。申し訳ないことをしたと心が痛む。

これ以上、ストレスをかけることはすまいと、ミッシェルエポレットシャークが泳いでいったほうを眺めていると、サンゴとサンゴの細い隙間にぴったりとはまるように、体をくねらせ身を隠しているのが見えた。ヒョウ柄の体表は、遠くから見るとまわりの環境と一体化してよくわからない。「モンツキ（紋付き）」だけでなく、彼らを覆う模様も、「擬態」の役割を果たしているのかもしれない。あの細長い体も、ここニューギニアの海底環境に最適化した形のように思えてくる。

モンツキテンジクザメの仲間は、わたしが今もっとも注目しているサメだ。

9種いるというすべてのサメに会ってみたい。写真も撮りたい。交尾《こうび》や産卵、捕食の様子なども観察してみたい。わたしの心は、「歩くサメ」の美しい姿態にすっかり魅了されてしまった。

サメ界ミライのエースたち★その3

1歳でサメに開眼。将来性豊かな小学生の石澤《いしざわ》燈太《とうた》くん

「サメのしゅるいべつ　歯のけんきゅう」

「サメの心臓は大人の味がしました」

しっかりした口調と眼差しで、石澤燈太くんは語る。当時の年齢は5歳、その時点でサメ好き歴4年というツワモノだ。『ど根性《こんじょう》ガエル』の主人公ピョン吉《きち》のように今にも飛び出さんばかりのサメのTシャツを着ていることから、わたしは彼のことをひそかに「シャー吉くん」と呼んでいる。

　その日、わたしが主宰《しゅさい》するイベントで、モウカ（ネズミザメ）の心臓のお刺身《さしみ》を試食した。その感想が、なんともかわいらしい。

　彼とはじめて出会ったのは、このときのイベントから1年ほど前のこと。東京海洋大学で行われた大人向けの公開講義に、小さな男の子が、お母さんに連れられてやってきた。年配の男性の聴講者《ちょうこうしゃ》が多いなか、シャー吉くんの姿はすぐに目に飛び込んできた。

　2時間あまりのわたしの講演中、一度も立ち上がることなくじっとわたしの話に耳を傾けていた。それどころか、質疑応答では元気に手を挙げ、会場中を驚かせつつ和《なご》ませてくれた。

　後日、お母さんから聞いた話がまた秀逸《しゅういつ》だ。彼は自宅に帰った後、今まで自分が世界一

東京海洋大学の公開講義にやってきたシャー吉《きち》くん。アオザメの顎《あご》標本に満面の笑《え》み

サメに詳しいと思っていたのに、自分よりサメに詳しい人がいることを知り、ショックを隠しきれなかったという。

彼はその悔しさをバネに、それからわたしのサメイベントに頻繁に出席し、日々サメの勉強を欠かさない。

そんなシャー吉くんは小学校に進学し、サメ愛はますます募《つの》る一方のようだ。２年生（８歳）の夏休みの自由研究のテーマは、「サメのしゅるいべつ　歯のけんきゅう」だ。８目21種のサメの歯を観察しまとめた、40ページにわたる大作であったが、

「本当は30種類のサメの顎を調べたかったのですが、時間がありませんでした」

と、シャー吉くん。

３年生（９歳）のときには、「ツノザメ目の同定」という研究テーマで、サメの外部形態を測定し、種を同定した。わたしが年末に主催しているサメの自由研究発表会では、夢は新種のサメを報告することだと力強く語ってくれた。

わたしのサメのイベントに参加するときは、昔と変わらず、全身サメをあしらったファッションできめてくる。彼も沖縄の暖花ちゃん、空璃くんと一緒に、２０１６年の日本板鰓類研究会フォーラムで、自由研究の結果を立派に発表してくれた。

若くして尽きることのない探究心の持ち主。サメ界の未来を明るく照らす、期待の逸材《いつざい》だ。

サメコレ
SHARK COLLECTION

ウバザメ

スコットランドの海でやっと出会えたけれど死にかけた

スコットランド

世界遺産のセントキルダ島へ

2015年7月。高鳴る気持ちを抑えきれず、とうとうわたしはイギリス行きの飛行機に乗り込んだ。目指すは、スコットランドのトバモーリという小さな港町から出港する5日間の「ウバザメ・シュノーケリングツアー」だ。

わたしがはじめてウバザメ（ネズミザメ目ウバザメ科）に興味を持ったのは、忘れもしない2013年6月29日のこと。この日、沖縄美ら海水族館では「濾過《ろか》食性板鰓類——その謎を解く (The filter feeding elasmobranchs: Unraveling their many mysteries)」というたいへんおもしろいシンポジウムが開催されていた。サメというと、鋭い歯を持ち、獲物を噛みちぎって食べるイメージがあるかもしれないが、そうでないサメがいる。いずれ劣《おと》らぬ巨大ザメであるジンベエザメ、メガマウスザメ、ウバザメは小さなプランクトンを食べて生きているが、生殖をはじめとした多くの生態がいまだ謎に包まれている。シンポジウムは、この3種のサメをめぐる研究発表と意見交換の場だった。

それに参加したわたしは、ウバザメの謎だらけの生態に興奮し、「いつかこの目でウバザメを見たい！　そして、一緒に泳いでみたい！」という夢を抱いていた。

ウバザメは、ジンベエザメに次いで世界で2番目に大きな魚類だ。温帯から寒帯の海域で、世界の海に広く生息する。日本近海にも出没《しゅつぼつ》し、定置網漁で混獲されることもしばしばだ。

成熟する前のウバザメのなかには、ゾウの鼻のように長い鼻っ面を持つものもいて、そのため「テングザメ」の別名を持つ。また、漁船に自ら寄ってきて漁獲されてしまうことから「バカザメ」とも呼ばれる。別名を2つも持つほど日本では身近なサメなのだが、乱獲のためか、生きたウバザメを見られるチャンスはそうそうない。そこで、大海原を泳ぐウバザメの姿を拝むため、わたしははるばるスコットランドの海に向かったのだ。

このウバザメ、噂によるとおもしろい習性がある。

「ブリーチング」という言葉を聞いたことがあるだろうか。一般的には、クジラの大ジャンプのことを指す。ホエールウォッチングに参加する人がもっとも見たいクジラの行動パター

学名	英語名
Cetorhinus maximus	**Basking shark**

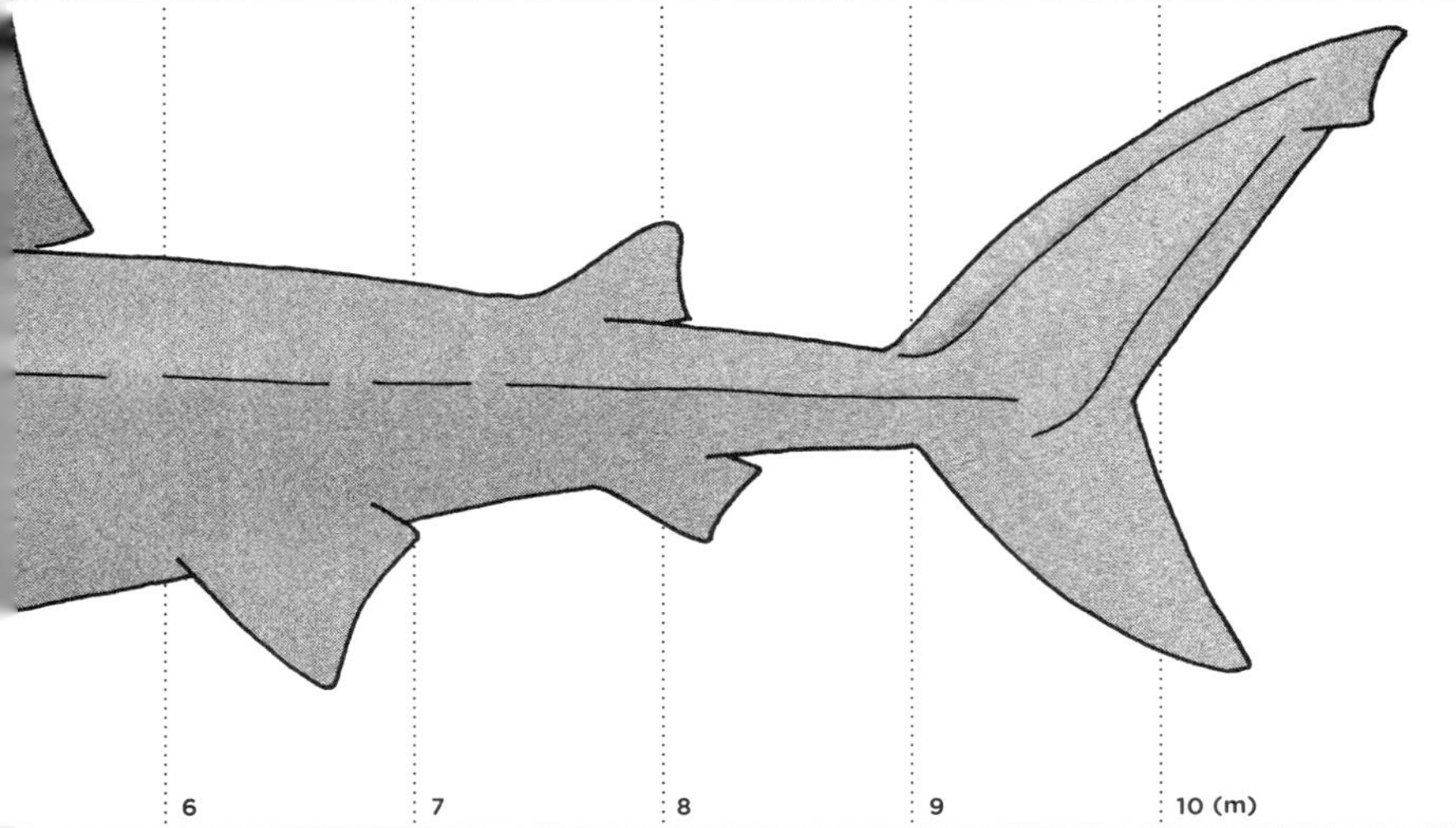

形態の特徴

ジンベエザメに次いで地球上で２番目に大きな魚類。エラ孔《あな》は腹側から背側まで大きく切《き》れ込《こ》みが入っている。尾《お》ビレの付け根には１本のキール(隆起線《りゅうきせん》)がある。サメ肌《はだ》はイバラのようにトゲトゲしている。腹ビレが大きい。体色はグレー

行動・生態など

巨体《きょたい》ゆえ、人を襲《おそ》うホホジロザメに見間違《みまちが》えられることも多いが、性格は非常に温和でプランクトンしか食さない。浮力《ふりょく》を得るために大きな肝臓《かんぞう》を持つ。「バカザメ」の別名があるのは、漁船に自ら近寄り捕獲《ほかく》されるからとも、バカみたいに大きいからとも言われる。●食べもの：口を大きく開けて海水を流し込み、エラでプランクトンを濾《こ》して食べる。●繁殖《はんしょく》方法：子ザメを産む「胎生《たいせい》（母体依存型《いそんがた》・卵食《らんしょく》）」。一度に６尾《び》ほどを産む

DATA

16

和名

ウバザメ

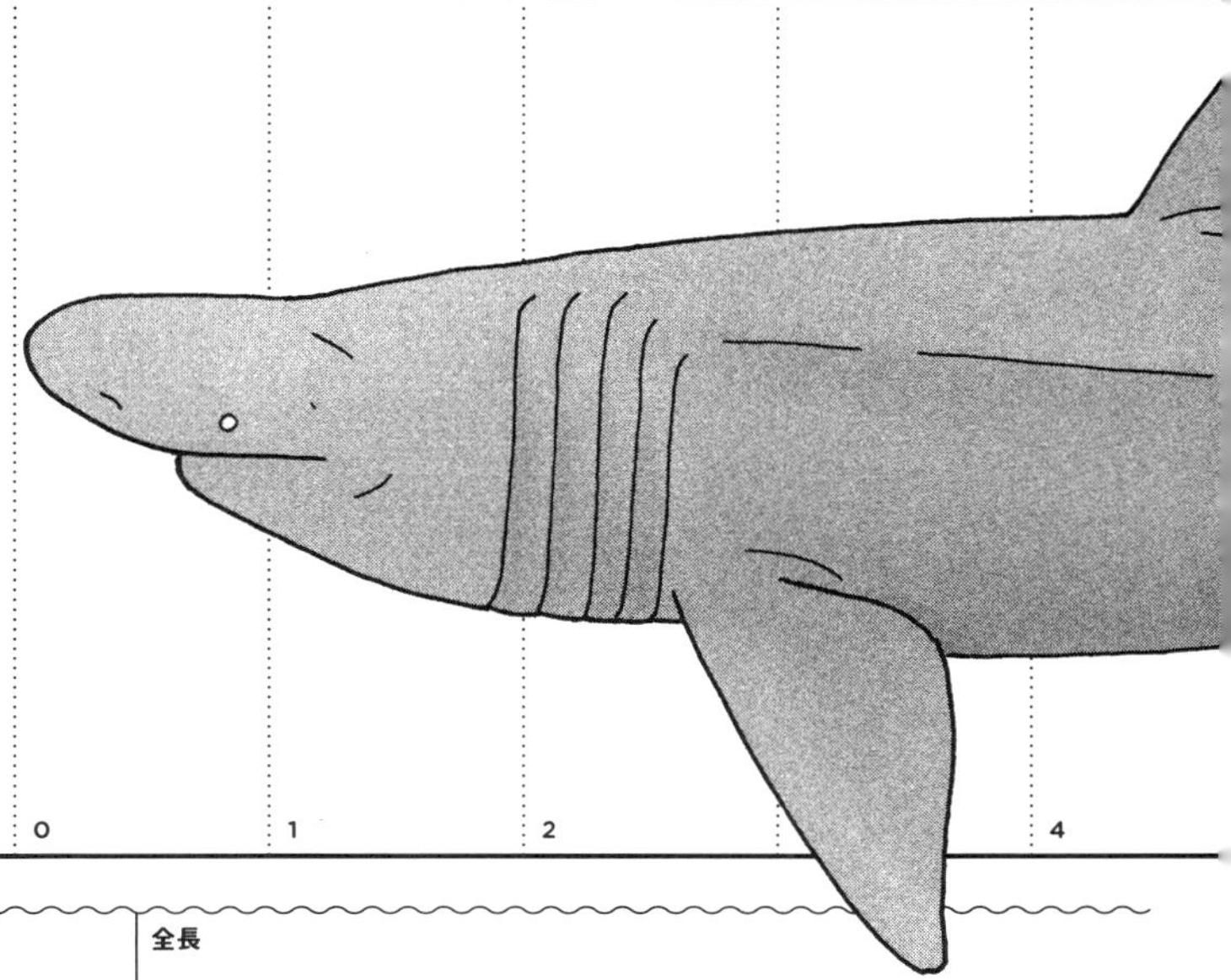

分類

ネズミザメ目
ウバザメ科

全長

出生サイズは 1.5m ほど、4.0 〜 8.0m ぐらいで成熟する。
現在記録されている最大サイズは 11.0m

分布

熱帯／亜《あ》熱帯《ねったい》海域を
除く太平洋・インド洋・
大西洋・地中海。
日本でも全域に分布

生息域

沿岸から沖合《おきあい》の表層
（水深 0 〜 200m 程度）に
生息するが、1200m あたりまで
潜行《せんこう》することもある

ンのひとつだろう。サメのなかにもブリーチングをする種が存在し、そのひとつがウバザメだとされる。しかし、その姿はあまり目撃されておらず、本当にジャンプするのか疑問の声も多い。スコットランドを目指したのは、ウバザメと会い、噂のブリーチングを目撃したいと思ってのことだった。

5日間のツアー初日、残念ながら、ウバザメと出会うことはできなかった。このツアーに3年連続で参加しているカナダ系アメリカ人のボブ・センプルさんによれば、まだ一度もウバザメを見たことがないという。さらに不運なことに、天候不順で船を出せるのは明後日《あさって》までだと天気図にも通告されてしまった。

ウバザメにどうしても会いたいわたしたち参加者の気持ちを酌んで、ツアーを主催するカナダ人のアンディ・マーチさんは驚きの提案をしてきた。アンディさんは「Big Fish Expeditions」という会社を立ち上げ、ウバザメのみならずジンベエザメやホホジロザメ、ヒラシュモクザメなど、大型海洋生物と泳ぐ数々のダイビングツアーを開催している。同社のウェブサイト（http://bigfishexpeditions.com/）では「a fanatical big animal diver（熱狂的《ねっきょうてき》な大型動物ダイバー）」との自己紹介があり、数多くの素晴《すば》らしいサメの写真を撮影している。

「世界遺産であるセントキルダ島まで行きましょう。そこに行けばウバザメと一緒に泳げるはずです」

ウバザメに会いに半日以上かけてダイビングボートで向かう

その島は、トバモーリ港から直線距離で約200㎞、片道およそ13時間のところにある。小さなダイビングボートで行くことにいささか不安はあったものの、本気でウバザメに出会いたい参加者たちに、誰ひとりとして異を唱える者はいなかった。

2日目は、島への移動日に充《あ》てられた。早朝に出港し、目的地への到着予定時刻の午後10時まで丸一日、船の上からウバザメを探すのだ（白夜《びゃくや》のため、夜中12時過ぎまで明るかった）。大きな体が見えるたび、みな興奮してカメラ片手に甲板へ出るのだが、たいていの場合はニタリクジラやアザラシだった。ウバザメはなかなか現れない。

夕方5時ごろだっただろうか。キャプテンが興奮して岩陰《いわかげ》の遠く向こうを指さした。ウバザメのブリーチングだという。

まさか、はじめてのご対面で、ブリーチングまで目撃できるなんて……。期待に胸を膨らませ、甲板に駆け上がるも、わたしの目では確認することができなかった。ただ、ウバザメのいる海域に近づいたことだけは確かだった。

最終日に奇跡《きせき》が起きた

ウバザメは、なぜブリーチングをするのか——。あんなに大きな体を水面から出すには相当のエネルギー量が必要なはずである。

ウバザメは、巨体とは裏腹に、エサは小さなプランクトンだ。大きな口で海水ごとがばりと飲み込み、エラでプランクトンを濾し取ってエネルギーをチャージする。大きな体を支えるには、どれほどのプランクトンを食べる必要があるのかと思う。生きていくために必要なエネルギーをチャージするのも苦労しそうなのに、膨大《ぼうだい》なエネルギーを使って、何のためにジャンプまでするのか。詳しいところはまだよくわかっていない。

まるで鳥が空を飛ぶようにジャンプするムンクイトマキエイの場合、調査したところ、オスのみが跳《と》んでいたことが明らかになった。ジャンプして大きな音をたてて着水するのは、求愛行動ではないかという説もある。

クジラのブリーチングに関しても諸説ある。オスのメスへの求愛行動ではないか、あるいは体表についた寄生虫を落とすためではないか、外敵への威嚇《いかく》ではないか、いや、ただ単に楽しんでいるだけではないか、などなど。

ウバザメの場合は、巨大であるがゆえに、それほど外敵がいるとも思えないし、楽しむという感覚がそもそもあるのかもよくわからない。そうなると寄生虫説が有力のような気がしてくる。ウバザメの体表には、ヤツメウナギの仲間や寄生性カイアシ類（節足動物の一種）が付着していることが多いからだ。

周辺にウバザメがよく出没《しゅつぼつ》する海域にある
無人島セントキルダ島へ上陸

夜10時ごろにセントキルダ島へ上陸を果たす。キャンプで一夜を過ごし、最終日である3日目に奇跡が起きた。島周辺の海域を船で探索《たんさく》していると、デッキから海面にウバザメのシルエットが見えたのだ！　それもひとつふたつではない。

急いでドライスーツを着用し、カメラを準備。船を近づけてもらい、1人ずつ船尾から静かにエントリーする。ウバザメに近づくにはコツがある。勢いよく飛び込んだり、ばしゃばしゃと音を立てたりしようものなら、すぐに逃げてしまう。そのため、静かにエントリーして、水しぶきを立てないように横泳ぎ

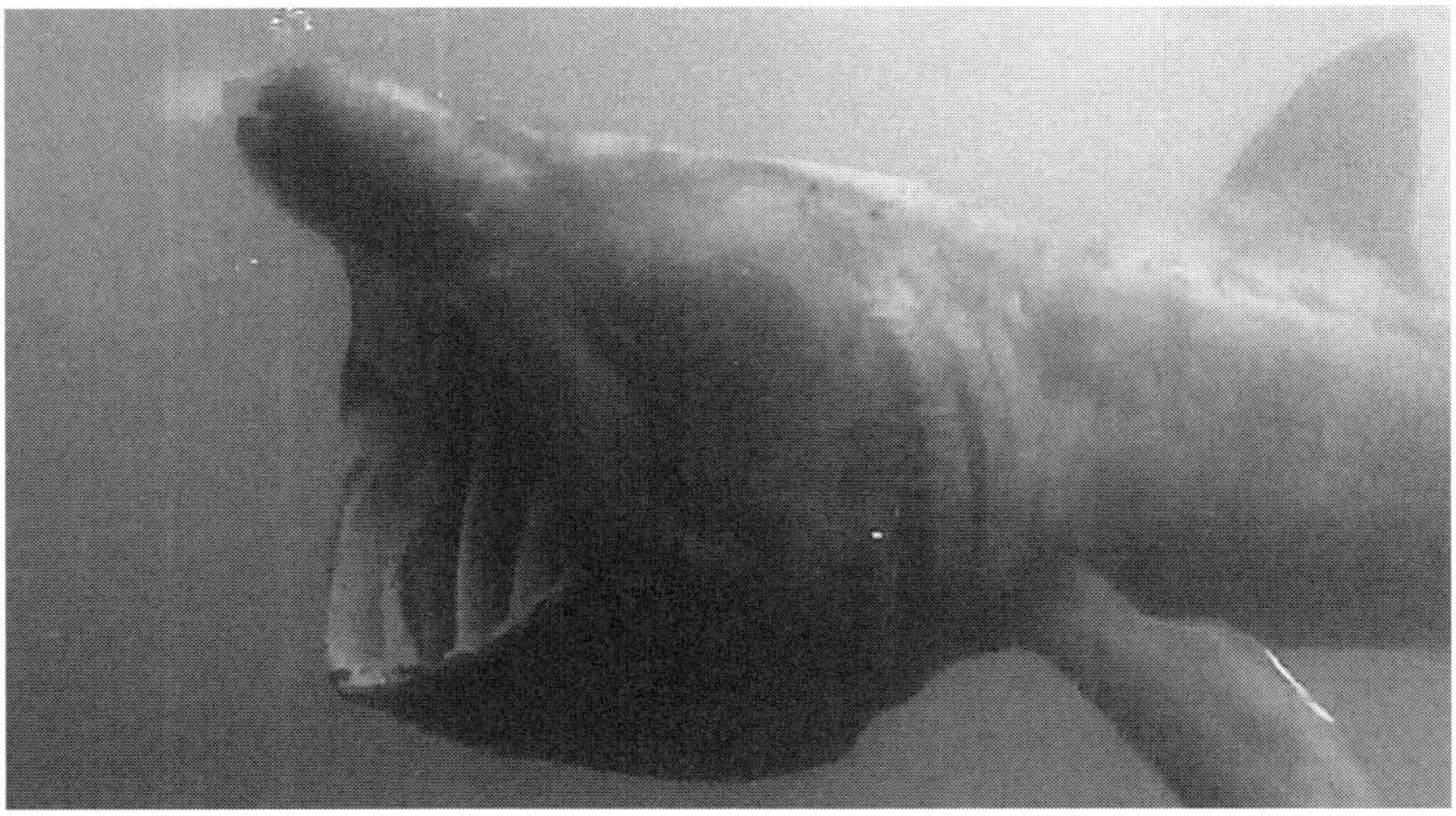

わたしの目の前で、口を大きく開けたウバザメを命からがら撮影《さつえい》

をしてウバザメに近づくことが重要だ。

水温は12℃前後であるにもかかわらず、このときは寒さを感じた覚えがない。海の中はたくさんのプランクトンで濁《にご》った暗い緑色をしている。どこからウバザメが現れるのかわからないのだが、幸運なことに、カメラを向けた先に大きなシルエットが現れた。1尾のウバザメがわたしのほうへ向かって泳いできたのだ。しかも、ウバザメにとっては見慣れないはずの人間がいるにもかかわらず、それをまったく気にしていないのか、わたしの目の前で大きな口をかぱっと開けて、食事をはじめたではないか。

日本ではウバザメのことをバカザメと呼ぶ地域もある。サメに対してなんて失礼な名前をつけているのかと思ったが、わたしの目の前にいるウバザメは、「姥鮫《うばざめ》」という漢字のとおりのしわくちゃ顔で、人目を気にせず、のんびり生きている。

自分より大きな生物には少なからず恐怖と畏敬《いけい》の念を感じるわたしであるが、ウバザメだけはそれすら感じさせない。愛情をたっぷりに含んだ意味でのバカという愛称《あいしょう》であるならば、そのネーミングも納得できるというものか。

なんとか一命をとりとめた

余談だが、このときのスコットランドの旅では、ウバザメの撮影直後に低体温症《ていたいおんしょう》になってしまった。

みんなより先に海からあがり、寒さをしのぐためにキャビンの中でひとり休んでいると、体の震《ふる》えを感じた。それはみるみるガタガタという大きな震えに変わり、椅子《いす》に腰掛《こしか》けていられないほどになった。体温の低下を感じたので、わたしは寒さを凌《しの》ごうと寝袋《ねぶくろ》をかけて横になったのだが、手足の指先から心臓に向かって、まるで速度の速い津波が一気に押《お》し寄《よ》せてくるような感覚に襲われた。それは非常に強い痺《しび》れに変わり、すぐに体の硬直《こうちょく》がはじまった。気づいたときには、まるで全身を太い麻縄《あさなわ》でぐるぐる巻きにされているようにチクチク痛い。肘《ひじ》から指先までと下半身の感覚が完全に麻痺《まひ》した。呼吸もままならない苦しさに見舞《みま》われ、気分も悪くなり、嘔吐《おうと》した。朦朧《もうろう》としてきて、とても小さな空間に閉じ込められているような幻覚《げんかく》も見えはじめた。そのとき、キャビンの中に偶然入ってきたクルーのひとりがわたしの異変に気がついてくれた。

彼女はわたしを見るなり、顔色を変えた。彼女は踵《きびす》を返すと、船尾にある部屋から救急救命用のオレンジ色の厚手の衣類を引っ張り出し、急いでわたしに着せた。そして、お湯をわかし、2リットルのペットボトルを湯たんぽがわりに、わたしの懐《ふところ》に入れた。瞬時にすべてを悟《さと》ってもらえた安心感に涙《なみだ》が出た。

低体温症に加え、急激な過換気《かかんき》と手足の痙攣《けいれん》、パニック症状《しょうじょう》、脱水症状《だっすいしょうじょう》など悪いことが重なってしまったようだ。

「気分が悪くなったらこれを使って」

と、わたしが吐《は》くときに備えて枕元《まくらもと》にはお鍋《なべ》を置いた。そして、キャプテンもわたしの様子を確認しにキャビンに入り、脈拍《みゃくはく》、体温、瞳孔《どうこう》を確認する。何度かペットボトルの湯たんぽを替えてくれたり、コチコチになった手のひらをマッサージしてくれたり。その甲斐《かい》あって、わたしは自分の体温が上昇していくのを感じ、凍死《とうし》することなく、一命をとりとめた。港に戻ったのは出港してから2日後。生きて帰れてよかった。

第3章

わたしの世界サメ巡礼

わたしは、海の中で出会う生物のなかで、
サメほど美しいものはいないと思う。
一度その姿を見ると病《や》みつきになり、
サメと一緒《いっしょ》に泳げるスポットを
巡礼《じゅんれい》する人々があとをたたない。
また、美しいサメは、食べても美味《おい》しい。
日本最大級の縄文《じょうもん》時代の集落跡《あと》「三内丸山遺跡《さんないまるやまいせき》」からは、
わたしが絶品の白身魚だと太鼓判《たいこばん》を押す
アブラツノザメの脊椎骨《せきついこつ》が出土するほど、
海洋国・日本のサメ食文化は古く、そして豊かだ。

1杯《ぱい》4万5000円のフカヒレラーメン！

横浜《よこはま》中華街《ちゅうかがい》

わたしの背丈《せたけ》くらいあるフカヒレ

横浜中華街に、幻《まぼろし》の食材を使ったお店があるらしい。

その食材とはいったい何だろうか。

みなとみらい線「元町《もとまち》・中華街」駅の近くにそのお店があるとの情報を入手し、2014年12月に店を訪ねた。

駅2番出口の近くにある東門（朝陽門《ちょうようもん》）をくぐり抜《ぬ》け、人ごみをかき分けながら、はじめの分岐《ぶんき》を左方向に進む。すると左手に、赤地に金色の文字の「招福門《しょうふくもん》」という巨大《きょだい》な看板が見えてきた。このお店の6階に幻の食材があるというのだが、一見するとなんら変哲《へんてつ》もない大型の中華料理店である。スペシャルな何かがありそうな店構えには見えない。わたしの胸には一抹《いちまつ》の不安がよぎる。

横浜中華街《よこはまちゅうかがい》「招福門《しょうふくもん》」の巨大《きょだい》なフカヒレの前で
（撮影《さつえい》：山本龍香《やまもとりゅうか》）

店に入り、レジの横にあるエレベーターに乗《の》り込《こ》む。

6階に着き、エレベーターの扉《とびら》が開くと、わたしの不安は見事に裏切られた。エレベーターホールの目の前で迎《むか》えてくれた店の主・齊藤正人《さいとうまさと》さんが指す右手の先には、見たこともないような大きな食材が立てかけられていた。

いちばん大きなもので、わたしの背丈と同じくらい。縦は1・5mくらいあるだろうか。平べったく、木のように茶褐色《ちゃかっしょく》で硬《かた》そうに見える。触《さわ》ってもいいとのお許しが出て、軽く撫《な》でてみると、わたしの指の腹部分の皮膚《ひふ》がすり切れた。その幻の食材の表面は、まるで鋭《するど》く細かく尖《とが》る鉱物の結晶《けっしょう》のように、ザラザラというよりはトゲトゲという表現が似つかわしい肌触《はだざわ》りだった。

この謎《なぞ》めいた食材の正体は、「ウバザメ」のフカヒレだ。これが、招福門の知る人ぞ知る隠《かく》れメニュー「1杯4万5000円の超豪華《ちょうごうか》ラーメン」に使われているのだ。

ウバザメは、ジンベエザメに次いで世界で2番目に大きなサメだ。全長は10mを超《こ》えることもある。2003年には、「絶滅《ぜつめつ》のおそれのある野生動植物の種の国際取引に関する条約」、通称《つうしょう》「ワシントン条約」の「附属書Ⅱ《ふぞくしょ》」にリストアップされた。「ワシントン条約」の目的は、野生動植物が国際取引によって過度に利用されるのを防ぐため、国際協力によって種を保護することにある。国際取引の規制の対象となる動植物は「附属書」と呼ばれるリストに、絶滅のおそれの度合いに応じて3段階に分けて掲載《けいさい》される。「附属書Ⅱ」には、「現在は、必ずしも絶滅のおそれはないが、取引を厳重に規制しなければ絶滅のおそれのある種となりうるもの」がリストアップされ、ウバザメもそのなかに含《ふく》まれている（日本は留保している）。招福門を訪ねた日の直前、2014年秋には北海道《ほっかいどう》での目撃《もくげき》情報があったが、日本近海で発見・報告されるのは非常にまれなことだ。

立てかけてあるフカヒレをよく見てみると、いちばん大きいものが尾《お》ビレ、同じ大きさの2枚あるものが胸《むな》ビレ、そして背ビレの合計4枚であることがわかった。聞けば、数十年前に仕入れたものであるらしい。

ある中華食材卸《おろしぎょうしゃ》業者から聞いた話によれば、ウバザメのヒレ1枚の数十年前の取引価格は、およそ100万円。別の業者からは「もっと高い」とも聞いたことがある。国際取引に規制がかかった今となっては稀少性《きしょうせい》がさらに増し、いずれの業者も、お金を積まれてもけっして販売《はんばい》することはないとのこと。かつての価格で計算しても、招福門の6階にあるフカヒレの合計金額は4枚で400万円。今では軽く1000万円、いや、数千万円相当の価値があると考えるのが妥当《だとう》かもしれない。

この、非常に高価なフカヒレを、このとき特別に試食させてもらった。

麺《めん》自体がフカヒレ！

「1杯4万5000円の超豪華ラーメン」は、ウバザメのフカヒレが具として載《の》っているラーメン……かと思っていたが、そうではなかった。

ラーメンの麺自体がフカヒレで、その上に、3日間たれにつけこんで炉《ろ》で焼いた和牛のサーロイン・チャーシューが載っているという豪華なものだった。ウバザメのフカヒレの繊維《せんい》は一般的《いっぱんてき》なフカヒレより太く、たしかにラーメンの麺と同じくらいの太さではあるのだが、この発想には正直なところ、驚《おどろ》いた。

「もともと、『上湯《ショントーン》 天九《ティンガウ》』という、ウバザメのフカヒレをほぐして麺に見立てた、ざるそば風の超高級料理があるのです。中国のハイクラスの方たちのお祝い料理ですね。それを日本人向けにアレンジしてメニューを開発しました」と、招福門の齊藤さんは語る。

このラーメンはシェアして食べる料理だそうで、分量的に3~4人くらいでシェアするのがオススメとのこと。高価だからといってけちけちせず、箸《はし》でいっきにつかんで口の中にほうりこみ、食感を楽しんでほしいそうだ。

「通常のフカヒレは、しょうゆベースの味つけが多いのですが、ウバザメラーメンは金華《きんか》ハムを使った火腿《ホートイ》スープを使っています。独特のコクとわずかな酸味があり、このスープはシ

試食したウバザメのフカヒレラーメン。金華《きんか》ハムを使った火腿《ホートイ》スープに合う

ャンパンととても合いますよ」

料理が出てきたが、貴重なウバザメのヒレだと思うと、なかなか口に入れることができない。箸でつまんでみたり、ヨシキリザメのフカヒレの太さと比較《ひかく》してみたり。ウバザメのフカヒレを箸でつまむと、ラーメンでいうならつけ麺に使われる極太麺《ごくぶとめん》ほどの太さがあり、しかも白玉のようなもちもちとした弾《だん》力《りょく》があった。ちなみに、ラーメンは30㎜幅《はば》の生地《きじ》から何本の麺ができるかで太さの規格が決まっているそうで、標準の太さは約1・5㎜で「20番手」と呼ばれる。極太麺に分類されるのは「14番手」（太さ約2・1㎜）より低い「番手」のものなのだそうだ。

フカヒレをこんなふうに食べるなんてもったいないという気持ちをどうにか抑《おさ》え、10分ほど眺《なが》めた後に、思い切って口に入れる。

食感は軟《やわ》らかすぎず、硬すぎず、とてもいい塩梅《あんばい》だ。齊藤さんいわく、「日本人好みのコシがある麵にするために、アルデンテになりすぎないような硬さに調整している」のだそうだ。これは、招福門の料理長にしかできない技術だと誇《ほこ》らしげだ。

味も想像をはるかに超えて素晴《すば》らしかった。今までに感じたことがない、すっきり引《ひ》き締《し》まった上品な味わいで、その絶妙《ぜつみょう》な食感を楽しむために何度も何度も噛《か》み締《し》めた。それもそのはず、この超豪華ラーメンの出汁《だし》に使っているという金華ハムは、イタリアのパルマハム、スペインのハモンセラーノと並ぶ世界三大ハムのひとつといわれるほどの味わいなのだ。

麵の弾力も、もちろん小麦粉でできている本来のラーメンの麵とも違《ちが》えば、繊維の細いフカヒレともまた違う。わたしが食べてきたもののなかでは、同じ弾力の食材が思いつかない。美容に興味を持つ一部の女性の間では、コラーゲンがたっぷりのフカヒレは人気が高いそうだが、この太い繊維の中にはどれだけ美容成分が入っているのだろうか。

とにもかくにも、はっきり断言できるのはひとつだけ。もったいない気持ちを抑えて、口いっぱいにほおばり、100日以上かけて熟成させた金華ハム独特のうまみと塩気のあるスープと一緒に極太のコラーゲン繊維を口の中でゆっくりと味わい尽《つ》くすのが、ウバザメラーメンの極上《ごくじょう》の食べ方だということだ。

食べた後も口の中で残り続ける独特な味わいを感じていたら、今までわたしが食べていたフカヒレは本物だったのだろうかと疑わしくなってしまったほどだ。

このときは、あくまでフカヒレの試食ということで和牛のサーロイン・チャーシューは載っていなかった。フカヒレと牛肉とのバランスがいかなるものか、懐《ふところ》に余裕《よゆう》があるときにわたしも食べてみたいものだ。

この4万5000円の高価なウバザメラーメン。月1～2杯《はい》くらいのペースで予約が入るというから驚きだ。仮にラーメン1杯を4人で食べて割《わ》り勘《かん》にしたとしてもひとり1万円以上。なかなか気軽に注文できる価格ではない。いったいどんな人が食べにくるのだろうか。

「ウバザメラーメンを注文される方たちは、ご年配の方や夜のお仕事をされている方などが多いと聞きましたけど……」

そんな質問をしてみると、店の齊藤さんから思わぬ答えが返ってきた。

「いろんな方がいらっしゃいますよ。有名国立大学の教授や大学関係・研究者の方など、ウバザメ自体に興味や関心のある方が注文されることも多いです」

2003年にワシントン条約の「附属書Ⅱ」に掲載されて以来、海外からの商取引による仕入れがほぼ不可能となったウバザメ。国内ではウバザメを狙《ねら》った漁は行われていない。すなわち、店の在庫がなくなり次第《しだい》、このメニューは終了《しゅうりょう》となる。

齊藤さんはこうつけ足す。

「数に限りのあるたいへん貴重なものなので、このメニューは本当に価値のわかる人だけに注文していただけたら」

サメへの愛が深く、懐に余裕もある人は、特別な日を飾《かざ》る食事として食してみるのも乙《おつ》かもしれない。

……と、思っていたら、しばらくしてから人づてに、ウバザメのフカヒレラーメンが隠れメニューから消えたという情報が届いた。

電話で確認《かくにん》してみたところ、フカヒレの在庫がなくなったから、というわけではないという。だが、商取引が制限されている以上、このままフカヒレラーメンの提供を続ければ、いつかは在庫がなくなってしまう。店のオーナーが代わり、貴重なウバザメのフカヒレをより大切にしていく方針に変わったのかもしれない。あのフカヒレラーメンは、もはや幻の味となったのである。

ちょっと
フカ掘り
サメ講座
No.10

それは本物？ ニセ物？ フカヒレの秘密に迫《せま》る

簡単に見分ける方法とは……

サメの種類に関係なく、サメのヒレはすべて「フカヒレ」である。中華料理には欠かせない高級食材だ。

だが、どの種類のサメのヒレが現実に食材として流通しているか、それを知る人は少ないはずだ。実際に、料理店で供されている種類は、流通が安定しているなど諸条件をクリアしたものに限定されている。

招福門の齊藤正人《さいとうまさと》さんによれば、フカヒレ料理はヨシキリザメを使ったものが多く、ネズミザメ（モウカザメ）、アオザメの順にランクが上がる。フカヒレの価値は、その繊維の太さや均一性、大きさ、色の美しさ（金色に近いものほど価値が高い）、弾力などで評価される。先に紹介《しょうかい》した招福門のウバザメのものは、中国語で最上級を表す「天九翅《ティンガウチー》」と呼ばれ珍重《ちんちょう》されている。文句なしの極上最上級ランクだ。

これらのサメのあらゆる部位のヒレが、フカヒレとして供される。胸ビレ、腹ビレ、背ビレ、尻《しり》ビレ、尾ビレ。いずれも実際に流通している。そのなかでも、より美しく、ぐりんと湾《わん》曲《きょく》して厚みがあるヒレが重宝される。最も価値があるのは、尾ビレなのだそうだ。

ここ最近、ニセ物のフカヒレが横行していると齊藤さんは漏《も》らした。豚肉《ぶたにく》を加工してフカヒレに見せかけているようだ。たとえば、フカヒレスープの中に、ほぐした本物のフカヒレとニセ物を混ぜて入れる。この場合、少しでも本物が入っていれば、フカヒレと表記できるのだとか。

では、本物とニセ物を見分けるにはどうすればよいのか。

苦い顔をしながら齊藤さんは口を開く。

「そもそもあまりに安い商品は疑わしいですね。ニセ物は食感がゴムっぽいですし、見た目も繊維の形がきれいに整いすぎています」

なるほどと思ったが、これは素人《しろうと》には判断が難しそうだ。誰《だれ》でも判断できる方法はないのか。齊藤さんは続けて、教えてくれた。

「簡単に見分ける方法があります。フカヒレの繊維を一本手に取って、それを、『さけるチーズ』のようにタテに裂《さ》いてみてください。本物はきれいに裂けますが、ニセ物はぶちぶち切れます」

もったいないとの気持ちを抑えつつ、試食のウバザメラーメンで供された、太い繊維のウバザメのフカヒレで試《ため》してみた。すると、繊維は見事に縦に裂くことができた。

フカヒレの裏側

近年、世界的には「フカヒレ食」に異を唱える人が多くなってきている。

フカヒレ食に反対の声が高まる背景には、漁《ぎょ》獲《かく》対象のいくつかのサメが、ワシントン条約の「附属書」にリストアップされるなど、絶滅危《き》惧種《ぐしゅ》として名前が挙がっているという事実と、フカヒレの調達・流通に関する大きな誤解がある。

フカヒレは、サメのヒレだけを切り取り、それ以外の体の部分を海へ投棄《とうき》する「フィニング」をしている悪質な業者がいることが問題になっている。（第1章60ページ参照）。

だが、流通しているすべてのフカヒレが、フィニングによって調達されているわけではない。むしろ、そうしたものはごく一部だ。宮城《みやぎ》県気仙沼《けんけせんぬま》のように、漁獲したサメを余すところなく使っているところもある。

サメの水揚《みずあ》げ量は、日本全体で年間３万ｔほど。マグロ（約３００万ｔ）やカツオ（約30万ｔ）には及《およ》ばないが、わたしはむしろ、マグロの１００分の１、カツオの10分の１も水揚げされていることに驚いた。日本の人口で単純に割ると、一人あたり毎年２５０ｇほどのサメを消費している計算になる。

フカヒレだけでなく、サメ肉は日本各地でローカルフードになっているし、コラーゲンも豊富だ。サメの皮は牛革《ぎゅうかわ》のように強く、財布《さいふ》やハンドバッグ、靴《くつ》の材料になっている。

また、サメの肝臓《かんぞう》から取れる「肝油《かんゆ》」は、第二次世界大戦では戦闘機《せんとうき》の潤滑油《じゅんかつゆ》として利用され、今は健康食品、栄養補助食品や化粧品《けしょうひん》にも使われている。

かつては、かまぼこやはんぺん、魚肉ソーセージなどの練りものの原材料にも主役級で使われていた。

近年、これらの原材料はグチやスケトウダラにとって代わられ、サメ肉はあまり使われなくなったが、はんぺん、かまぼこの専門店で３２０年の歴史のある「日本橋《にほんばし》 神茂《かんも》」さんは、現在もサメ肉を使うことで、ふんわりとした食感を出しているのだそうだ。

サメは、まるごと人の役に立つ、人ととても関わりの深い生きものなのだ。

乱獲《らんかく》で個体数を激減させることなく、持続可能なサメ漁を行っているのであれば、それはひとつの産業として認めていいとわたしは考えている。

もちろん、フィニングには、わたしも絶対に反対だ。

サメレポ

GRAND PRIX

フカヒレだけじゃない 美味しいサメ肉選手権

青森・栃《とち》木《ぎ》・ドバイ

三内丸山《さんないまるやま》遺跡《いせき》からサメの骨が出土

サメを食べるという話をすると、多くの人が怪訝《けげん》そうな顔をする。その表情は、「あんなマズそうなものを食べるなんてどうかしてる……」とでも言いたいようだが、その思《おも》い込《こ》みとは裏腹に、サメは美味しい白身魚で、日本人にとっては昔から身近な食材なのである。

反応のもうひとつのパターンは、「ああフカヒレの話ね」という展開になることだ。フカヒレは、たしかに中華料理でお馴染《なじ》みの高級食材だが、サメで食用に供されるのはヒレだけで、それ以外のところは捨てていると思っている人が多いようだ。

ところがどっこい、事実はそうではない。サメにはヒレだけでなく肉も美味しく食べられるものもあるし、実際そうしたサメ肉は食材として流通している。日本人ならどこかでサメ肉を食べていてもおかしくない。

海に囲まれた日本では、人とサメとの関わり合いには長い歴史があり、日本各地にサメ料理がある。山陰地方《さんいんちほう》で「ワニ」といえばサメのことを指し、ワニ料理は中国地方の山間部《さんかんぶ》の郷土料理として知られる。ほかにも東北から北関東、九州地方では、古くから現代までサメ肉を食べる文化がある。

なかでも人とサメとの古くからの関わりを感じさせるのが、青森県のサメ食文化だろう。同県北部の津軽半島《つがるはんとう》の付け根にある三内丸山遺跡では、アブラツノザメ（ツノザメ目ツノザメ科）やホシザメ（メジロザメ目ドチザメ科）の脊椎骨が出土しており、縄文時代からサメ肉を食べていたと考えられている。今もその文化は受《う》け継《つ》がれているようで、青森県には「鮫町《さめまち》」や「鮫《さめ》駅《えき》」という地名や駅があるし、県内各地の漁港でサメが水揚げされている。津軽半島北端《ほくたん》の三厩《みんまや》漁港は、アブラツノザメの延縄漁発祥《はえなわりょうはっしょう》の地として知られる。

アブラツノザメは、鮮度《せんど》がよければ刺身《さしみ》が美味しく、揚《あ》げ物《もの》や煮物《にもの》、酢《す》の物《もの》など調理法も多い。青森県だけではなく、北海道や福島県、栃木県でも好んで食べられているようだ。皮をむくと身が赤みがかっていることから、青森県では縁起物《えんぎもの》の正月料理として好まれているという。茹《ゆ》でたサメ肉を冷まして酢味噌《すみそ》や大根、ねぎなどとあわせた「さめなます」もしくは「さめのすくめ」と呼ばれる酢の物は、青森県や栃木県の郷土料理として知られる。

アブラツノザメが市場に出回る際には、頭を落として皮をむいた状態で出荷《しゅっか》されるため、市場では「ムキザメ（ムキサメ）」の名でも呼ばれる（というよりもむしろ市場では、この名のほうが通りがよいようだ)。また、頭を落として皮をむいた状態が棒のように見えることから、市場で「棒ザメ」とも呼ばれている。さらには、福島県や栃木県などでは「さがんぼ」の名で流通している。その名の由来は、北関東から南東北地方にかけて、氷柱《つらら》のことを「さがんぼ」と呼ぶ地域があり、流通時の形態が氷柱の形に似ているからとする説が有力なようだ。

山陰《さんいん》・山陽地方の山間部や、栃木県は海との直接の接点を持たない。内陸部での動物性たんぱく源として、尿素《にょうそ》が分解してできるアンモニアによって腐敗《ふはい》が進みにくいサメ肉が重宝されたのだろう(いまは冷凍《れいとう》輸送技術が発達していてきちんと処理されたものはアンモニア臭《しゅう》はしない。念のため)。

内陸部の栃木県では、ネズミザメ(ネズミザメ目ネズミザメ科)の切り身が「モロ」として流通している。ネズミザメは「ネズミ」のイメージが敬遠され、「モロ」のほか「モウカ」もしくは「モウカザメ」と呼ばれることも多い。栃木の学校給食では「モロフライ」が提供され、町の定食屋さんには「モロフライ定食」のメニューがある。

サメの漁獲高とフカヒレの生産高が日本一の気仙沼(宮城県)だって負けてはいない。フカヒレに次ぐ新たな食材として、サメ肉を使った料理を開発して全国に流通させるべく、2006年に「気仙沼ふか食普及《ふきゅう》推進会議」が設置され、一般家庭向けのレシピを考案・発信しているほか、学校給食にも採用され始めている。

そう、サメ肉は日本の各地で愛されているローカルフードなのである。

と、ここまで話をしても、「いや、僕《ぼく》は(わたしは)サメ料理なんて食べたことないし」という答えが返ってくることがあるのだが、そんな人でも知らないうちに口にしているかもしれないサメ肉がある。かまぼこやちくわ、はんぺんなどの魚介《ぎょかい》のすり身、もしくは練りものだ。

今では白身のグチやスケトウダラが使われることが多くなったが、サメ肉はかつて、魚介のすり身の主役級であった。ちくわはサメと関わりの深い気仙沼が発祥の地ともいわれる。驚きなのは、かつて東京・築地《つきじ》市場の周辺にはかまぼこ屋が軒《のき》を連ね、毎日大量のサメが運《はこ》び込《こ》まれていたという話だろう。このことは後ほど詳《くわ》しく触《ふ》れる（318ページのコラム参照）。

海外でも、サメ肉の需要《じゅよう》は高い。たとえば、イスラム教国のアラブ首長国連邦《しゅちょうこくれんぽう》（UAE）の魚市場では、わたしが取材に訪《おとず》れたとき、驚くほど多くのサメが売られていたし、インド沖合《おきあい》の島国スリランカでは、サメ肉を使ったカレーが日常食で、訪ねた漁港では多くのサメが水揚げされていた。ちなみに、日本でもサメカレーをいただくことができる。街歩《まちある》きの人気スポット谷中《やなか》・根津《ねづ》・千駄木《せんだぎ》エリアに近い『スパイスバル　コザブロ』では、アオザメのカレーを供《きょう》する。

わたしの話がこのあたりまで進んでようやく、「食べられるサメの種類を教えてください」という前向きな質問が寄せられるようになる。

サメは白身魚で、なかには舌鼓《したつづみ》を打ちたくなるほど美味しいサメもいる。鮮度がよければ、ラブカの刺身なんて最高だし、大型個体のミツクリザメの舌はホタテのように美味しいと言う人もいる。ただしこれらの珍しいサメを食する難点は、食用として流通していないこと。日ごろから親しくしている漁師さんでもいない限り、ふつうの人には手に入れることさえ困難だろう。

ここでは、わたしが実際に食べて美味しかったサメ肉ベスト3を紹介したい。選定基準は独断と偏見《へんけん》になるけど悪《あ》しからず……。食べると、その美味に驚くはず。ぜひお試しあれ。

第1位

アブラツノザメ　刺身も蒲焼きも絶品！

サメのなかでもっとも美味しいのは何かと問われれば、それは間違《まちが》いなくアブラツノザメ（ツノザメ目ツノザメ科）だろう。先に見たように、「アブラザメ」とも「ムキザメ（ムキサメ）」とも「棒ザメ」とも呼ばれ、福島県や栃木県などでは「さがんぼ」の名でも呼ばれる。

アブラツノザメは、第2章142ページで紹介したサガミザメやヘラツノザメと同じツノザメ目の仲間だ。日本では東北以北でしか漁獲されず、北海道や東北地方を中心に食用に供されるだけでなく、皮をむいた「ムキザメ」あるいは「棒ザメ」の状態で北関東地方でも流通している。

このサメを、日本でもっとも好んで食べるのは、おそらく、サメ肉料理が食文化として今も根づいている青森県の人たちだろう。同県で例年漁獲される1500～2000tほどの

アブラツノザメ（写真：あおもり産品情報サイト「青森のうまいものたち」）

サメのうち、ほとんどがアブラツノザメだという。青森市でサメ肉加工業を営む田向《たむかい》商店さんによれば、青森県北部の津軽地方で「サメ」と言えば、アブラツノザメのことを指し、八戸《はちのへ》市を除く青森県南部では、ネズミザメ（モウカ）のことを指すのだそうだ。

食べ方のバリエーションは豊富だ。鮮度がよければ刺身でも美味しいし、蒲焼きにしてもいい。「さめなます」もしくは「さめのすくめ」と呼ばれる酢の物もあるし、煮物も定番だ。栄養たっぷりの卵は、鶏卵《けいらん》と混ぜて卵焼きにすると濃厚《のうこう》な味わいになる。

アブラツノザメの肉にはゼラチン質が多く、煮付《につ》けを冷蔵庫で冷やすと簡単に煮こごりができる。アブラツノザメの煮こごりは青森県民にはごく身近な食べものだったようで、かつては県内の駄菓子屋《だがしや》で売られていた

和名

アブラツノザメ

DATA

17

学名

Squalus suckleyi

英語名

(North)Pacific spiny dogfish / Spotted spiny dogfish

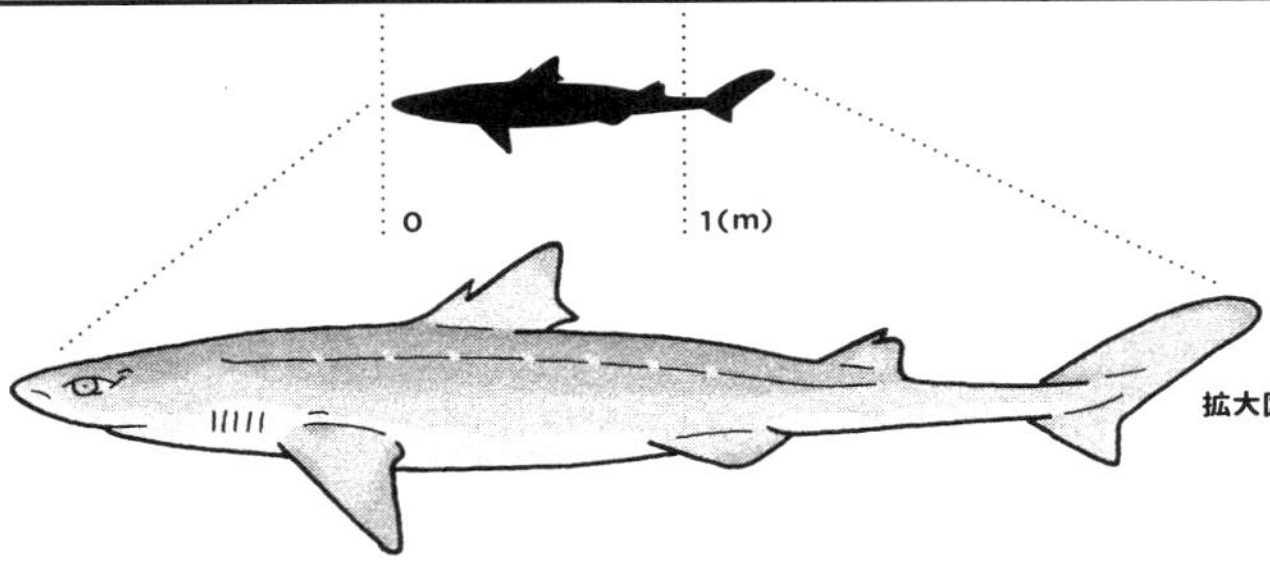

分類

ツノザメ目
ツノザメ科

全長

20 ～ 35cm ほどで生まれ、70 ～ 90cm ほどで成熟する。
記録されている最大サイズは 1.3m

分布

北太平洋・北大西洋沿岸の冷水域。日本ではオホーツク海、太平洋側は千葉県以北、日本海側は山陰地方《さんいんちほう》以北に分布する。なかでも東北・北海道に多い

生息域

主に水深 200m 前後の大陸棚《たいりくだな》や大陸斜面《しゃめん》に生息する。外洋では主に表層（水深 0 ～ 200m 程度）を泳ぐ。
水深 1200m 付近にまで潜行《せんこう》することもある

形態の特徴

尻《しり》ビレを欠き、背ビレに棘《きょく》がある、背中に白い斑点《はんてん》がある

行動・生態など

日本では昔から食用にされており、日本人にとって馴染《なじ》みが深いサメのひとつだろう。
群れで回遊する。性成熟が遅《おそ》く、10 年ほど要する。
●食べもの：小魚、オキアミ類、イカ、タラなど。
●繁殖《はんしょく》方法：子ザメを産む「胎生《たいせい》（卵黄依存型《らんおういそんがた》）」。一度に 2 ～ 12 尾《び》を出産する

アブラツノザメの蒲焼《かばや》き（写真：あおもり産品情報サイト「青森のうまいものたち」）

記録もあるようだ。

内陸部の栃木県でも、アブラツノザメは馴染《なじ》みの食材だ。「ムキザメ」とラベルされたアブラツノザメの肉がスーパーでごくふつうに売られている。

このアブラツノザメを好んで食べるのは、日本人だけではない。ヨーロッパ諸国もまた、サメ肉の主要市場であるという。

ドイツではアブラツノザメの仲間の「ハラス（腹須《はらす》、腹の部分）」を燻製《くんせい》にして食べ、イギリスでは、定番B級グルメの「フィッシュアンドチップス」にこのサメ肉が使われることもあるという（サメだけでなく、タラをはじめとする白身魚も一般的に使われている）。

アブラツノザメの仲間は日本だけでなく、ヨーロッパでも幅広《はばひろ》く食されてきた歴史があったのだ。

第2位

ネズミザメ「モロフライ定食」をぜひ

美味しいサメ肉の第2位には、ネズミザメを挙げたい。先に触れたように「ネズミ」のイメージが敬遠され、「モウカ」もしくは「モウカザメ」と呼ばれることも多い。「モウカ」は「マフカ（真のフカ）」が訛《なま》ったという説もあるくらい、ネズミザメは典型的なサメの形をしている。

栃木県では、「モウカ」の切り身が「モロ」の名でごくふつうに売られている。フライは「モロフライ」あるいは「モウカフライ」の名で学校給食でも提供されているようだ。わたしも栃木を訪れたときに「モロフライ定食」をいただいた。ふわふわの食感で、極上の白身魚のフライ！　これがサメ肉だと見《み》抜《ぬ》ける人は少ないだろう。

ネズミザメの心臓の刺身《さしみ》（モウカの星）。
わたしはごま油と塩で食べるのが好きだ

新潟県上越市《にいがたけんじょうえつし》には、興味深い習慣もある。年《とし》の瀬《せ》に1mほどの「モウカ」を1尾《び》まるごと買ってきて、屋外の雪の天然冷凍《れいとう》庫《こ》で保管する。そして年明けに、お雑煮《ぞうに》の具材として使うのだという。上越の新年は

DATA

18

和名

ネズミザメ

学名

Lamna ditropis

英語名

Salmon shark

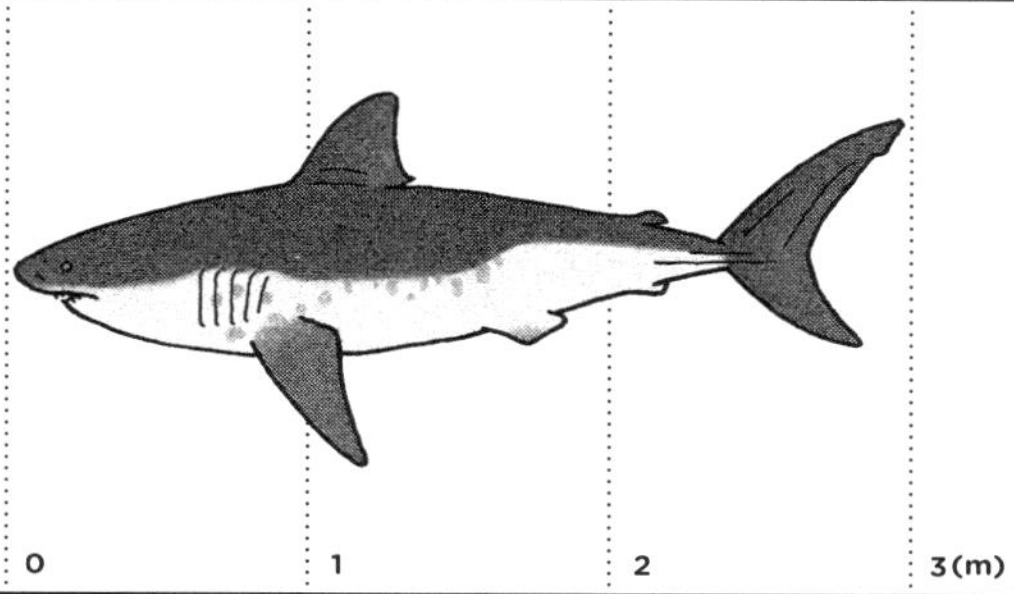

分類

ネズミザメ目
ネズミザメ科

全長

65～80cm ほどで生まれ、2.0m 前後で成熟する。
最大で 3.0m を超《こ》える個体が確認《かくにん》されている

分布

北太平洋の冷水域(アラスカ湾《わん》やベーリング海など)に分布。西部にオスが、東部にメスが多く生息する。日本では関東以北の太平洋や日本海に分布

生息域

主に沖合《おきあい》から外洋の表層(水深 0～200m 程度)に生息する。ときにそれより深く潜行《せんこう》し、水深 400m 近くでも確認されたことがある

形態の特徴

体は太く、体色は濃《こ》いグレー。体側に斑点《はんてん》があり、歯の両側に突起《とっき》がある。尾《お》ビレの付け根に顕著《けんちょ》なキール(隆起線《りゅうきせん》)があり、そのすぐ下にもキールがある。同じネズミザメ科のホホジロザメと似ているが、ホホジロザメのキールはひとつしかなく、それで区別できる。吻端《ふんたん》には頭突《ずつ》きするためのものと思われる丸い骨がある

行動・生態など

成熟度や性別により 30～40 尾《び》くらいの群れをつくり、季節回遊をする。ホホジロザメと同じように、水温より体温を高く保つことができ、冷水域でも泳ぎ回ることができる。

◆食べもの：サケ・マス・ニシンなどの魚類やイカなど。サケを好むのが英語名の由来。

◆繁殖《はんしょく》方法：子ザメを産む「胎生《たいせい》(母体依存型《いそんがた》・卵食《らんしょく》)」。一度に２～５尾を産む

これがモロフライの定食（栃木市《とちぎし》の「なすび食堂」にて）

サメとともにはじまるのである。年の瀬の上越がサメで沸《わ》き立《た》つ様子は、後ほどルポしたい。

きわめつきは、「モウカの星」というロマンチックな名前の料理だ。ネズミザメの心臓を、獲《と》れたその日のうちに血抜《ちぬ》きして、生のまま酢味噌かごま油と塩でいただくものだ。「シャー吉《きち》くん」こと石澤燈太《いしざわとうた》くんが食べたのも、この「モウカの星」だ（266ページ参照）。牛のレバ刺《さ》しのような味わいだ。

第3位

ホコサキ
ドバイのフィッシュスークで舌鼓

ホコサキ（メジロザメ目メジロザメ科）は、その名のとおり、矛《ほこ》のように鼻先（吻《ふん》）が長いサメだ。成熟しても1m前後と、小ぶりでかわいいサメだ。

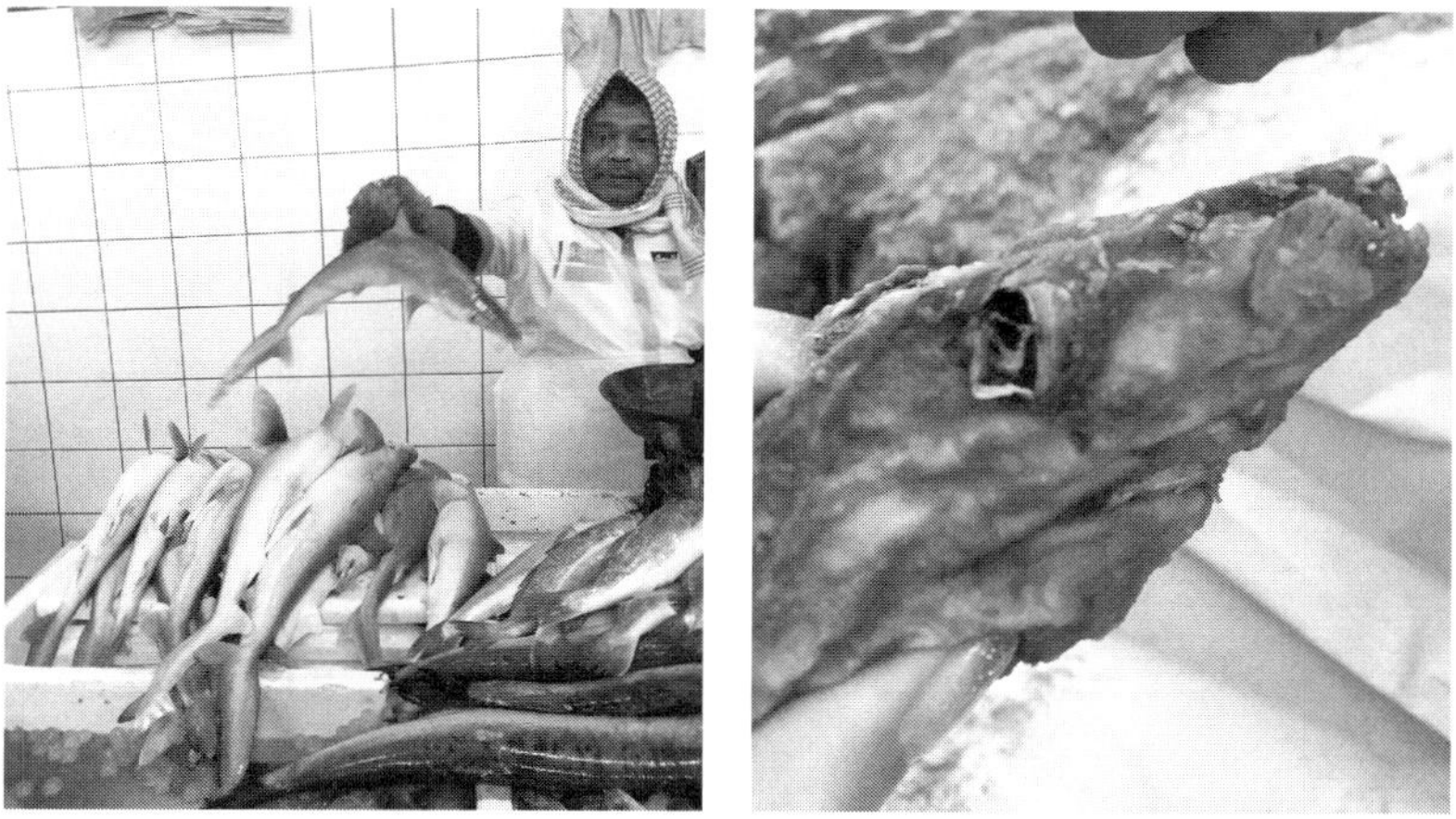

ドバイのフィッシュスークで売られていたホコサキとそのフライ

このホコサキ、残念ながらまず日本では手に入らない。わたしがどこで食べたかというと、アラブ首長国連邦（UAE）のドバイでだ。供されたのは、頭から尻尾《しっぽ》まで1尾をぶつ切りにしたものを揚《あ》げただけ。そのあまりに豪快《ごうかい》な調理法にまず驚かされた。とはいえ、「豪快」は「粗雑《そざつ》」と言《い》い換《か》えることもできる。

味はまったく期待していなかったが、大きく口を開けてかぶりつくとふんわりとした食感に思わず舌鼓を打った。

このときの印象が、強烈《きょうれつ》に脳裏《のうり》に焼きついているのだが、それは、ホコサキを食べた環境《かんきょう》の異常さとも関係しているのかもしれない。というのも、このときさんざんな目に遭《あ》ったからだ。

ドバイと言えば、金ピカの超豪華《ちょうごうか》ホテル

和名

ホコサキ

DATA

19

学名	英語名
Carcharhinus macloti	Hardnose shark

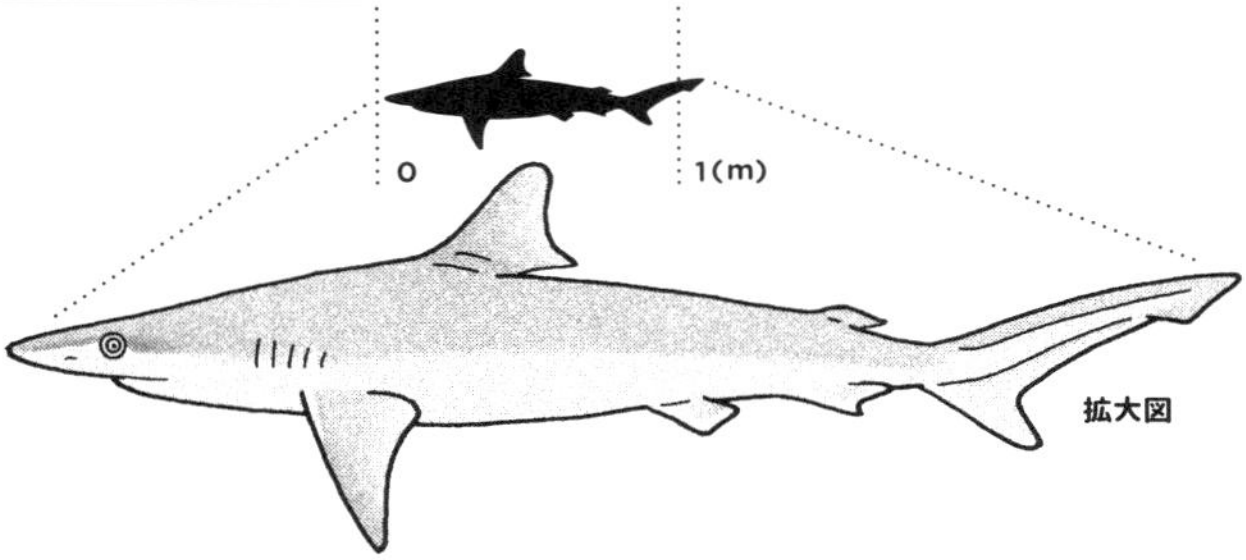

分類	全長
メジロザメ目 メジロザメ科	出生サイズは 50cm ほど、70 ～ 90cm ぐらいで成熟する。 記録されている最大サイズは 1.1m

分布	生息域
西太平洋・インド洋に分布	表層（水深０～ 200m 程度）に生息

形態の特徴

スレンダーで小型。吻《ふん》(鼻先)はやや長く尖《とが》る。吻が硬《かた》く、鋭《するど》く伸《の》びていることから、ホコサキの名前がつけられたようだ。英語名も「Hardnose shark(硬い鼻先のサメ)」である。眼《め》が丸く大きく、真下からでも顕著《けんちょ》に見える。第２背ビレの後端《こうたん》が長い。体色はグレーブラウン

行動・生態など

詳細《しょうさい》不明。

●食べもの：小魚、甲殻類《こうかくるい》など。

●繁殖《はんしょく》方法：子ザメを産む「胎生《たいせい》(母体依存型《いそんがた》・胎盤《たいばん》)」。２年に一度、１～２尾《び》を産む

がすぐに目に浮《う》かぶが、わたしがホコサキを食べたのは、現地の人たちが魚を買いに来る、日本で言えば築地のようなところ。ドバイのデイラ地区にあった「フィッシュスーク(魚市場)」だ。

アラブの「サメの現場」を見ようとフィッシュスークを訪ねると、サメやエイが次から次へと、海で泳いでいる姿のまま搬入《はんにゅう》されてくるのに驚いた。隣国《りんごく》オマーンから輸入したというオオメジロザメなどの大型種のサメや、エイなのにサメと名づけられたサカタザメの仲間、そしてホコサキのような小型メジロザメ類が何種類かいた。

だが、驚きはそれだけではない。公《おおやけ》の場で男女の接触《せっしょく》を禁じるイスラム教のかの地で、わたしは出稼《でかせ》ぎに来ているパキスタン人労働者たち30人ほどに取り囲まれ、あわや身の危険を感じる目に遭った(何とか難は逃《のが》れました)。パキスタンはUAEやオマーンとアラビア海を挟《はさ》んだ斜向《はすむ》かいにあり、やはりイスラム教国だが、彼《かれ》らは過剰《かじょう》なまでに男女の接触を求めてきた。

そのうち2人が、なかば押《お》し売《う》りのようにサメ肉を食べてみないかと執拗《しつよう》に勧《すす》めてくる。根負けして買ったのが、1尾まるごとのホコサキだ。買った魚をレストランに持っていくと捌《さば》いて調理してくれるのがフィッシュスークの仕組みで、英語が通じず不安を感じて待たされること1時間。お店の名前がグリル&シャークレストランという名前だったので、サメの料理方法に期待したのだが、出てきたのは、料理と呼ぶのもはばかられる単なるぶつ切りのフライだった。つたない調理が容易に想像され、期待ゼロで口にしてみたら……。その味わいに思わず感激。異国の地での異様な状況《じょうきょう》が、ホコサキのフライを美味しくしてくれたのかもしれない。

サメレポ

SHARK REPORT

ゆく年くる年を、サメ料理とともに過ごす

新潟県上越市

サメ肉消費「日本一の町」へ

２０１６年の暮れ、わたしは上越妙高駅《じょうえつみょうこうえき》に降り立った。

新潟県上越市は日本海に面している町で、人口20万人弱。冬の新潟といえば雪が背丈ほどに降り積もると勘違《かんちが》いしていたわたしは、それに備えて自宅にある分厚い服をありったけ重ねて着込《きこ》んでいた。それなのに……。新幹線を降りて駅の外に出てみると、雪はどこにも見当たらなかった。

その光景は、わたしを深く落胆《らくたん》させた。事前情報で、上越市では年越《としこ》しのご馳走《ちそう》をつくるため、年末になると雪の中に食材であるサメを保管する習慣があると聞いていた。それをこの目で見てみたかったのだが、雪がなければその願いが叶《かな》うはずもない……。

沈《しず》みかけたわたしの気持ちは、駅に迎えに来てくれた知人のおかげで持ち直した。その人

とは、上越市在住の料理研究家の井部真理《いべまり》さん、市内でその名も「いべまり」というキッチンスタジオも営んでいる。今回の訪問では、上越市に伝わるサメ郷土料理について教わることになっていた。

まず、この日の井部さんの装《よそお》いが、気持ちを明るくしてくれた。何種類ものサメのフィギュアを縫《ぬ》いつけたお手製の赤いベレー帽《ぼう》がひときわ目を引く。遠くから見てもわかるほどのサメ好きだ。

井部さんいわく、ここ最近は、昔に比べて雪が少なくなったとのこと。「温暖化の影響《えいきょう》ですかね？」と彼女《かのじょ》は首を傾《かし》げ、続けて語る。

「上越市は日本一、サメ肉を消費している町だと思うんです」

聞けば、日本でサメ肉を食べる文化のある地域は少なくとも8つあるとのこと。なかでも上越市は、群を抜いて消費量が多いのだとか。

スーパーにサメ、サメ、サメ

地元の大手スーパー「ナルス南高田店」を訪れたのは、お昼ごろだった。上越市内でもとくにサメを消費するのがこの地域だと、井部真理さんから情報を得ていた。

スーパーの入り口の自動ドアを入り、奥《おく》の鮮魚《せんぎょ》コーナーへ向かうと、なんと一画がすべてサメ肉のコーナーだった。

陳列《ちんれつ》されているのは「モウカ（ネズミザメ、300ページ参照）」の切り身や皮がほとんどで、刺身用サメ肉もあった。おまけに、10kg以上はありそうなサメのお頭《かしら》も、陳列棚《ちんれつだな》の真ん中に配置され、圧倒的《あっとうてき》な存在感を放っている。ほかには、「ムキサメ」と呼ばれる「アブラツノザメ」のサメ肉のトレイもあった。見たところ、この2種類のサメ肉が扱《あつか》われているようだ。

町中にあるスーパーで、こんなにサメが多く並べられた陳列棚をはじめて見たが、驚いたのはそれだけではない。目の前で、サメ肉が飛ぶように売れていくのだ。スーパーのスタッフも慌《あわ》ただしく、サメ肉を載せたトレイをどんどん補充《ほじゅう》していく。世の中で邪険《じゃけん》に扱われがちなサメ肉が、ここでは市民権を得ていることは間違いなさそうだ。井部真理さんの「サメ肉消費日本一」コメントは、かなり信《しん》憑性《ぴょうせい》が高いのではないだろうか。

上越市《じょうえつし》のスーパーにずらりと並ぶ
サメ肉の切り身（モウカザメ）

サメ肉を買い求める人たちのなかでも、ひときわ印象的だった年配の男性がいる。サメ肉やサメの皮が載ったトレイを溢《あふ》れんばかりにカゴに入れ、レジへ向かうも、再びサメ肉

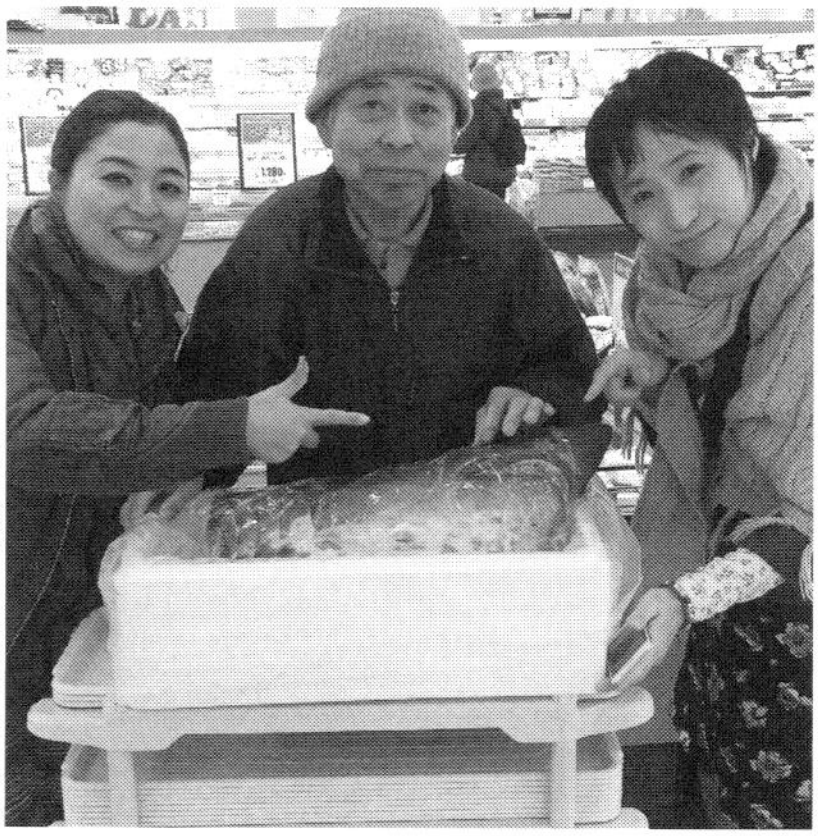

モウカザメのお頭《かしら》を囲んで。山中一男《やまなかかずお》さん（中央）はこれをお正月料理に使うとのこと。右が井部真理《いべまり》さん

のコーナーに戻《もど》ってきた。そして、売り場のスタッフに声をかける。

「このサメのお頭はいくらですか？」

「９８００円ですね」

え？　これ、売りものだったんですか⁉

そのことに驚かされたのもつかの間、その男性は一呼吸置いてこう返答する。

「じゃあ、それをいただきますね」

サメのお頭を、まるごと買って帰る人がいるなんて……。上越恐《おそ》るべしである。

好奇心《こうきしん》を抑えきれなくなったわたしは、男性に話しかける。

——サメのお頭を、どうやって料理するのですか？

——子どものころからサメを食べているのですか？

わたしの畳《たた》み掛《か》けるような質問に、その男性、山中一男《やまなかかずお》さん（69歳《さい》）は優《やさ》しく取材に応じてくれた。その山中さんのお答えは、のちほど。

上越市のスーパーにずらりと並ぶモウカザメの多くは、宮城県気仙沼市から運ばれてくる

という。毎年、12月26日に気仙沼で水揚げされたサメが陸送され、翌27日の早朝に、地方卸売《おろしうり》市場の「上越魚市場」（株式会社一印《いちじるし》上越魚市場）で競《せ》りにかけられる。

わたしは早朝4時に起床《きしょう》し、上越魚市場へ向かった。競りを見学するためだ。市場に着くと、すでにサメが届いていた。市場内の氷が敷《し》き詰《つ》められた打ちっ放しコンクリートの上には、ぶつ切りにして番号と重さが書かれたサメのブロックが、床《ゆか》一面に整然と並んでいた。

この日、競りにかけられたサメは三十数尾。そのうち29尾のモウカザメは、気仙沼産だ。そのほかに、佐渡《さど》の定置網《ていちあみ》で漁獲されたという1尾のモウカザメと、数尾のアブラツノザメが混じっていた。

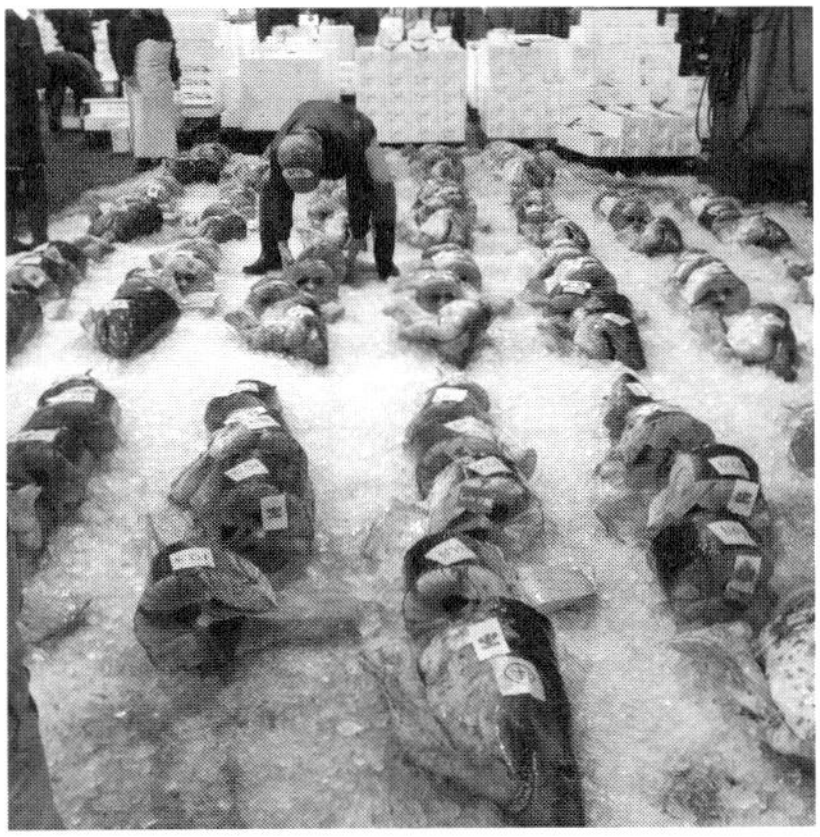

年末の魚市場ではモウカザメの肉が
ふだんの４倍近い値段で取り引きされる

わたしたちが着いたころにはすでに仕入れ業者が市場に集まり、サメの品定めをしていた。7時の鐘《かね》の合図で競りがはじまると、市場内はいっきに活気づいた。サメ肉ひとつひとつに、業者の競りの声が上がる。もっとも高値をつけた業者が購入権《こうにゅうけん》を得る仕組みで、売買が成立すると、売り手が業者名を記した紙をテンポよくサメ肉に貼《は》りつけていく

（金額は書かれていない）。この紙が購入権を得た証《あかし》となるのだ。

サメはいくらくらいで売れていくのだろう。競りの金額が気になって、わたしは耳をそばだてた。サメの取引金額は高いもので1kgあたり2000円ほどであった。

上越魚市場の2016年販売実績によれば、モウカザメは1kgあたり平均525円だ。漁獲物は鮮度の良《よ》し悪《あ》しで金額が変動するのが常とはいえ、その金額と比較して4倍近い値がついたのは、年の瀬にサメの需要が増えるからだろう。年始に向けてマグロやブリの値段が高騰《こうとう》するのは珍《めずら》しくないが、サメ肉をここまで高値で取り引きする現場を見たのははじめてだった。

サメがなければ年を越《こ》せない

さて、スーパーでモウカザメの頭部を購入した山中さんの話である。

なんでも、サメの「お頭」は歯以外にほとんど捨てるところがないから、丸ごと全部食べるのだそうだ。皮やエラの部分を使って煮こごりをつくる。それが大晦日《おおみそか》の食卓《しょくたく》に並ぶご馳走のひとつになるのだが、これだけ大きい頭だと、煮こごりの量は大きなバットで6つ分にもなる。ひとりでは食べきれないから、お正月に近所の方に配るとのこと。

山中さんは、子どものころから年末年始は決まってサメを食べていたと語る。

「母も毎年、煮こごりをつくっていました」

大晦日とお正月に食べるサメ料理は、思い出の「おふくろの味」なのだ。

話を聞いていて、ひとつ疑問を持った。サメの煮こごりといえば、サメの皮でつくるのが一般的だ。サメの頭でなければならない必要性がわからなかったわたしは、その理由を尋《たず》ねてみた。

「体の部分の皮よりも、頭の皮を使ったほうが弾力のある煮こごりになります。それに、エラにはストロー状の軟骨《なんこつ》があるので、それを皮と一緒に煮ると、食感が軟らかくなっていっそう美味しくなるんですよ」

わたしは山中さんに、エラを使った煮こごりのつくり方を詳しく教えてもらった。

といっても、ふつうに煮こごりをつくるのと大差はない。まず、お頭からエラを取り出し、血をしっかり洗い流してエラをぶつ切りにする。そして、ストロー状の軟骨を細かく切って一緒に煮ればいい。

煮こごりのレシピは、井部真理さん直伝のものを参考にしてほしい（レシピは316ページ）。

年の瀬の上越サメ料理探訪の旅でいちばん印象的だったのは、出会った人々が口を揃《そろ》えて語った次の言葉だ。

「サメがなければ年を越せない」

ただ、いまの若い人がサメを好んで食べているかというと必ずしもそうではないようだ。

上越魚市場の調査によれば、サメ肉の販売量は確実に減少傾向《けいこう》にあるとのこと。2016年の販売数量はモウカザメ（ネズミザメ）2万5351kg、棒ザメ（アブラツノザメ）1万1824kg。2015年と比較するとモウカザメが2400kg減、棒ザメが4500kg減だそうだ。この数字は、2015年販売実績の、それぞれ約10％と約30％に相当するという。上越市のお正月の食卓から、サメ肉がだんだんと姿を消しているのがその原因のようだ。

上越のサメ肉を愛する井部真理さんは、この状況にただ手をこまねいているわけではない。4年ほど前、若者層をターゲットに「サメバーガー」をプロデュースし、期間限定ではあるが販売を試みた。

「昔からサメ肉を食べる文化があり、今でもサメがこれだけスーパーに並ぶのは上越市しかないと思うんです。地元の人々はサメが身近すぎて、貴重な郷土の食文化だという認識《にんしき》があまりありません。その現状を変えていきたいと思っています」

サメバーガーとは、衣《ころも》をつけて揚げたサメカツとレタスなどの野菜にソースをかけて、ハンバーガーのようにバンズに挟んだもの。上越市内では数店舗《すうてんぽ》でサメバーガーを味わえるのだが、各店でバンズや野菜、ソースにこだわりがありおもしろい。上越を訪れた際にはお店をはしごすることをオススメする。

井部さんは、スーパーでのサメ肉販売コーナーをプロデュースするなど、サメ食文化の継《けい》承《しょう》と上越市の町興《まちおこ》しに奮闘中《ふんとうちゅう》だ。

今回の旅で残念だったことがひとつある。それはやはり、雪の中にサメ肉を保管する光景をこの目で見られなかったことだ。だが、市民数人にヒアリングしたところ、雪が多かったひと昔前までは、年末に仕入れたサメを、庭に積もった雪の中で保管していたという。

その光景は、おおよそ次のとおりだ。

多いときには家の2階くらいまで雪が積もる。1階の窓や戸を開けると、すぐそこには雪が迫る。その雪を窓枠《まどわく》にあわせて四角くかきとると、使い勝手のいい天然冷凍庫の出来上がりだ。そこに、お正月料理に使うためのサメを保管しておいたのだとか。

次に上越を訪ねるときは、雪の中にサメを保管する珍しい光景をぜひ見てみたいものだ。

上越市の正月サメ料理、レシピ公開！

つくり方

1．サメ肉を一口大の角切りに、大根をいちょう切り、焼き豆腐をさいの目切りにする。
2．鍋に☆の調味料と①で切った大根を入れて火にかける。沸騰したら①で切ったサメ肉と焼き豆腐、ぜんまい水煮、つきこんにゃくを加えて弱火で煮る。
3．大根に火が通ったら、だし昆布を取り出し、砂糖と醤油で味付けして火を止める。
4．お椀に焼いた餅を入れて③の汁をかける。茹でた青菜を添える。

つくり方

1．レンコンは約1cm幅の輪切り、ニンジンと長芋、ゴボウは棒切り、しょうがは千切りにしておく。
2．広い鍋に、①で切ったレンコンを並べ、その上にサメ切り身を並べる。
3．残りの野菜と☆の調味料を加え、落としブタをして中火にかける。沸騰してきたら弱火にしてフタをし、約20分煮て火を止める。
4．煮汁を冷まして具材に味を染みこませる。
5．盛りつけ前にもう一度火を入れて温める。

つくり方

1．鍋に湯を沸かし、サメの皮を入れたらすぐに火を止め、フタをしたまま冷ます。
2．サメ切り身を茹でて身をほぐす。
3．しょうがをすりおろして汁を搾る。
4．①とは別の鍋に☆の調味料を入れて煮立てる。醤油と砂糖で味を調えて火を止める。
5．①の鍋の湯が、手を入れられるぐらいまで冷めたら、湯の中で、サメの皮を撫でるようにして表面のざらつきを落とす。
6．⑤のサメの皮を洗って短冊切りにして④の鍋に加える。中火にかけて煮立ってきたら弱火にし、ふつふつさせたまま30分煮る。
7．⑥に、③のしょうが汁を加え強火でさっと煮立てて火を止め昆布を取り出す。②のほぐしたサメ肉も加え容器に移して冷やす。
8．固まったら切り分けて出来上がり。

＊煮こごりはアブラツノザメ、お雑煮とお平はアブラツノザメもしくはネズミザメ
（提供：料理研究家・井部真理）

サメのお雑煮

材料

【４～５人前】

・サメ肉……………約250g
・大根………………1/4本（250g）
・ぜんまい水煮……100g
・つきこんにゃく…１袋（150g）
・焼き豆腐…………半丁（100g）
☆水…………………800cc
☆酒……………50cc
☆だし昆布……約10cm角
☆塩……………ひとつまみ
・砂糖…………大さじ１
・醤油…………50cc
・青菜…………適量
（茹でておく）
・餅……………お好み

サメのお平《ひら》（煮物）

材料

【大皿１枚分】

・サメ切り身………８切れ
・レンコン
中くらいのもの…１節（250g）
・ニンジン
中くらいのもの…１本（150g）
・長芋……………約15cm（300g）
・ゴボウ………１本（150g）
・しょうが……２かけ（30g）
☆だし昆布……約３cm角×４
☆水……………600cc
☆酒……………100cc
☆醤油…………50cc
☆砂糖…………大さじ２

サメの煮こごり

材料

【約15cm角分】

・サメの皮………300g
・サメ切り身……２切れ
・しょうが………１かけ（15g）
☆水………………３カップ
☆酒………………1/2カップ
☆だし昆布………約10cm角
☆塩……………小さじ1/2
・醤油…………1/4カップ
・砂糖…………大さじ２
（冷やし固める容器を用意）

ちょっと
フカ掘り
サメ講座
No.11

かつて築地は、マグロよりもサメで賑《にぎ》わっていた

巨大なウバザメが運び込まれると

築地市場はかつて、サメの卸《おろし》売りで賑わっていた――。

そんな驚きの証言をしてくれたのは、築地で3代続けてフカヒレやサメの軟骨の加工業（輸出向特殊《とくしゅ》水産川田商店）を営んできた川田晃一《かわだこういち》さんだ。

川田さんは1937（昭和12）年に生まれ、17歳（1954年）から50歳（1987年）で店を畳《たた》むまで、33年間サメに関わってきた。築地で最後のサメ加工業者にして、築地界隈《かいわい》では名の知れたサメのエキスパートである。

「サメを何尾扱ったか、覚えていない」

そう笑顔《えがお》で語る川田さんは、ヨシキリザメなら1分ほど、アオザメなら3分〜5分ほどで下ろすことができたという。当時は毎月22日のみが築地の公休日で、それ以外は毎日、朝8時から夕方6時までサメを捌いていた。

川田さんの記憶《きおく》では、運ばれてくるサメのうち、7割〜8割ほどがヨシキリザメだった。1時間でざっと40尾ほどのサメを捌くとして、10時間働けば1日で捌くサメの数は400尾だ。年間稼働日《かどうび》を350日とすると、1年で14万尾にもなる。それを33年続ければ、462万尾

昭和41年8月午前7時ごろの築地《つきじ》市場の風景（写真提供：川田晃一《かわだこういち》）

だ。稼働率を半分と見込んでも、231万尾。とてつもない数のサメを捌いてきたことが想像できる。

「サメの全盛期《ぜんせいき》は昭和30～40年ごろだったかな。築地市場はどこもかしこもサメだったな」

川田さんによれば、昭和40年前までは木造の小型船が入港してきて、多くのサメが水揚げされていた。これらの船が係留するのは、隅田川《すみだがわ》沿いにあった「桟橋《さんばし》」。そこでサメを捌くこともしばしばあったと川田さんは振《ふ》り返《かえ》る。

かまぼこ、はんぺんの老舗《しにせ》「日本橋《にほんばし》 神茂《かんも》」さんによれば、東京・日本橋には、かつて魚河岸《うおがし》があり、関東大震災で焼失し築地に移るまでの300年あまり、江戸（東京）の台所として賑わっていた。江戸時代、フカヒレは幕府の重要な輸出品で、そのヒレを取った残りのサメを利用して、はんぺんをつくっていたという。築地に移ったあとも、市場の周辺に、かまぼこ屋

切り取った尾《お》ビレを前に家族や仲間と
思い出の一枚

が軒《のき》を連ねていた。

２０１７年時点で、築地市場でサメは取り引きされているものの、けっして主要な流通品ではない。しかし、サメの取引がマグロ以上に盛《さか》んだった時期もあったのだ。

サメの肝臓からとれる油（肝油）は、工業用の潤滑油や化粧品などに利用され、ヒレはフカヒレとして加工され、皮は皮革製品や木工用のやすりやわさびおろしに、肉は生肉や干し肉として人間の食用に供された。ウバザメのような巨大なサメが市場に運び込まれると、市場は物《もの》珍《めずら》しそうに見に来た人たちで賑わいをみせたという。

「わたしが築地でウバザメを見たのは3～4回ほど。先代や先々代の話では、昔は大きなウバザメが市場に運び込まれていたらしい。今では築地市場への輸送はトラックが担《にな》っているが、かつては貨車に積まれて運ばれてきた。わたしたち業者は、ウバザメの子どものことを『水天《みずてん》狗《ぐ》』と呼ぶこともあった。子どものウバザメは天狗の鼻のように吻《ふん》が長くてね。そうそう、作業中にちょっとかがむと、大きなウバザメの体の陰《かげ》に入ってしまい、人ひとり、まったくほかの人から見えなくなる。そのくらいウバザメは巨大だったよ」

ウバザメは11mにも達するものがある。

それほど巨大なサメが、築地市場を賑わわせていた時代があったのである。

サメレポ

サメ水揚げ日本一の街でヨシキリザメを堪能《たんのう》する

宮城県気仙沼市

サメ肉の誤解

「サメを食べたことがありますか？」

そう質問すると必ずといっていいほど返ってくるのは、「サメってアンモニア臭《くさ》いんでしょ？」という逆質問である。そう聞き返す前に、数あるサメ料理のどれかひとつでも食べてみてほしい。ふわふわの白身魚で美味しいのに……と思うのだが、先入観を突《つ》き崩《くず》すのは簡単ではない。

実際わたしは、生きているサメからあまりにおいを感じたことがない。サメも切り身にすれば多少の生臭《なまぐさ》さはあるが、ほかの魚のそれと大差はない。海の生きもの共通の生臭さといえるだろう。それなのに、サメだけ特別に臭い印象を持たれているのはなぜなのだろうか。

サメ肉は本当にアンモニア臭いのか——？

和名

ヨシキリザメ

DATA

20

学名	英語名
Prionace glauca	Blue shark

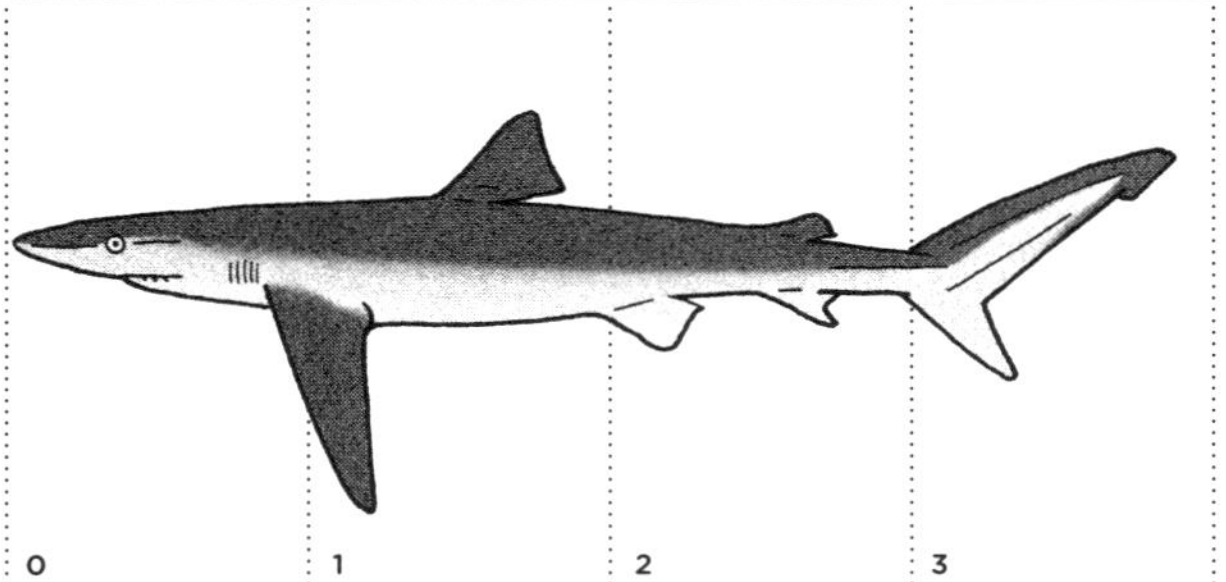

分類

メジロザメ目

メジロザメ科

全長

40cm 前後で生まれ、1.5 ～ 1.6m ほどで成熟。

記録されている最大サイズは 3.8m ほど

分布

世界中の熱帯域から

温帯域

生息域

主に外洋の表層(水深 0 ～ 200m 程度)に生息する。ときに沿岸や沖合《おきあい》にも進入する。また、水深 350m ほどまで潜《もぐ》ることも。水深 1000m 付近で確認《かくにん》されたこともある

形態の特徴

スリムな流線型ボディ。大きい眼《め》と細長く尖《とが》った吻《ふん》、大きな胸《むな》ビレを持つ。尾《お》ビレの上の部分が下よりずっと長い。体色は背面がコバルトブルー、腹側は白い。海中を泳いでいるときはコバルトブルーだが、漁船に揚《あ》げるとダークブルー、水揚げされて時間が経過するとスカイグレーと３色に変化する。

行動・生態など

体はしなやかでやわらかく、尾ビレで力強く水を搔《か》いて泳ぐ。成長や季節により南北に大きく回遊する。そのしなやかさゆえ、尾ビレをつかんだ人に噛《か》みつくことができるので、触《さわ》るときは注意が必要。●食べもの：イカ、外洋性の魚類、小型のサメ、海鳥など。●繁殖《はんしょく》方法：子ザメを産む「胎生《たいせい》(母体依存型《いそんがた》・胎盤《たいばん》)」。ふつうは 15 ～ 30 尾《び》を産む。最大 135 尾の胎仔《たいし》を妊娠《にんしん》していた個体の記録がある。サメのなかでも交尾《こうび》がとくに激《はげ》しいことで知られ、成熟したメスには体にオスに噛まれた歯型がついていることが多い

わたしはそれを検証してみようと思い立ち、２０１４年2月に、サメの水揚げが日本一の宮城県気仙沼を訪れた。

気仙沼市は２０１１年3月11日に発生した東日本大震災《だいしんさい》で大打撃《だいだげき》を受けた。まだまだ完全に復興しているとはいえなかったが、気仙沼漁港も元気に稼働しており、仮設店舗の飲食店の看板には「フカヒレ」の文字があった。

フカヒレのスープが臭くて食べられないという人には出会ったことがない。とすれば、におうのはフカヒレ以外の部分なのだろう。わたしはサメ肉料理専門店を探してみることにした。

しかし、調査をはじめてすぐに衝撃《しょうげき》の事実が判明した。観光案内所や地元の方に聞《き》き込《こ》みをした結果、サメの水揚げ日本一で、「サメ肉」料理の本場と思っていた気仙沼市内に、サメ肉料理専門店は存在しないことがわかったのだ（２０１４年2月時点）。

そこで、専門店を探すのは諦《あきら》め、一品でもサメ肉の料理がメニューにある飲食店を探してみることにした。市内に４２２軒《けん》ある飲食店のうち（２０１４年1月時点のｉタウンページ登録飲食店）、ランダムに選んだ43軒において、サメ肉の料理の有無《うむ》について聞き込み調査を行った。そのうちサメ料理を供する気仙沼市内の飲食店は5軒見つかった。また、サメ肉料理をかつて提供していたが、いまはないという飲食店は4軒あった。それぞれの店に提供を停止した理由を尋ねてみた。

店舗A……震災後、サメの入荷《にゅうか》が不安定になったため
店舗B……メニューをつくったものの、売れなかった
店舗C……ニーズがなかった
店舗D……30年も前のことで覚えていない

ここで注目したいのは、実際にサメ肉料理を提供した経験のあるお店において、サメ肉が臭いという理由で提供を停止した飲食店がないということだ。やはり、サメは臭くないのでは、という気持ちが強くなってきた。

サメ料理がある5軒中4軒の店では、通常メニューとしての扱いではなく、事前予約が必《ひっ》須《す》だという。今回は、そのうちの1軒にお願いをして、特別創作メニューとしてヨシキリザメの肉を使った料理をつくってもらった。

ヨシキリザメはフカヒレの流通量が多い。かつては肉も練り製品に使用されていたが、気仙沼市内のかまぼこ屋に聞き取り調査を行ったところ、今ではもうかまぼこには使われていないという。肉質を見た限りではたいへん水っぽく、正直なところ味を期待してはいなかった。

わたし自身、初体験となるヨシキリザメの肉の味。今回は2品つくってもらった。

ヨシキリザメのハーモニカの煮付《につ》け

真ん中の白身の魚がヨシキリザメ

まず出てきたのは「ヨシキリザメのしゃぶしゃぶ」だ。見た目は白く透《す》き通《とお》っていて、非常に美しい。においはいかほどかと思いながら、箸に取ったひと切れをしゃぶしゃぶ鍋《なべ》の中に入れ、ポン酢《ず》をつけてから口に含む。

驚いたことに、まるでフグの「てっちり」を思わせる高級感が口の中に広がった。透明《とうめい》感《かん》のある上品な白身魚の味だ。

続いて、「ヨシキリザメのハーモニカの煮付け」をいただく。

気仙沼の地元グルメに、メカジキのハーモニカという料理がある。ハーモニカとは、背ビレの付け根部分のこと。それをヒントにサメで創作してくれたのだそうだ。

大きな白身の煮付けに箸を入れると、肉質はプルプルしていた。軟骨の繊維までしゃぶりつきたくなるほど、甘《あま》からいしょうゆ味も絶妙。この絶品グルメ、残念なことに1尾の魚にひとつしかない部位なので全国流通は難しいそうだ。

わたしがはじめて口にしたヨシキリザメのお肉は、いずれもまったくにおいがないどころか、美味しい料理ばかりだった。冷凍方法やそのほか処理をきちんとされたサメ肉であれば「サメが臭い」も「サメが怖《こわ》い」と同じく〝都市伝説〟なのではないだろうか。

ヨシキリザメの鮮度を保つマイナス7〜8℃

わたしはそれを確かめるために、サメを獲って50年のベテラン漁師、気仙沼漁撈《ぎょろう》通信協会会長の吉田義弘《よしだよしひろ》さんの自宅を訪ねた。

吉田さんは、ご自慢《じまん》の手料理、とろとろ絶品のフカヒレスープを振《ふ》る舞《ま》いながら、わたしに笑顔で教えてくれた。このフカヒレスープがとろとろなのは、軟骨部分を一晩かけて煮込《にこ》み、コラーゲンがたっぷり溶《と》け出《だ》しているからだという。ふつうのフカヒレスープは、サメのヒレをくつくつ煮るだけだが、この料理法は吉田さんが編み出した技《わざ》で、遠洋航海中にサメが獲れると船上でこの軟骨入りフカヒレスープをつくって食べていたのだとか。しょうがが効いた透明なスープに、サメの軟骨が浮《う》かび、口にするとコリッとした歯ごたえが心地《ここち》よかった。

話を戻そう。ヨシキリザメやメカジキなどの漁獲物は船底にある魚倉《ぎょそう》に入れられ、水揚げ

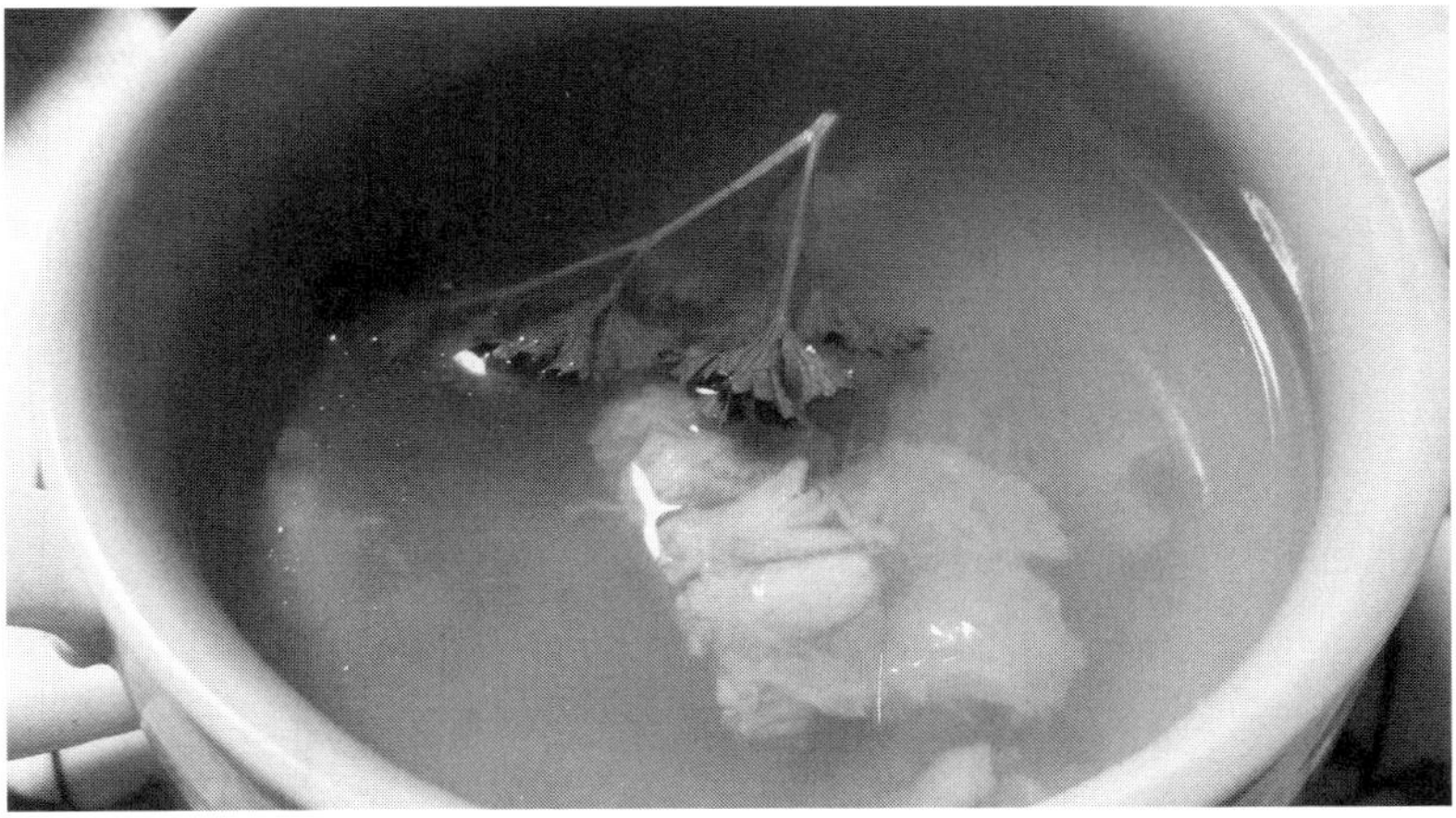

吉田《よしだ》さんご自慢《じまん》の手料理「ヨシキリザメの軟骨《なんこつ》入りフカヒレスープ」

する港まで運ばれる。一航海が32日間だから、長ければ1ヵ月ほどは温度管理に気を抜けない。臭みのない美味しいヨシキリザメの肉にするためには、船内での鮮度管理がもっとも重要なのだという。

「ヨシキリザメの身を鮮度よく保つには魚倉の温度を下げないとだめ。マイナス7〜8℃の肉が凍《こお》る手前の温度で持ってくることが必須だな。ちなみに、一緒に漁獲されるメカジキは、マイナス2〜3℃に保つのがいい」

もし、メカジキをサメの適温であるマイナス7〜8℃の魚倉に入れたら、凍ってしまう。そうすると身が黒くなり、水気が多くなる。

一方、メカジキの適温であるマイナス2〜3℃に保たれた魚倉に入れたヨシキリザメは、アンモニア臭くなってしまうという。たんに冷凍庫へ入れるだけではダメで、徹底《てってい》した温度管理により、サメはにおうかにおわないかが決まるというわけだ。

吉田さんの船には5つの魚倉があり、そのうちひとつをヨシキリザメ専用の魚倉にしている。ヨシキリザメの鮮度管理を徹底するためだ。しかし、そういう対応をしている同業の船は少数派で、多くの船はすべての魚倉をメカジキに適した温度管理に統一しているのだそうだ。

その理由は、メカジキとヨシキリザメの卸《おろし》（浜値《はまね》）を見れば一目瞭然《いちもくりょうぜん》だ（2014年9月29日の卸売市場での1kgあたりの入札額）。

メカジキ　　高値1160円　安値800円
ヨシキリザメ　高値139円　安値65円

ヨシキリザメは、メカジキと比べて10分の1ほどの経済価値しかない。多くの近海マグロ延縄船は、サメよりも価値の高いメカジキを優先して魚倉を使うため、ヨシキリザメの管理は後回しにされがちなのだ。というよりもむしろ、多くの漁船ではヨシキリザメを鮮魚としては重視していない。高級魚であるメカジキが傷つかないよう、緩衝材《かんしょうざい》としてヨシキリザメが使われることがもっぱらだ。温度管理もメカジキ優先でマイナス2〜3℃に保たれる。

そのため、サメの鮮度が落ちてアンモニア臭くなってしまうのだ。

サメ肉のにおいはサメが生きていたことの証《あかし》

では、サメ肉はいったいなぜ、鮮度が落ちるとアンモニア臭くなるのだろうか。

サメの文化史に詳しい元伊勢神宮《いせじんぐう》の神官で民俗学者《みんぞくがくしゃ》の矢野憲一《やのけんいち》さんの著書『鮫の世界』によれば、サメはほかの魚類と比較して、体内に尿素を多く含む。サメが死ぬとその尿素が分解され、アンモニア臭を発することになるのだが、サメが体内に持っている尿素こそ、サメが海で生きていくために不可欠な物質のひとつなのだ。

サメにとっての尿素の重要性を語る前に、ここで少し理科（化学）のおさらいを。濃度《のうど》の異なる水溶液《すいようえき》を、薄《うす》い膜《まく》で隔《へだ》てて置いておくと、均一の濃度になろうとして、濃度の低い溶液《ようえき》から濃度の高い溶液へと水が移動する。このとき、濃度の高い溶液にかかる力を「浸透圧《しんとうあつ》」という（濃度が高いほど浸透圧は高くなる）。

海水は、塩分が水に溶け込んだ水溶液だ（塩分には、塩化ナトリウムや塩化マグネシウムなどが含まれる）。硬骨魚類《こうこつぎょるい》の体液の塩濃度《えんのうど》は哺乳類《ほにゅうるい》のそれと近く、海水よりもはるかに低い。そのため、体内の水分は塩濃度の高いほうへ、つまり浸透圧の高い体外へと流れ出ていき、何もしないと体内から水分が失われてしまう。それを防ぐため、硬骨魚類は海水を飲み込み、そこに含まれる塩分を排出《はいしゅつ》して、水分を体内に取り込み続けている。

対して、サメやエイなどの軟骨魚類は、体液中に尿素が含まれているため、体液の浸透圧が海水のそれとほぼ等しくなり、体から水分が失われることがない。おまけに、尿素は海水に含まれる物質よりも軽く、うきぶくろを持たないサメが浮力《ふりょく》を得ることにも一役買っていると考えられている。尿素は、サメが生きていくために欠かせない重要な物質であり、サメ肉のアンモニア臭は、サメが海の中で生きていたことを示す証ともいえるのだ。

一度、絶品の白身魚・サメ料理を食べてみませんか。

ダイビングの世界的聖地でシュモクザメの群れを見る

静《しず》岡《おか》県《けん》 神《み》子《こ》元《もと》島《しま》

下田《しもだ》から船で15分、サメの楽園があった

サメは海の中で生きている。すなわち、海の中にいる姿こそサメ本来の姿だ。生きたサメが海の中で悠然《ゆうぜん》と泳ぐ姿は、息をのむほど美しい。海の中で一度その姿を見ると病みつきになり、サメと一緒に泳げるスポットを求めて世界各地を訪ね回る人も少なくない。サメが怖くて海に入れないという人からすれば、理解を超えるのかもしれないが、サメにはそれだけ人を惹《ひ》きつける何かがあるのである。

昔から、ホホジロザメをケージ（檻《おり》）の中から観察する南アフリカのツアーはとても人気が高い（人間が檻の中に入り、檻を海に沈めてホホジロザメを観察する）。サメ好きな人が一度は体験したいアクティビティなどと言われているが、近年はケージなしでサメと戯《たわむ》れるダイビングスポットにも人が集まっている。

和名

アカシュモクザメ

DATA

21

学名

Sphyrna lewini

英語名

Scalloped hammerhead

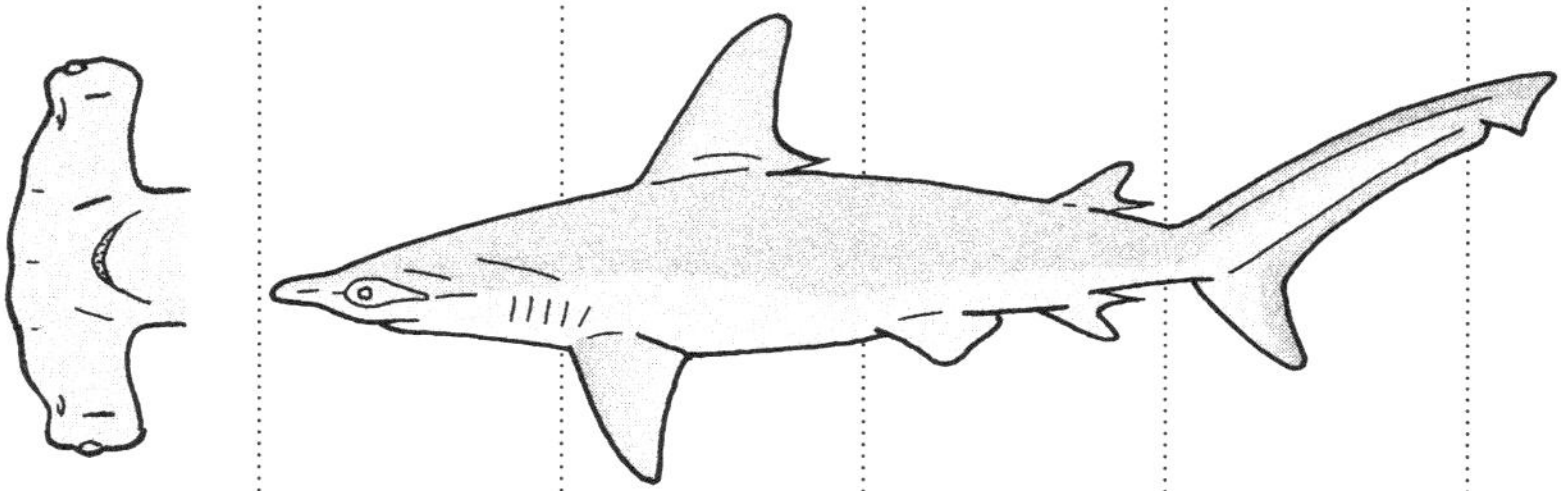

分類

メジロザメ目
シュモクザメ科

全長

出生サイズは 40 ～ 50cm ほど、1.5 ～ 2.0m ほどで成熟する。
現在記録されている最大サイズは 4.3m

分布

太平洋・インド洋・大西洋の熱帯／亜熱帯《あねったい》／温帯域や地中海に分布。日本では、青森県以南の太平洋・日本海に分布

生息域

大陸や島嶼《とうしょ》付近の浅海《せんかい》から水深 800m 程度に生息。湾《わん》内《ない》の浅瀬《あさせ》や河口にも入《はい》り込《こ》む。水深 1000m 近くでも確認《かくにん》されている。幼魚は浅場、少し大きくなると深場、成魚は外洋で確認されることが多い

形態の特徴

頭部が左右に張り出し、その両端《りょうたん》に眼《め》と鼻がある。真上から見るとＴ字形の頭部をしている。吻端《ふんたん》の真ん中に凹《へこ》みがあり、この特徴《とくちょう》でシュモクザメ科のなかでの種《しゅ》の特定ができる。第１背ビレが大きい

行動・生態など

数百尾《び》の大群をつくる。成長段階や季節によって生息域を変え、回遊する。ハンマーのような頭は、獲物《えもの》を見つけるために進化したセンサー。シュモクザメ科の仲間は、海底の砂の中のような目に見えない場所に潜《ひそ》む生物を捕食《ほしょく》する。●食べもの：サメ・エイ類を含む魚類、タコなど。●繁殖《はんしょく》方法：子ザメを産む「胎生《たいせい》(母体依存型《いそんがた》・胎盤《たいばん》)」。13 ～ 32 尾を産む

最近、日本人も行くようになったのは、バハマのイタチザメダイビングだ。ここはケージなしに大きなサメを間近で見ることができる。わたしもそこでシャークウォッチング船をチャーターしようと思ったのだが、問い合わせたところ3年待ちだという。この予約状況を見る限り、想像以上のサメの人気ぶりがうかがえる。

海外まで行かずとも、日本にもシャークダイビングを楽しめるスポットやサービスは多い。なかでも世界的にも有名なのが、伊豆半島《いずはんとう》南部の静岡県下田市の沖《おき》、静岡県の最南端《さいなんたん》にあたる神子元島という小さな無人島。下田港からわずか15分ほどの近場の島だ（なぜか八丈島《はちじょうじま》の近くだと思っている人が多いようだ）。

その周辺海域が、アカシュモクザメ（メジロザメ目シュモクザメ科）を見られる、世界中からダイバーがやってくるダイビングスポットとなっている。毎年7～8月のシーズンには、100尾以上の群れと出会える世界的にも珍しいシュモクザメの「聖地」だ。

「第六感」を発達させた、異形《いぎょう》のサメ

シュモクザメを漢字で書くと「撞木鮫《しゅもくざめ》」、英語では「ハンマーヘッドシャーク」だ。その名のとおり、大きなハンマー状というかT字形というか、バシッと頭を叩《たた》いたら眼《め》が飛び出てしまったかのような、まるでアニメのキャラクターのような一風変わった形の頭をしている。

このシュモクザメ、実はサメ界一の「進化系」のサメともいわれている。彼らの頭の形についてはさまざまな説が唱えられているが、大海原《おおうなばら》を生き延びるうえで大きな意味があったという説が有力だ。

彼らの眼はT字形に張り出した頭の両端《りょうたん》に、鼻の穴は眼のすぐ内側に存在する。つまり、左右の眼と鼻の穴が大きく離《はな》れている。そのため、ハンマー状の頭を持たないサメと比較すると、視覚も嗅覚《きゅうかく》もより広範囲《こうはんい》の情報をとらえることができる。さらに、T字の横棒のところには、生物電流を感知する「ロレンチーニ器官」（第1章83ページ参照）が多く集まるため、微弱《びじゃく》な電気を感知できる面積も、ハンマー状の頭を持たないサメと比べると大きくなる。それにより、サメ独特の能力である「第六感」の感度が、ほかのサメと比べて高いと考えられている。

サメ独特の「第六感」とは、いわば透視《とうし》能力のようなもの。超能力者がテーブルの上にあるトランプに手をかざすと、記号や数字をビシッと言い当てられるように、海底の砂地の上すれすれを泳ぐシュモクザメは、砂に身を潜《ひそ》めているエサ生物の微弱な電流を察知して、居場所を突《つ》き止《と》めてしまう。シュモクザメの口のまわりには、たくさんのエイの毒棘《どくきょく》が刺さっていることも少なくない。砂の中に隠れている彼らを上手に捕食《ほしょく》しているのではないだろうか。

現時点でシュモクザメの仲間は世界に9種。種類によって、大きく左右に突き出た頭を持つものや、左右の突出《とっしゅつ》具合が非常に小さいもの、頭の真ん中に切《き》れ込《こ》みが入っているものなどがいる。これは、彼らの生活スタイルや捕食生物の違いから進化したものなのだろう。微妙《びみょう》に異なる頭の形状から、彼らの生活スタイルを想像してみるのもおもしろい。

なお、ここから先は、彼らのことを、親しみをこめて「ハンマーヘッド」と呼びたい。

ハンマーヘッドとの出会い

わたしとハンマーヘッドとのはじめての出会いは2001年に遡《さかのぼ》る。当時のわたしは大学4年生。研究のため、小笠原諸島《おがさわらしょとう》の父島《ちちじま》で生活していた。

父島の二見港湾《ふたみこうわん》内で、夜釣《よづ》りをしていたときのことだ。慣れない手つきで釣《つ》り針《ばり》にエサをつけてみたものの、海に投げ入れる途中《とちゅう》で釣り針からエサが落ちてしまった。再度エサをつけようとリールを巻くと、街灯に照らされキラキラ光る釣り針を追いかけて、何かが泳いできた。釣り針のまわりをくるくる何度か回り、ぱくっと食いついた。釣り針にエサはついていない。

食いついたその魚は、びっくりするくらい引きが強い。対峙《たいじ》している間は汗《あせ》だくになった。かなりの大物かと思ったら、釣り上げてみると60㎝弱の小さな魚体。なんと、赤ちゃんハンマーヘッドだった。ハンマーヘッドの出生サイズは40～50㎝ほどだから、生まれたばかりだったのかもしれない。

小笠原《おがさわら》の父島《ちちじま》で漁獲《ぎょかく》された妊娠《にんしん》している
アカシュモクザメ

二見港湾内では、昔は、夏になるとハンマーヘッドの赤ちゃんがよく目撃された。小笠原諸島が世界自然遺産に登録されて湾内の船の往来が増えたせいか、ハンマーヘッドの目撃例は少なくなっているようだが、2001年当時は、サンゴを見るためビーチで素潜《すもぐ》りを楽しむ人が、小さなハンマーヘッドと遭遇《そうぐう》することも少なくなかった。7月近くになると母ザメが沿岸域で出産し、子ザメたちは、外敵も少なく食べものも豊富なこの湾内で一定期間を過ごしていたようだ。

夜釣りの一件の翌々年、2003年6月には、小笠原・父島でまた忘れられないできごとがあった。

「大きいのが獲れたからすぐに漁港に来て」と、知り合いの漁師さんから無線で連絡《れんらく》が入った。ハチワレの漁獲でもお世話になった「翔雄丸《ひゆうまる》」の上口幸雄《かみぐちゆきお》さんである（第2章235ページ参照）。サメが獲れた場合は、帰港前に連絡を入れてもらえるよう頼《たの》んでいたのだ。

軽トラックに乗り、急いで水揚げされる漁港へ駆《か》けつけると、ゆうに3mを超す大きなハンマーヘッドが水揚げされていた。たいていのサメは出刃包丁《でばぼうちょう》で解体できるが、ハンマーヘッドの場合は頭部がものすごく大きく立派で、包丁を何回突《つ》き立《た》てても、わたしの力ではまったく歯が立たなかった。軟骨とは思えないほどの頭部の硬さが、今でも手に感触《かんしょく》としてしっかり残っている。

また、お腹《なか》がぷっくり膨《ふく》らんでおり、妊娠《にんしん》していることはすぐにわかった。解剖《かいぼう》をしてみると、やはりお腹の中には26尾の赤ちゃんがいた。その一尾《いちび》一尾がおくるみに包まれたように軟らかい膜で覆《おお》われていた。

このときの赤ちゃんのなかでいちばん小さいサメは薬品で固定し、今でも自宅のリビングのワイングラスの棚《たな》の中でこちらを向いて眠《ねむ》っている。

エントリー時の予期せぬハプニング

さて、神子元島のダイビングスポットの話である。

ハンマーヘッドは、ダイバーになれば誰でも簡単に会いにいけるわけではない。というのも、サメが出るポイントは、えてして潮の流れが強い場所が多く、「ドリフト」というダイビングスタイルで潜水《せんすい》することが求められる。潮の流れの上流から潜水をはじめ、サメが出現しやすい岩場に掴《つか》まってサメを待ち、その後、岩から手を離し、下流へ流されながらサメを探して浮上《ふじょう》するスタイルだ。これには中層を一定の水深をキープして泳ぐスキルや、ときに潮の流れに向かって泳ぐ脚力《きゃくりょく》、万が一はぐれたときの緊急《きんきゅう》対応スキルなど、ある程度のダイビング経験が必要になる。

わたしも、彼らに会いに、海に潜《もぐ》ったことがある。2014年7月下旬《げじゅん》、自らのダイビングスキルにいささか不安を感じながらも、神子元島へ向かう。

28日の深夜、静岡県伊豆半島の最南端、弓ヶ浜《ゆみがはま》に到着《とうちゃく》する。ここに、神子元島でのハンマーヘッドとのダイビングツアーを実施《じっし》する「神子元ハンマーズ」がある。だが、現地の状況は思わしくない。26日は強風のため午後からのダイビングが中止、27日、28日に潜ったダイバーたちも、サメとは遭遇できなかったと聞かされた。海の透視度も優《すぐ》れず、サメを見つけるのも一苦労だという。明日はどうなるかわからないが、サメ運に期待して就寝《しゅうしん》した。

翌朝の9時過ぎ。お店を出て船着き場へ向かう。ダイビング器材のチェックをして、船は港を後にした。

ダイビングボートに乗船すること約15分で、ダイビングポイントに到着する。このときガイドをしてくれたのは、神子元ハンマーズのオーナーの有松真《ありまつまこと》さんだ。

ハンマーヘッドはダイビングをしている間、どのタイミングで出現するかわからない。しっかりハンマーヘッドを目に焼きつけるためには、ときに猛《もう》ダッシュする必要もある。そんなチャンスを逃《のが》さないためにも、それまではできるだけ体力を使わないようにとの注意があった。潮流に向かって泳ぐと体力を消耗《しょうもう》し、タンクの中の空気を早く使いきってしまう。岩場では、ロッククライミングのように手を使って海中を進むのがコツだという。

ここ神子元島では、重大な事故を回避《かいひ》するため、ダイブタイムはきっちり35分と決まっている。つまり、ハンマーヘッドに会うためにはこの35分間で勝負しなくてはならない。ちなみに40分以上浮上してこない場合は、事故の可能性があるとみなされ、海上保安庁へ通報がいく手はずとなっているそうだ。

この日は、サメ運に恵《めぐ》まれたのか、快晴で気温も30℃とダイビング日和《びより》。有松さんの合図があり、船の後方から順番に海へ飛び込む。海に潜るときは、エントリーの瞬間《しゅんかん》がもっとも緊張《きんちょう》する――。と思っていたそのときに、何かが足にぶつかって、その衝撃で両足のフィンが脱《ぬ》げてしまった。

これは潮流の強い海域では致命的《ちめいてき》なことである。遠くのほうでわたしのフィンがゆっくりと海底へ沈んでいくのが見えた。ボートに戻ろうにもフィンがなくて泳げない。半ばパニックになっていたら、有松さんがわたしのフィンを拾ってきてくれた。

勝負の35分間

本当に申し訳ないと思いながら、改めて水面で集合した後、有松さんの指示で潜水開始。そこは、神子元島の南東に位置するカメ根《ね》というところで、ここから、最大の大物遭遇率を誇るビッグポイントを目指す。わたしたちのチームは少しずつ水深を深めていった。すると、海底に大きな岩が見えてきた。ここここそ、ハンマーヘッドの大群が見られる通称Aポイントという岩場だ。今日は幸いにも潮流が弱く、それでも脚力の弱いわたしはほかのメンバーから後《おく》れをとったけれど、どうにか、無事に岩場までたどりつくことができた。

水中で生きているハンマーヘッドにどうしても会いたい。わたしは岩をもう一度握《にぎ》り直《なお》し、改めて前方を見上げた。透視度は後から聞いたところによれば15m。すごくいいわけではなかったが、薄濁《うすにご》りしている海中のどこからサメが姿を現すのか、わたしは胸の高鳴りを感じていた。

しばらくすると、有松さんから移動の指示が出た。どうやら、Aポイントでサメ待ちすることを諦めて、次なるポイントへ行くようだ。名残惜《なごりお》しかったものの、岩から手を離し、渾《こん》身《しん》の力で海中を泳ぎ進む。その後、あたりを泳ぎ回ってサメを探してみたものの、シルエットすらも見ることができなかった。

潜水記録を計るダイビングコンピューターを確認すると、すでに潜水時間は30分を経過していた。水中滞在《たいざい》に許された残り時間はたった5分。浮上の準備もはじめなくてはならない

神子元島《みこもとしま》の海を群れで泳ぐアカシュモクザメ（写真：オーシャンダイヤリー）

ので、サメを探しにいくのはもう難しい。はじめての神子元島、そう簡単にサメに会えるものではないかと落胆しながら、有松さんの浮上の合図を待った。

浮上をはじめて、水深4mの地点で、有松さんの表情が変わった。

まさかと思って振り返ると、4〜5尾、大きさにして1・5mのハンマーヘッドが勢いよく近づいてくるのが見えた。

ピンッと伸《の》びる第1背ビレ、キラキラ輝《かがや》く体の側面後方に走る、はっきりと凹凸《おうとつ》のある側線、そして、間近で見ると驚くほど長く見えた尾ビレの上部分。水深も浅いため、太陽光で照らされる彼らの美しい体に見入ってしまった。

彼らはわたしたちに近づいた後、ものすごい速さで体を大きくしならせて反転し遠ざかっていく。時間にしてわずか5秒ほどだったのではないだろうか。

あまりに不意のできごとだったので、わたしの頭の処理はなかなか追いつかない。

今、わたしの目の前に彼らは本当に現れたのか？　幻ではなかったか？

まぶたを閉じ、自らの眼球の残像を改めて認識する。アナログ写真のフィルムに、時間をかけて画像を焼きつけるかのように、サメの姿を、わたしはゆっくり脳裏に焼きつけた。

あの左右へ張り出した不思議な頭部の形状。間違いない。今、わたしの前に現れたのは、大海原を遊弋《ゆうよく》するハンマーヘッドにちがいなかった。

余韻《よいん》を楽しむのもつかの間、わたしたちはすぐに浮上しなければならなかった。ダイビングコンピューターを確認すると、刻まれていた潜水時間はジャスト35分。まさに35分間の勝負に勝利し、水面では劇的なハンマーヘッドとの遭遇に喜びが溢《あふ》れ出《で》た。

謎だらけのシュモクザメに素《す》潜《もぐ》りで発信機をつける

静岡県 神子元島

世界の研究者が注目する、神子元の海

神子元島でハンマーヘッドと遭遇してから1年後、2015年8月に、わたしは尊敬する研究者から一通のメールを受け取った。

「8月15日から26日までの日程で、神子元のシュモクザメの調査をします。アメリカやイギリスから、第一線で活躍中《かつやくちゅう》のサメの研究者もやってきます」

メールの発信者は、国立極地研究所准教授《じゅんきょうじゅ》（当時は助教・海洋生物学）の渡辺佑基《わたなべゆうき》さんだ。生物の体に小型の記録計やビデオカメラを取りつける「バイオロギング」という手法で、さまざまな海洋生物の行動調査を行っている。

1978年生まれ、わたしと同年代ながら、海洋生物学の第一線で活躍する若手の研究者だ。2010年には南極観測隊に参加し、ペンギンにカメラを取りつけ、その生態や南極の海洋の知られざる実態を明らかにした。渡辺さんの研究成果は、『ペンギンが教えてくれた物理のはなし』（河出ブックス、2014年4月刊）という本にまとめられているほか、ナショナルジオグラフィック日本版のウェブ連載《れんさい》「バイオロギングで海洋動物の真の姿に迫る」（2015年2月より不定期で連載）に、サメやペンギン、アザラシ、渡《わた》り鳥《どり》などの生態を綴《つづ》っている。

わたしは調査3日目の17日から合流することになった。初日・2日目ともに、昼には帰港しなければならないほど、海は荒《あ》れて最悪のコンディションだったという。神子元島の周辺海域に潜るのは、ただでさえ上級ダイバーでないと難しいといわれる。調査チームにとっても、コンディションの悪さはハイリスクにちがいない。

18日の朝、「神子元ハンマーズ」の店舗へ向かう。今回の調査には、神子元の海を知《し》り尽《つ》くした彼らが全面的に協力し、繁忙期《はんぼうき》のお盆《ぼん》期間であるにもかかわらず、漁船を10日間チャーターしていたのだ。神子元ハンマーズ代表の有松さんも、調査に期待を寄せていた。

「神子元島は、ダイビングエリアが広いわりに、周辺にはダイビングショップが4つしかありません。また、僕ら現地ガイドですら、シュモクザメがいったいいつ来てどのような行動をしているのか、ほとんどわかっていませんでした。今回の調査によって生態が明らかになれば、ダイバーはもちろん、漁業従事者や海水浴客にとってもメリットがあるのではと期待しています」

調査チームのメンバーたちと。右から２人目が渡辺佑基《わたなべゆうき》さん

朝10時。朝から風が強く、予定より2時間ほど遅《おく》れて出港することになった。店から弓ヶ浜の港へ向かうと、「調査中」という大きな黄色いのぼりを掲《かか》げた漁船が入港してきた。チャーターした船の名は「音丸《おとまる》」、ふだんはキンメダイを狙うことが多いと、船長の石坂進《いしざかすすむ》さんは言う。風はまだ強い。黄色いのぼりが音を立ててはためいている。

わたしはこの船の上で、渡辺さんとはじめてお会いすることになった（それまでは、メールやSNSでやりとりをさせていただいていた）。初対面の渡辺さんは、わたしの緊張を解きほぐすように、気さくな笑顔でチームのメンバーを紹介してくれた。いずれも20代後半から30代、若手ばかりの合計7名だ。

メンバーのうち3名は、研究者だ。

・シュモクザメをこよなく愛するサメの行動

研究の専門家、米国マイアミ大学のオースティン（Austin Gallagher）さん
・10歳のある日、ロンドン郊外《こうがい》の自宅で映画『ジョーズ』を見たことがきっかけでサメの研究者になった英国セント・アンドリュース大学のヤニス（Yannis Papastamatiou）さん
・水槽《すいそう》実験とフィールドの両方でサメの社会行動を調査している英国「動物学研究所（Institute of Zoology）」所属のデイビッド（David Jacoby）さん

そのほか、ハワイに本部がある、サメに特化した海洋環境保全団体「パンジアシード（PangeaSeed）」の代表を務めるトレ（Tré Packard）さんと、海外メディア2社から派遣《はけん》されてきた記者2名も同行していた。みな、神子元島周辺にハンマーヘッドが集まる謎や、知られざるハンマーヘッドの生態を解明したいと意気込《いきご》んでいた。

人工衛星を使って海洋生物の動きを追え！

渡辺さんは続けて、調査の内容を教えてくれた。

「今回の調査の目的は2つです。ひとつは神子元島周辺の海底に受信機を設置すること。もうひとつは、生きているシュモクザメにスキンダイビングで近づいて発信機をつけることです」

スキンダイビングとは、空気が入ったスキューバタンクを背負わず潜水する、要するに素潜りだ。難所の神子元島周辺をスキンダイビングで潜るのも驚きなら、生きているシュモク

ザメに近づいて発信機を取りつけるなんて、なんという荒業《あらわざ》だろう。

このバイオロギングによって解明したいのは、シュモクザメの回遊パターンだ。神子元島周辺に、シュモクザメの大群が現れることは日本のダイバーにはよく知られている。だが、彼らが集まるシーズン中の夏でも、シュモクザメと必ず遭遇できるというわけではない。また、シーズンが終わると彼らはどこに行ってしまうのか、翌年戻ってくるシュモクザメは同じ個体なのか、そうしたことも謎に包まれている。

このときの調査で使用したのは、機能の異なる2種類の発信機だ（発信機はタグとも呼ぶ）。ひとつは、「アコースティックタグ（超音波発信機）」と呼ばれるものだ。

海底に受信機を設置する
（撮影《さつえい》：トレ・パッカード）

手のひらに載る長さ10㎝ほどの細長いこのタグは、海底に設置する受信機とセットで使用する。タグは一定間隔《かんかく》で、超音波の信号を発信しているので、海底に設置した受信機が、その信号を受信すると、その日時とタグＩＤを記録する。つまり、どのサメがいつどこを通ったかがわかるわけだ。

このタグはバッテリー式で、寿命《じゅみょう》は

7〜10年だ。今回の調査では、海底に設置した受信機を1年後の夏に回収し、神子元島周辺でのシュモクザメの行動パターン解明を目指す。

このタグの利点は、受信機が世界各国で広く使用されていることだ。タグを取りつけたシュモクザメが神子元島の海域を離れたとしても、回遊した先で受信機の近くを通過すれば、その受信機でも行動が記録される。

もうひとつは「サテライトタグ（人工衛星発信機）」と呼ばれるものだ。

このタグは、アコースティックタグよりやや大きく、形状的にも2つの特徴《とくちょう》がある。ひとつは、衛星との通信のためのアンテナがついていること、もうひとつは浮きがついていることだ。タグは半年経《た》つと自動的にサメの体から切《き》り離《はな》される。海面に浮き上がるとタグは集めた情報を人工衛星に送信する。このための人工衛星システムは「アルゴス」と呼ばれる。タグが発信する位置情報によって、仮《かり》に回収することができれば、より詳細《しょうさい》なデータが手に入るのだが、広大な海で小さなタグを回収するのはなかなか難しいのが現実のようだ。

このタグの利点は、受信機の位置に関係なく、シーズンが終わって神子元島から去っていったシュモクザメが、どこへ移動するか、連続的にトレースできることだ。ただし、位置を割り出す精度はそれほど高くはない。位置情報は、タグに埋《う》め込《こ》まれた照度センサーによって、光の角度や強さから緯度《いど》や経度を計算して割り出している。そのため、サメが深いところを泳ぐと、光を感知できず、回遊経路をトレースできないこともある。GPS（全地球測位システム）を使えればいいのだろうが、海中では電波は届かない。

このサテライトタグ、今の設計で、ひとつあたり約50万円もするという高価な代物《しろもの》だ。機能を高めようとすれば、当然コストもさらに高くなる。海洋生物の生態調査は、研究者なら誰もが夢見ることだが、コストがネックになって、誰しも気軽にできるものではないのだ。今回の調査は、国内外の機関から研究費を集められたことで、実現へと漕《こ》ぎつけることができたのだ。

荒れる海、難航する調査……

調査3日目のこの日も、海のコンディションは良好とはいえなかった。船首にいたら、振《ふ》り落《お》とされそうなくらい大きく揺《ゆ》れる漁船、神子元島に打ちつける大波、そして暗雲たれこめる空……。この状況のなか、水中で作業をしなくてはならないが、肝心《かんじん》のシュモクザメは、影《かげ》すら見ることができなかった。メンバーの顔には少し焦《あせ》りの色が見えはじめていた。

船の上では、各人各様の思いが交錯《こうさく》していた。どんなことをしてもシュモクザメ調査を成功させようと、自らの命を顧《かえり》みないほど強い気持ちを見せる研究者たち。彼らを安全にナビゲートしながらも、調査成功のために手を尽くす神子元ハンマーズのスタッフ。そして、何よりも安全に帰港することを絶対条件と掲げる音丸の船長・石坂さん。それぞれプロフェッショナルが、自分たちの仕事を最大限に全《まっと》うしようとすればするほど、船の上にはピリピリとした空気が張りつめた。

調査を成功させるため、翌日以降、調査チームはさまざまなことを試みはじめた。

最初の3日間は、スキンダイバーが入ってサメを探し、見つけたら潜行《せんこう》してタグをつける計画だったが、悪天候のためそもそもサメが見つけられない。それを解決するため、4日目はスキューバダイバーが先に入り、シュモクザメを見つけた時点でフロート（浮き）をあげる。表層にいるスキンダイバーがその合図を確認してから潜行し、タグをつける作戦に変更《へんこう》したのだ。しかし、海面付近と深い部分で潮の流れが異なる「二枚潮」のせいで、深く潜ったスキューバダイバーと表層のスキンダイバーが合流することができないトラブルに見舞《みま》われた。

ただ、この日は時間が経つにつれ、海のコンディションがよくなりはじめた。調査チームは作戦を当初の形に戻し、スキンダイバーが潜ってサメを探しはじめる。そしてようやく、この日のうちに、最初のタグづけを成功させることができた。

だが、神子元島周辺には、台風が接近するとの天気予報もあった。最初の1つをつけたからといって、喜んでばかりもいられない。20日、21日と懸命《けんめい》の潜水作業を続けたところで予報のとおり台風が接近し、調査日程の後半は出港することさえできなかった。

このときの調査では、結局、合計10尾のサメにタグをつけることができた。内訳は次のとおりである。

・アカシュモクザメ5（アコースティックタグ4、サテライトタグ1）
・メジロザメの仲間5（アコースティックタグ4、サテライトタグ1）
・海底センサー受信機：6ヵ所

迷彩《めいさい》がほどこされたウエットスーツの機能

海から上がった調査メンバーに、わたしは質問を投げかけた。

──今までいろいろなサメにタグをつけてこられたと思いますが、神子元島のシュモクザメのタグづけは難しかったのでしょうか。

「今まででいちばん難しい作業でした。理由はやはり海の状況です。これだけ海が荒れると、作業の難易度が増します。しかもシュモクザメが、難しいサメでした。ニタリやイタチザメは、こちらに気づいて一度は海域を去っても、しばらくすると同じ場所に戻ってきます。それを待ち構えていればタグをつけられるのですが、シュモクザメは一度見失うと再びこちらには戻ってきません。そこが今回の調査でもっとも苦労したポイントです」

──スキューバダイビングではなく、素潜りでタグづけをしたのはなぜですか？

「機動性もいいですし、スキンダイビングのほうが呼吸音もしないので静かにサメに近寄ることができます。サメに対して必要以上のストレスを与《あた》えたくないですしね」

減圧症《げんあつしょう》の危険があるからタンクを使わないのだろうなどと、人間側の都合ばかり考えていたわたしは恥《は》ずかしくなった。

海は人間のものではない。サメが棲《す》んでいる領域にお邪魔《じゃま》させてもらっているのだ。彼ら調査チームが、心から海を愛し、サメを愛していることを垣間見《かいまみ》た瞬間だった。

神子元ハンマーズの有松さんも、彼らの調査手法には驚きの声をあげた。

「シュモクザメへ極力ストレスをかけずにタグをつけるのが、今回の調査の重要なポイントでした。そのため、調査チームは迷彩がほどこされた特殊なウエットスーツ（サメの眼には見えないようになる）を着用し、スキンダイビングでシュモクザメに近づきタグを取りつけました。

迷彩柄《めいさいがら》の特殊《とくしゅ》なウエットスーツ。これを着るとサメの視覚から逃《のが》れられると言われている
（撮影《さつえい》：トレ・パッカード）

このように、サメにストレスを与えないアプローチ法を今後のガイドにもうまく取り込んでいけば、神子元のダイビングの楽しみ方も幅が広がっていくのではと思います」

1年後、渡辺さんは予定どおり海底センサー受信機を回収し、アコースティックタグをつけたシュモクザメ4尾、メジロザメの仲間4尾から、データを得ることに成功した。データの解析《かいせき》は現在進行中であるが、昼夜や潮汐《ちょうせき》による出現率の差など、詳細な行動パターンが明らかになりつつあるという。前代未聞《ぜんだいみもん》の神子元島シュモクザメの行動調査。現状、明らかになったのは、シュモクザメは冬に神子元島を離れ、翌年の夏に神子元島に戻ってきている、ということだ。

また、サテライトタグをつけたシュモクザメ1尾、メジロザメの仲間1尾からもデータを得ることができた。どちらのサメも神子元島を出てはるか沖合まで、非常に広い範囲《はんい》を泳ぎ回っており、ダイナミックな回遊パターンの一端《いったん》が見えてきたという。

世界中から注目されている神子元島のシュモクザメ。数年間継続《けいぞく》してデータを得ることにより、この不思議なサメの謎が次々と解明されるだろう。ぜひともこれからも調査研究を継続してほしいと思う。

ちょっとフカ掘りサメ講座

No.12

バイオロギングが解明した驚きのヒラシュモクザメ〝省エネ〟回遊泳法

その名はグレートハンマーヘッド

頭がハンマーの形をした異形のサメ。それがシュモクザメである。

神子元島周辺だけでなく、関東以南の日本近海でも、アカシュモクザメはよく目撃されている。それより北方では、シロシュモクザメという種が多く確認されている。

しかし、日本には実はもう1種類のシュモクザメの出現記録がある。

標準和名「ヒラシュモクザメ」、英名は「グレートハンマーヘッド」だ。その名のとおり、大きくなると6m以上にも達する大型種だ。

このサメの注目すべき特徴は、第1背ビレの大きさだ。サメは、背ビレよりも胸ビレのほうが長い傾向にあるが、このヒラシュモクザメは違う。背ビレのほうが長いのである。しかし、なぜ背ビレが顕著《けんちょ》に長く発達したのかは謎のままであった。

2016年7月29日、汗ばむ陽気のなか、わたしは東京の霞《かすみ》が関《せき》にある文部科学省へ息を切らしながら駆《か》け込《こ》んだ。ここで、ヒラシュモクザメの生態に関する重要な記者会見が開かれるとの情報をキャッチしたのだ。

テレビで見たことがある立派な記者会見室に

ヒラシュモクザメの長く発達した第１背ビレに機器を取りつける渡辺《わたなべ》さん（右から３人目）と研究チーム（写真：国立極地研究所）

現れたのは、1年前の夏、神子元島の調査ダイビングでお目にかかった国立極地研究所の渡辺佑基さんだ。

記者会見室に集まった大手新聞各社の記者を前に、渡辺さんは厳《おごそ》かに口を開いた。

「ヒラシュモクザメは横に傾《かたむ》いて泳ぎ、エネルギーを節約しています」

渡辺さんは、ヒラシュモクザメに取りつけたバイオロギング機器のデータから、5〜10分間隔で左右交互《こうご》に60度傾いて泳ぐという遊泳パターンを発見した。2015年2月、オーストラリアの東海岸で偶然《ぐうぜん》捕《つか》まえたヒラシュモクザメに行動記録計とビデオカメラを取りつけ判明した事実だ。当初は、サメが弱っておかしな泳ぎをしていると思っていたが、複数の個体にバイオロギング機器を取りつけ、さらに水族館で撮《さつ》影《えい》された遊泳動画を確認して、ヒラシュモクザメに共通する特性であることがわかった。

このデータをもとに、なぜこのような奇妙《きみょう》

な泳ぎ方をするのかを、渡辺さんは考察した。ヒラシュモクザメの模型をつくって風洞《ふうどう》実験を行った。

自然界に残された謎を解け

結果は、渡辺さんも予想もしていないものだった。体を60度傾けることで、長い背ビレを使って揚力《ようりょく》を得ることができる。それは、水平に泳いで左右の胸ビレから得る揚力よりも大きなものだった。

サメはうきぶくろを持たず、大きな肝臓に蓄《たくわ》えた油で浮力を得るのに加え、左右の胸ビレを使って揚力を発生させ、体を沈みにくくしている。ヒラシュモクザメは、胸ビレよりも大きな背ビレをあたかも胸ビレのように使い揚力を発生させ、体を真っすぐにして泳ぐよりもエネルギーを節約していたのだ。大型かつ、遊泳距離《きょり》が長いサメにとっては、できるだけ省エネをすることが、生き残るための大きな戦術だ。

渡辺さんは、会見をこう締《し》めくくった。

「研究というのは先に仮説を立て、それを実証していくものと考えられていますが、未知の生物に対して仮説を立てることは難しい。今回の研究で、データを先に集めてから考えるというやり方でも、生態や進化を解明することができるということが実証されました。バイオロギングのこうした探査的アプローチは、自然界に残された謎を解明する重要な手掛《てが》かりになると考えています」

渡辺さんの研究成果をまとめた論文は、有名な英科学誌『Nature Communications』に、会見に先立つこと3日、7月26日に掲載された。タイトルは次のとおりである。

「Great hammerhead sharks swim on their side to reduce transport costs.」(ヒラシュモクザメは、移動コストを減らすため、体を傾けて泳ぐ)

渡辺さんは、今わたしがもっとも注目しているサメ研究者のひとりである。

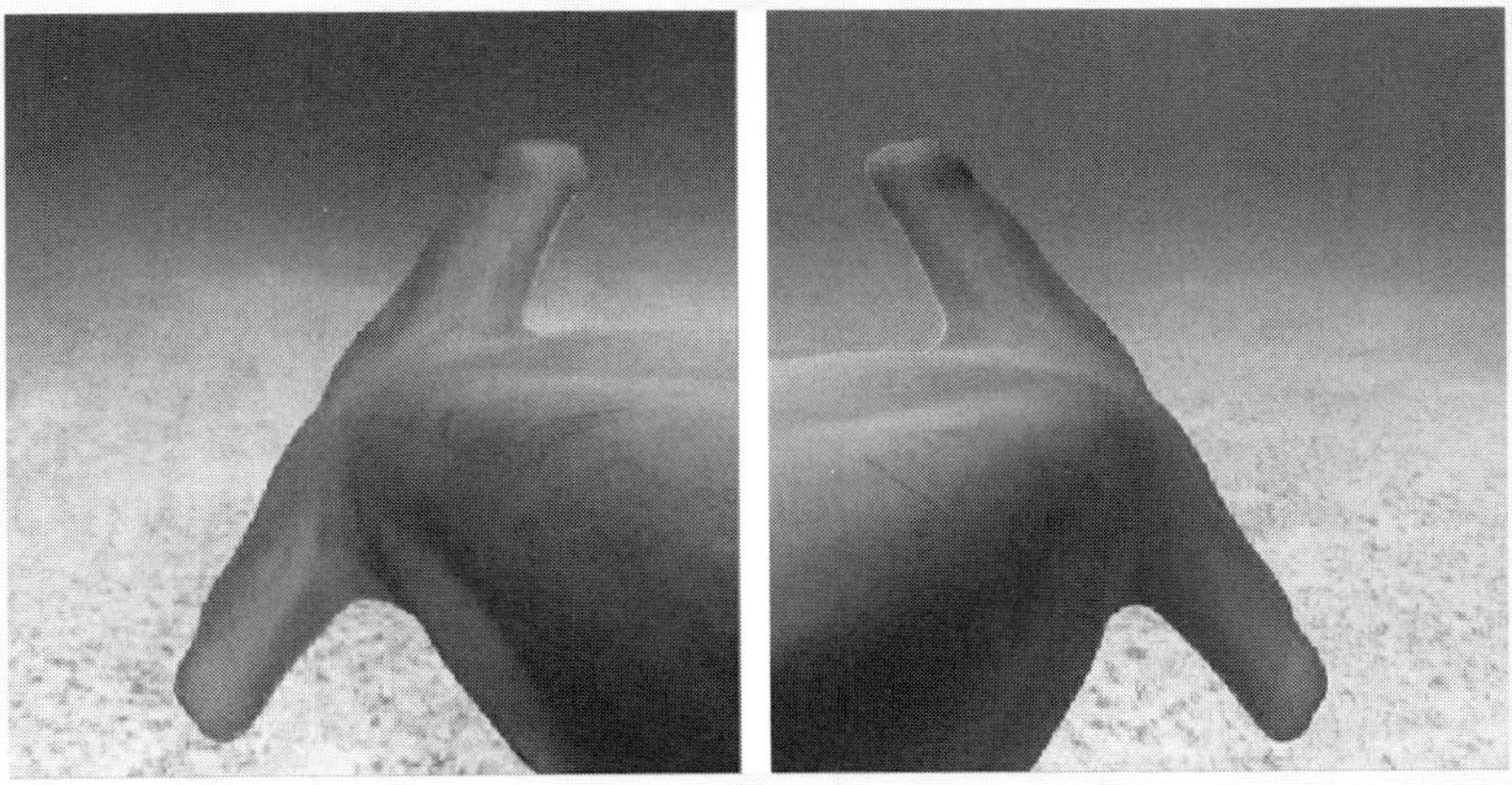

ヒラシュモクザメの背ビレに取りつけたカメラで撮影《さつえい》したもの。サメが右に傾《かたむ》いたり、左に傾いたりしていることがわかる（写真：国立極地研究所）

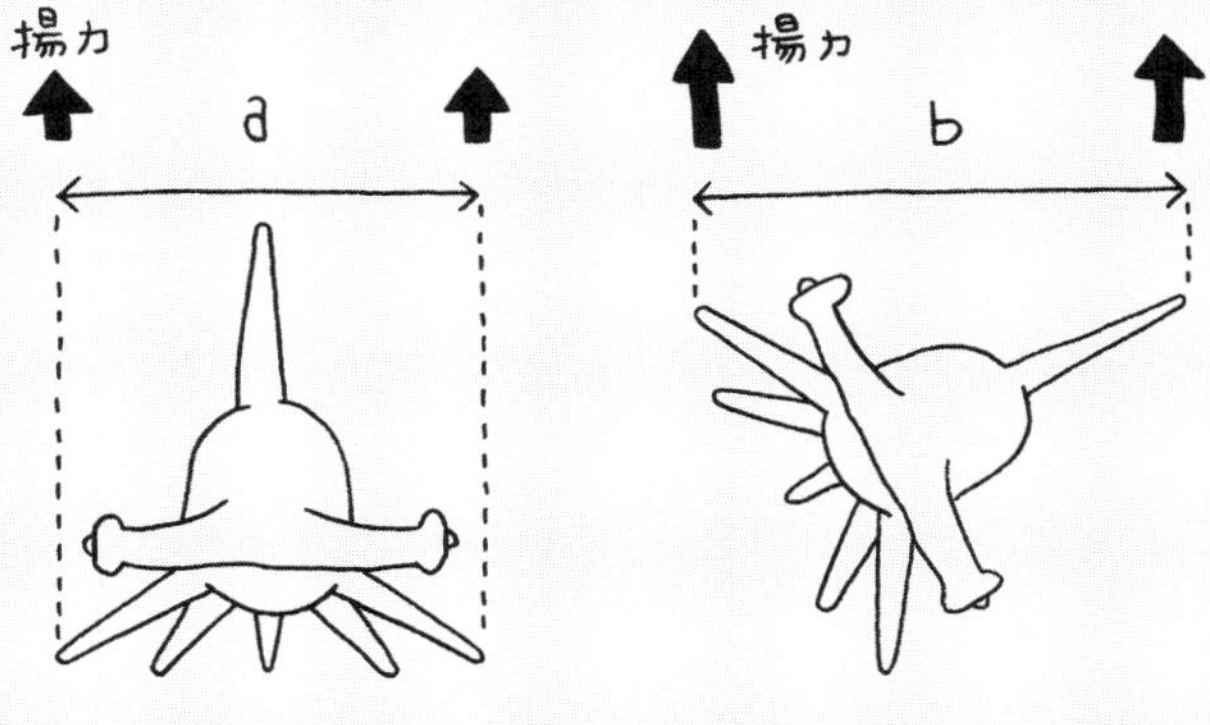

この調査により、ヒラシュモクザメは、胸《むな》ビレだけでなく、胸ビレより大きい背ビレも使ってより大きな揚力《ようりょく》を得ていることがわかった

サメレポ
SHARK REPORT

飼《か》い猫《ねこ》のようにじゃれてくるドチザメに微笑《ほほえ》み返し

千葉県伊戸《いと》

海の中に、夜空にかかる天の川が

東京から車で日帰りできる距離、千葉県は房総半島南端《ぼうそうはんとうなんたん》・館山市《たてやまし》の伊戸という小さな町でも、シャークダイビングを楽しむことができる。町は小さいが、一度に見られるサメの数は多い。なんでも300尾以上のサメの乱舞《らんぶ》が見られるようで、週末は予約が殺到《さっとう》しているらしい。それだけ多くのサメを、一年をとおして観察できる場所はない。世界中からダイバーたちが訪ねてくるほど人気があるのも頷《うなず》ける。

伊戸で見ることができるサメは、「はじめに」で触れた「ドチザメ」（メジロザメ目ドチザメ科）だ。沿岸域や海底に近い場所を好み、性格はおとなしく、こちらから危害を加えない限り、人を襲《おそ》うことはまずない。けっして大型のサメではないが、泳ぎ方や体の形が、わたしたちの想像するサメそのもので、シャープでかっこいい。このサメの姿形に魅了《みりょう》されてサメ研

DATA

22

和名

ドチザメ

学名

Triakis scyllium

英語名

Banded houndshark

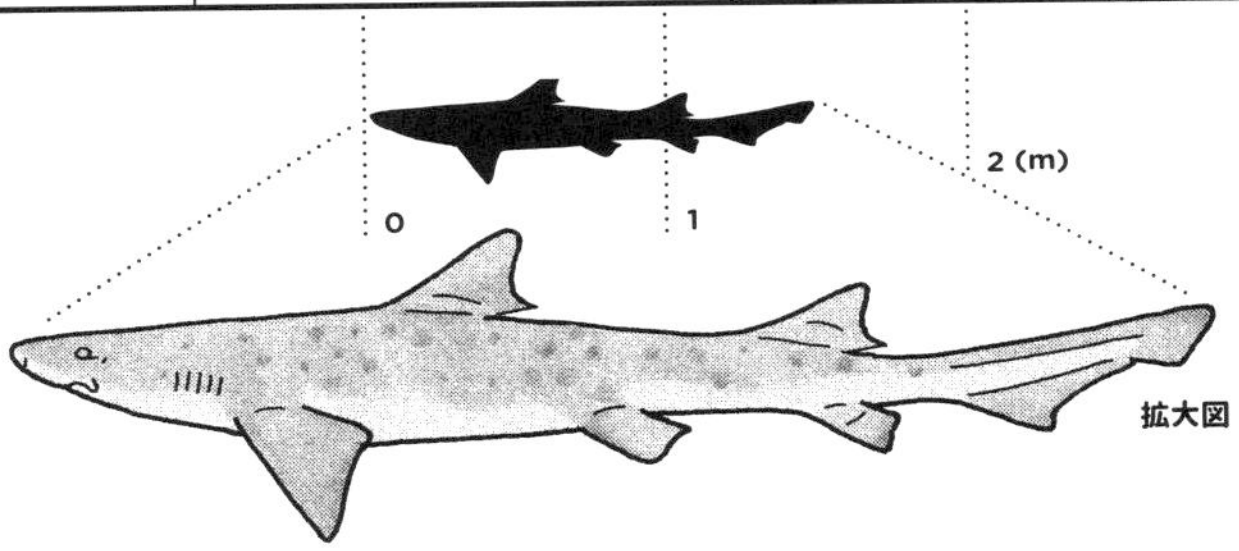

分類

メジロザメ目
ドチザメ科

全長

20cm ほどで生まれ、1.0m 前後で成熟する。
現在記録されている最大サイズは 1.5m

分布

南シナ海を含む北西太平洋。
南シベリアから日本(北海道南部以南)、韓国《かんこく》、台湾《たいわん》、中国周辺の海域に分布

生息域

浅瀬《あさせ》を好み、内湾《ないわん》や沿岸の海藻《かいそう》の茂《しげ》った砂泥底《さでいてい》に生息。塩濃度《えんのうど》の低い汽水域にも出現する

形態の特徴

スリムな体型、扁平《へんぺい》の吻《ふん》、楕円形《だえんけい》の鋭《するど》い眼《め》を持つ。灰色の体に、背中からお腹《なか》にかけて黒い帯状の模様がある。黒い斑点《はんてん》を持つものもいる

行動・生態など

サメらしい体型だが性格はおとなしい。人に危害を加える可能性が低いうえ、飼育しやすいために水族館の定番で、タッチプールでもよく見かける。

●食べもの：小魚、甲殻類《こうかくるい》など。

●繁殖《はんしょく》方法：子ザメを産む「胎生《たいせい》(卵黄《らんおう》依存型《いそんがた》)」。10 ～ 24 尾《び》を産む

究者になった人もいるほどだ。

ドチザメを日本一観察しているであろう、「伊戸ダイビングサービスBOMMIE（ボミー）」の代表・塩田寛《しおたかん》さんに、このサメの魅力《みりょく》を聞いてみたことがある。

塩田さんは、南房総《みなみぼうそう》でダイビングサービスを開業しようと周辺を何度も潜ってポイントを探していたとき、たまたまドチザメの群れを見つけて感銘《かんめい》を受けたのだそうだ。下から見上げると、紺碧《こんぺき》の海を背景に、ドチザメの白いお腹が連なって、まるで夜空にかかる天の川のように見えたとのこと。その後、懇意《こんい》にしていた当時の漁業協同組合長から、定置網にドチザメが迷い込んで困っているという相談を受け、定置網から離れた場所でドチザメを餌付《えづ》けしておびき寄せ、そこをダイビングポイントにするアイデアを思いついた。地域の問題を、サメ好き・ダイビング好きが喜ぶサービスの形で解決する一石二鳥の策だった。

伊戸のダイビングサービスは、一年中、ほぼ毎日ドチザメダイビングを実施している。だから塩田さんは、自然界にいるドチザメに誰よりも詳しいはずだ。

「漁業協同組合長や伊戸の漁師たちはドジなサメだから、ドチザメだなんて言ってるんですよ。ほかの生きものよりエサを食べるのが下手なんですよ」

塩田さんはこの海域にいるドチザメ、アカエイ、クエなどに餌付けをしているが、ドチザメはエサが近くにあっても気がつかないことも多いという。塩田さんはこう推測する。

エサに群がるドチザメとエイ（撮影《さつえい》：塩田《しおた》寛《かん》）

「サメは眼に頼《たよ》ることなく、発達した嗅覚を使ってエサを探しているのでは。潮が反対側に流れていると、エサのにおいを感じることができないので、近くにエサがあっても素通《すどお》りしてしまうようです」

かっこいいのにちょっと残念なエピソード

サメが海の中でエサ生物を探すとき、もっとも重要な刺激《しげき》は音だといわれている。空気中では音の届く速さは秒速３４０ｍ（気温15℃のとき）。いっぽうで水中では、秒速１５００ｍと空気中より4倍以上も早く伝わるうえ、音は弱まりにくく、遠くまで伝わる。サメは、獲物《えもの》が弱っているバチャバチャという不規則音にはことのほか敏感《びんかん》なのだ。ただ、餌付けのエサのような死んだ魚に対しては、サメはその能力を使うことができない。

次に優れているのは嗅覚だ。サメは吻端に鼻がある。わたしたち人間と違って、サメは呼吸のために鼻を使わない。においを嗅《か》ぐためだけに特化した器官である。潮の流れ次第では、数百メートル先の獲物のにおいも嗅ぎ分けるといわれているが、ドチザメも例外ではないらしい。塩田さんは続ける。

「アカエイやクエに比べてドチザメは学習能力が低いですね。人が来たらエサがもらえるということを最後まで覚えてくれなかったのは、ドチザメだけです」

かっこいいイメージとは裏腹の、本当だったら少し残念なエピソード。それにしても、学習能力が低いとはどういうことか。

2009年10月から、定置網漁業を守るために漁業協同組合長に頼まれて塩田さんが餌付けをはじめたところ、3年後くらいから、アカエイは徐々《じょじょ》に人に慣れはじめ、今では人にエサをねだるようになった。しかしながら、ドチザメは遠巻きに見ているだけで、なかなか人には近寄らなかった。徐々に慣れてきて、エサをくわえることもあったが、それを持って遠くへ泳いでいってしまったそうだ。今では人の手からエサを食べるまでになったが、そうなるまでに費《つい》やした月日はおよそ6年と長期にわたる。

学習能力が低いという見方もあるかもしれないが、この件に関して、大学時代からサメについて学び、研究をしてきた経験のあるわたしとしては、ちょっとだけ反論させていただく。ドチザメはサメのなかでも警戒心《けいかいしん》が人、いえサメ一倍強く、あまり人間に媚《こ》びない性格なのではないだろうか。自然界では、警戒心が強いものが生き残れるはずだ。その証拠《しょうこ》に、サメという生きものはおよそ4億年前に地球上に誕生し、いまも500種以上が地球上に生存している。人類が地球上に誕生して700万年だとすると、サメはわたしたちの57倍も生き長らえているのである。

水深21mの「餌岩《えさいわ》」と呼ばれるポイントで

2015年5月16日、わたしはドチザメに会いに伊戸を訪れた。

船の上で海へエントリーする直前、ガイドをしてくれる塩田さんがヘルメットをかぶった。通常のダイビングではヘルメットを必要としないので理由を尋ねてみると、人慣れしたアカエイが頭に噛みついてくるという。腕《うで》なども噛みつかれて、そのせいでできた内出血の痕《あと》は数えきれないそうだ。

一方、ここのドチザメであるが、まるで飼い猫のように慣れている。が、髪《かみ》の毛《け》を齧《かじ》ったりはしない。ダイバーの手から上手に魚を食べるどころか、エサほしさにダイバーにじゃれついてくるようなしぐさを見せる。自然界においては、いつありつけるかわからないエサを求めてサメは貪欲《どんよく》に泳いでいるが、ここでは餌付けをしているので、みんなまるまる太っていて愛嬌《あいきょう》があると人気なのだという。

港につながるロープ（舫《もや》い綱《づな》）を外し、いざ漁船が出港する。台風一過のこの日、漁港の出入り口の両側に切り立つ岩に、荒《あ》れ狂《くる》う波がぶつかりときおり真っ白に泡立《あわだ》つ。漁港を出たとき、大波が押《お》し寄《よ》せた。漁船は21人乗りの中型の大きさであるにもかかわらず、いとも簡単にふわっと船首があがる。そして次の瞬間、どっごーんという大きな音とともに、船底が海面に打ちつけられた。

塩田さんから、波の音にかき消されないような大きな声で、「体が投げ出されないように」と注意が飛ぶ。

出港しておよそ5分。日本一のドチザメダイビングポイントへ到着。

ひどいうねりだったのでまわりの景色を楽しむ余裕はなかったが、岸からわずか300mのポイントに、無数のサメが群れているのは不思議な感覚だった。アンカリング（錨《いかり》を下ろすこと）して、大きく揺れる船の縁《へり》につかまりながら、ダイビングギアを抱《かか》え、勢いよく飛び込む。

台風による濁りで、海中の視界はほぼゼロ。思ったより流れも速い。手探《てさぐ》りで見つけたアンカーロープを握り、ありったけの手の力でロープをつたって水底へと潜行する。キーンと頭が締めつけられる冷たさ。水温を確認する余裕はなかったが、ダイビングが終わった後に確認したわたしのダイビングコンピューターには13℃と記録されていた。

海底に到着。水深は21mと浅くはないので、潜水可能な時間が限られる。視界は2m前後。少し動いただけでガイドの塩田さんを見失ってしまいそうだ。塩田さんに連れられて少

餌岩《えさいわ》に近づいてきたドチザメとわたし（撮影《さつえい》：塩田寛《しおたかん》）

し泳いでいくと、岩場があった。ここは通称「餌岩《えさいわ》」と呼ばれるポイントで、ここでドチザメの餌付けを行っているという。

黄色い籠《かご》の中から小魚を取り出し、塩田さんが餌岩の上に置いた。

すると、どこからともなく、平べったいアカエイが数尾泳いできてそのエサを食べはじめた。ドチザメはまだいないようだったので待っていたら、その数分の間にもアカエイはどんどん増えていき、彼らの行動も大胆《だいたん》になっていく。わたしの髪の毛をバリバリ齧ったり、正面からぶつかってきたり。ドチザメの姿を見逃《みのが》さないよう、しばしば手でアカエイをよけなければならなかった。その姿たるや、頭の上で大きなピザを勢いよくまわす熟練職人のように見えたかもしれない。

「サメ来たー！」

待つこと15分。4尾のドチザメが餌岩の近くへ泳いできた。大きさは1・5mほど、丸々としたメスだった。塩田さんいわく、8月前後はドチザメの出産シーズンで、5月のこの時期なので妊娠しているかもしれないとのこと。海の中で実際に生きているサメを目の当《まあ》たりにすると、思いも寄らぬことが観察できておもしろい。

わたしは恐《おそ》る恐《おそ》るエサの小魚を持ち、サメの顔のところへ近づけてみた。おとなしいサメとはいえ、まともに噛まれたら怪我《けが》は免《まぬが》れないだろう。

そんな気持ちをおそらく察することもなく、ドチザメは何食わぬ顔でわたしの手から小魚をするりと食べて泳ぎ去っていく。わたしがまたその餌岩でサメ待ちをしていると、続けて2尾目のサメが近づいてきた。彼女が岩の上に置かれたエサを一心不乱に食べている最中、わたしは優しくドチザメの頭を撫でた。そのときに愛らしい瞳《ひとみ》が一瞬《いっしゅん》、こちらを見たように思えて、わたしも思わず微笑み返した。

なお、野生生物の餌付けは、むやみやたらに行うと、自然界の生態系の破壊《はかい》につながりかねない。サメに限らず、野生生物に関わる際は、生態系のバランスを乱さないように気をつけたい。

サメレポ SHARK REPORT

水族館の人気者と泳ぐ 生《い》け簀《す》ダイビング

千葉県館山市

ジンベエザメの下をくぐり抜けると

伊戸のほかにもシャークダイビングを楽しめる国内のスポットは、増えている。そのひとつが、千葉県館山市の波左間《はさま》海中公園の「マンボウランド」だ。夏になると、漁港の定置網にジンベエザメが迷い込んでくることが少なくない。それを生け簀に移して、生け簀の中でジンベエザメと一緒に泳げるダイビングのサービスが提供されている。ジンベエザメは、沖縄《おきなわ》やフィリピン、メキシコなどの温かい海にいるイメージを持つ人も多いが、毎年夏ごろには千葉県沖に泳いでくることもあるようだ。

このサービスが提供されるのは、生け簀の中にジンベエザメがいるときだけだ。例年は7月ごろに最初のジンベエザメが迷い込み、水温が下がる秋ごろまでダイビングを楽しめるが、2014年から2016年にかけては、残念ながら、ジンベエザメが波左間に現れるこ

波左間《はさま》漁港の定置網《ていちあみ》に迷《まよ》い込《こ》んだ、子どもとおぼしきジンベエザメとわたし（撮影《さつえい》：久保 誠《くぼまこと》）

とはなかった。

２０１３年11月、わたしはジンベエザメに会いにいった。

素潜りで一緒に泳いでみた。

大きく息を吸い、水面で水平に浮かんだ後に頭を真下に下げ、いっきに深く潜る。目の前にジンベエザメが見える。身体《からだ》を反らせ、前方から泳いできたジンベエザメの下をくぐり抜けると、腹ビレに付属している小ぶりなクラスパー（生殖器《せいしょくき》）が見えた。全長５ｍほどのこの子は、オスだということがわかった。

ジンベエザメは、まだ回遊経路の全貌《ぜんぼう》がわかっていない。以前、近海で確認されたジンベエザメに、発信機をつけて調べてみる研究では、なんとグアム沖まで南下して泳いでいった。ジンベエザメは少なくとも、千葉県からグアム沖までの長距離《ちょうきょり》を、基本的には単独で回遊しているようだ。エサを求めて同じ場所に戻ってくる場合もあるらしい。ここ波左間の定置網に迷い込んだ彼も、想像以上の長旅をしてきたのかもしれない。

人気があって知名度の高いジンベエザメでさえも、まだまだ未知な部分が多い。謎の多い巨大生物が泳ぐ雄大《ゆうだい》な姿を目の当たりにするだけで、探究心をそそられワクワクも止まらなくなる。

これだから、わたしはシャークジャーナリストの仕事をやめられない。

サメレポ SHARK REPORT

ダイバーの夢、生きているヨシキリザメと泳ぐ日

宮城県石巻市《いしのまきし》

「世界でもっとも美しいサメ」

外洋を回遊するタイプのサメと、人間が遭遇する機会は少ない。それが飼育事例の少ないサメであったとしたら、生きている個体を見るチャンスはほとんどない。ヨシキリザメは、まさにそのようなサメだ。

フカヒレとしてはよく使われても、生きた状態でお目にかかることは難しい。そんなヨシキリザメの飼育展示を積極的に試みていた「仙台《せんだい》うみの杜《もり》水族館」は、「世界でもっとも美しいサメ」と紹介していた。

わたしのサメ好き仲間のひとりが、シャークダイビングを楽しむために南アフリカまで訪れ、そこで生まれてはじめて生きているヨシキリザメと遭遇したと熱く語っていたことを思い出した。ダイバーにとって、一生に一度出会えるかどうか、それがヨシキリザメなのであ

る。

そんな彼らとのダイビングを、日本で実現した男がいる。「宮城ダイビングサービス ハイブリッジ」代表の髙橋正祥《たかはしまさよし》さんだ。

宮城県石巻市の狐崎浜《きつねざきはま》では定置網漁が行われている。狐崎浜は、仙台のほぼ東、宮城県北東部から太平洋に向かって南東に突《つ》き出《だ》した牡鹿半島《おしかはんとう》の西岸に位置する。

南からの黒潮が三陸海岸に近づく夏の時期、サメが定置網の中に迷い込むことがある。髙橋さんは、漁が休みになる日曜日や祝日に、定置網の中に人が潜ってサメを見学するサービスを２０１３年夏にはじめた。そこで見られるサメのなかに、ヨシキリザメも含まれている。

定置網ダイビングが実現したきっかけは、たまたま漁師さんとの宴席《えんせき》で、髙橋さんが定置網の中に潜ってみたいと話したことだったそうだ。髙橋さんは前年の２０１２年７月に、石巻市でダイビングショップをはじめており、サービス拡充《かくじゅう》を模索《もさく》していた（２０１５年12月には、女川町《おながわちょう》に拠点《きょてん》を移した）。

定置網の中にダイバーが潜ることを許可するなんて、ふつうならありえないことである。まず、定置網の形状は〝企業《きぎょう》秘密〟であるから、それを好んで人に見せる人は少ない。さらには、本来は魚を獲るための網に人が潜ると、網に入った漁獲物が逃《に》げたり傷ついたりしかねない。また、網そのものが損傷してしまう可能性もある。定置網は、大きなものだとひとつ1億円くらいする高価なものだと聞いたことがある。それを壊《こわ》されては大損害だ。にもかかわらず、さまざまな装備を身に着けたダイバーが潜ることを許してくれるなんて、髙橋さんのお人柄《ひとがら》あってのことにちがいない。

海の中でゆらめくドレープカーテン

サメと対面できるスポットが増えるのはありがたいし、生きた個体とめったに会えないヨシキリザメとダイビングを楽しめるなんて、嬉《うれ》しいことこのうえない。だが、気になるのはサメとの遭遇率である。サメは神出鬼没《しんしゅつきぼつ》、漁が休みになるタイミングに合わせて、サメが定置網にかかってくれるものなのか、髙橋さんに尋ねてみた。

「このサービスをはじめた2013年以来、6月はほぼ毎週サメを見られる状況が続いています。7月から8月前半にかけても遭遇率は高いです。ヨシキリザメのほか、オナガザメの仲間やアオザメが定置網に入ったことがあります」

オナガザメの仲間やアオザメも、外洋性のサメだ。めったに遭遇できない彼らと、定置網の中で接近できる可能性があるとは、実に魅力的なダイビングスポットだ（ただし、期待の持てる6月から8月前半にかけても、気象条件次第ではダイビング自体が難しいこともあるという）。

暖流の黒潮が近づいて海水温が上がって20℃前後になると、三陸にカツオやシイラがやってきて、狐崎浜の定置網にもそれらが入り込む。サメたちも、エサを追いかけてきた先で、定置網に入ってくるのだろう。なお、水温が20℃以下だとマンボウともお目にかかれ、季節を問わずやってくるイワシの群れを見られるのも好評なのだそうだ。

わたしも、2016年8月に狐崎浜を訪ねた。快晴で気持ちのよい土曜日だった。通常なら、漁があるのでダイビングはできない日だが、年に何度かある網の入《い》れ替《か》え日《び》に当たり、幸運にも特別に定置網ダイビングを体験させてもらうことができた。

寒がりのわたしは、中に水が入ってこないドライスーツを着て漁船に乗り込む。出港してわずか5分の場所に、小型の定置網が設置されているのが見えた。

船の縁に座《すわ》り、体を丸めて、背中から海へエントリーする。

ドボンッ。

タンクの重みで水面からわずかに沈んだ体を立て直し、波のまったくない穏《おだ》やかな水面から顔を出して異常なく潜れることを示すOKサインを出す。浮力調整のジャケットから空気を抜きながら、仕《し》掛《か》けられた網の中へゆっくりゆっくり潜行した。

定置網の中は、太陽光が差し、網はドレープカーテンのように、優雅《ゆうが》でエレガントになびいている。

水深5mのところでは、キラキラと一面が光《ひか》り輝《かがや》いていた。イワシの群れだ。大きな口を開けてプランクトンを捕食しながら、網の中で同じ方向にぐるぐると渦巻《うずま》く。その中に紛《まぎ》れ込《こ》んだサバの子どもたちが背中の美しい迷彩模様を見せてくれる。突然《とつぜん》、群れが2つに割れた。大きなブリが尾ビレを力強く振《ふ》り、我《わ》が物顔《ものがお》に小魚たちを威嚇《いかく》する。幻想的《げんそうてき》な光景の連続に、わたしは何度も息をのんだ。だが、わたしが会うことを切望していたサメの姿を、この日、目にすることはできなかった。

美しい光のカーテンを背景に、「世界でもっとも美しいサメ」、ヨシキリザメが優雅に泳いでいたら……。

わたしは水深25mの網の底で水面を見上げながら、ひとり妄想《もうそう》に耽《ふけ》った。

船に上がって陸に戻ると、髙橋さんから嬉しい話を聞いた。ここ狐崎浜のほかにも、定置網でのダイビングサービス拡充に力を入れているのだという。

「このあたりは漁師さんのサメの目撃情報がとても多い海域です。黒潮と親潮の潮目や、タコ漁が盛んな金華山《きんかざん》の沖合など。まだ誰もその海域を確認していないだけで、宮城県はもっともっとサメのダイビングポイントがあるはずなんです」

金華山は、牡鹿半島の先端近くにある島のひとつだ。海岸付近で、まだまだ外洋性のサメと出会えるスポットがあるなんて。三陸がシャークダイビングの巡礼地になる日も近いのかもしれない。

サメ体験スポット 24

わたしがいま住んでいる近所の、東海大学海洋科学博物館はじめ、
本書に登場したさまざまなサービスや施設《しせつ》のインデックス。
ダイビングまではさすがに、という人でも、サメ三昧《ざんまい》を楽しめるはず。
ＨＰなどにもアクセスして、より詳《くわ》しい情報に接してほしい。
見たり、触《さわ》ったり、食べたり……本から飛び出して、いざサメの世界で
シャーキビリティＵＰ！

01	フィジー	ベガ・ラグーン・リゾート（ダイビングショップ兼ホテル）	餌付けをしたサメを観察できるポイント。オオテンジクザメ、レモンザメ、オグロメジロザメ、オオメジロザメ、ツマグロ、ツマジロなど。運がよければイタチザメを間近で見ることができる	Beqa Lagoon Resort, Fiji Islands Box 112 Deuba Pacific Harbour, Fiji Islands TEL：＋679-330-4042 ＋679-893-7700 FAX：＋679-331-5139 http://www.beqalagoonresort.com
02	静岡	東海大学海洋科学博物館	夏場限定で直径 5m のプールの中に入り、サメとタッチングできるイベントが開催されている。学芸員に人気のある水族館としてテレビで取り上げられた。常時展示されているのはシロワニやイズハナトラザメなど	〒424-8620 静岡県静岡市清水区三保 2389 TEL：054-334-2385 FAX：054-335-7095 http://www.umi.muse-tokai.jp/
03	静岡	長兼丸	カグラザメやオンデンザメなどの深海生物を漁獲することでテレビ番組にもたびたび取り上げられている。年に数回、一般向けの乗船イベント「長兼丸はえ縄漁体験会」を実施。お問い合わせはメールにて	〒425-0033 静岡県焼津市小川 3346 （長兼丸 乗船所） longline.chokane@gmail.com

04	静岡	日本板鰓類研究会	日本のサメ、エイ、ギンザメの調査研究の進歩と普及を図ることを目的に発足した研究会。隔年でシンポジウムも開催され、誰でも参加できるので、サメの研究者になりたい人は参加するべき。現会長は田中彰博士	〒424-8610 静岡県静岡市清水区折戸 3-20-1 東海大学海洋学部海洋生物学科 堀江研究室内 TEL：054-334-0411（代） FAX：054-337-0239 http://www.jses.info/
05	茨城	アクアワールド茨城県大洗水族館	サメの飼育展示種数が日本一の水族館なのでサメ好きならば必ず訪れるべきところ。エントランスには巨大なウバザメの剥製があり、圧巻。水族館オリジナルサメグッズを買うのもサメ好きの楽しみのひとつ	〒311-1301 茨城県東茨城郡大洗町磯浜町 8252-3 TEL：029-267-5151（代） FAX：029-267-5920 http://www.aquaworld-oarai.com/
06	沖縄	沖縄美ら海水族館	成熟したジンベエザメが展示されている唯一の水族館。エイの仲間が子宮内でミルクを摂取して成長していることを発見するなど、サメやエイの生殖の研究に力を入れている。「サメ博士の部屋」という展示が人気	〒905-0206 沖縄県国頭郡本部町字石川 424 TEL：0980-48-3748 FAX：0980-48-4444 https://churaumi.okinawa/
07	東京	株式会社アダチ版画研究所	浮世絵の技術を今に伝える木版画の版元。閑静な住宅街にあるショールームには浮世絵制作には欠かせないカスザメの鮫皮が展示されている。板に貼り付けられた鮫皮をどのように使っていたのかを学んでみては	〒161-0033 東京都新宿区下落合 3-13-17 TEL：03-3951-2681 https://www.adachi-hanga.com/
08	東京都小笠原	小笠原ダイビングサービスKAIZIN	父島にあるダイビングサービス。沼口が父島に住んでいたときに、縦延縄漁船のサメの漁獲の有無を毎日連絡してくれるなどお世話になった。シロワニに会うための「沼口と行く小笠原サメツアー」も開催	〒100-2101 東京都小笠原村父島字奥村 TEL：04998-2-2797 FAX：04998-2-2798 http://www.kaizin.com/
09	東京都小笠原	小笠原水産センター	父島にある東京都の水産試験場。沼口がサメの研究でお世話になった施設。通称「小さな水族館」と呼ばれる飼育観察棟があり、観光客に人気。当時はヤジブカ、ガラパゴスザメ、アカシュモクザメを飼育していた	〒100-2101 東京都小笠原村父島字清瀬 TEL：04998-2-2545 http://www.soumu.metro.tokyo.jp/07ogasawara/fish/index.html
10	大阪	海遊館（水族館）	ジンベエザメやシュモクザメなどが展示されている。あまり知られていないが、あらゆる水槽に多種多様なサメがいる。どの水槽に何ザメがいるのかを探したり議論したりすることが、サメ好きのひそかな楽しみ	〒552-0022 大阪府大阪市港区海岸通 1-1-10 TEL：06-6576-5501 http://www.kaiyukan.com/

11	宮城	安波ヶ丘 自然公園	気仙沼大島にある公園には明治29年に建立されたジンベエザメのお墓がある。看板などは何もないので、見つけるのは非常に困難。地元の人も知らないほどの穴場スポットでジンベエザメを拝んでみては	〒988-0632 宮城県気仙沼市横沼253
12	大分	大分マリーンパレス水族館「うみたまご」	職員さんが海で釣ってきたドタブカをはじめ、複数種のサメやエイを展示。台湾で見つかった妊娠していたジンベエザメの胎仔を生きたまま持ち帰り、数年間の飼育に成功したという輝かしい実績がある	〒870-0802 大分県大分市大字神崎字ウト3078-22 TEL：097-534-1010 FAX：097-534-1013 https://www.umitamago.jp/
13	宮城	気仙沼市 魚市場	日本一たくさんのサメが水揚げされる魚市場。気仙沼漁業協同組合のウェブサイトにて前日までに漁獲されたサメ情報が確認できる。早朝に行けば、建物2階からサメの水揚げや入札風景を見学できることもある	〒988-0037 宮城県気仙沼市魚市場前8-25 TEL：0226-22-7110（代） http://www.kesennuma-gyokyou.or.jp/
14	パプアニューギニア	トゥフィ リゾート （ダイビングショップ兼ホテル）	パプアニューギニアにある人気のダイビングスポット。運が良ければ、固有種のミッシェルエポレットシャークやアカシュモクザメを観察できる。ホテルリゾートも快適。お問い合わせは旅行会社「PNGジャパン」	Tufi Resort Oro Province-Papua New Guinea TEL：＋675-323-3462 PNGジャパン http://www.png-japan.co.jp/
15	東京	日本橋神茂	320年の歴史があるはんぺん、かまぼこ専門店。現在でも気仙沼や焼津からアオザメとヨシキリザメを直接仕入れて、こだわりのはんぺんをつくる。サメならではのふわふわ食感のはんぺんをぜひお試しあれ	〒103-0022 東京都中央区日本橋室町1-11-8 TEL：03-3241-3988 FAX：03-3279-3776 https://www.hanpen.co.jp/
16	東京	Spice Bar コザブロ	都内で唯一、サメカレーが常時メニューにあるレストラン。食材は宮城県気仙沼産のアオザメを使用。店主こだわりのスパイスが効いたカレーは絶品。本駒込駅から徒歩5分。サメのカルパッチョやサメ串もおススメ	〒113-0023 東京都文京区向丘2-34-8 1F TEL:03-6874-1597 https://www.facebook.com/SpicebarKOZABURO/
17	青森	タジルシ 有限会社 田向商店	青森県近海で水揚げされるアブラツノザメなどのサメを中心とした水産物の加工食品製造を行う。サメの蒲焼きは万人受けする人気商品。サメ関連の商品開発に熱い専務の売れ筋イチオシ商品はサメの煮付け	〒030-0901 青森県青森市港町2-23-14 TEL：017-741-0936 http://www.tamukaisyoten.com/

18	新潟	ナルス 南高田店 （スーパーマーケット）	上越市はお正月にサメを食べる文化が残っており、年末年始にはサメの切り身パックがスーパーにどかどかと並ぶ。年末に訪ねたときには食用としてモウカ（ネズミザメ）の「お頭」が売られていて驚いた	〒943-0884 新潟県上越市上中田北部土地区画整理事業地内1街区 TEL：025-523-8004 https://www.hnhd.co.jp/shops/minamitakada/
19	神奈川	八景島シーパラダイス （水族館）	千葉県館山市にある波左間海中公園のマンボウランドで保護、餌付けされたジンベエザメを展示したこともある。当時はジンベエザメのいる水槽でダイビングできるサービスがあり、とても人気だった	〒236-0006 神奈川県横浜市金沢区八景島 横浜・八景島シーパラダイス TEL：045-788-8888（テレフォンインフォメーション） http://www.seaparadise.co.jp/
20	静岡	神子元 ハンマーズ （ダイビングショップ）	伊豆半島の南に位置する神子元島周辺は、夏場にシュモクザメの群れが集まるダイビングスポットとして、世界中から注目されている。シュモクザメを専門に狙うダイビングスタイルが人気のダイビングサービス	〒415-0152 静岡県賀茂郡南伊豆町湊353-6 TEL：0558-62-4105 http://www.mikomoto.com/
21	千葉	伊戸 ダイビング サービス BOMMIE(ボミー)	千葉県館山市伊戸は東京湾の入り口に位置する。そこにあるドチザメを専門としたダイビングサービス。世界で唯一、数百尾のドチザメと戯れることができることから、外国人ダイバーからも注目されつつある	〒294-0314 千葉県館山市伊戸962 TEL：0470-29-1470 http://bommie.jp/
22	千葉	波左間 海中公園 マンボウランド	千葉県館山市の波左間漁港にあるダイビングサービス。マンボウランドという生け簀の中にいるジンベエザメとダイビングができるサービスを開催しているときがある。狙いは夏場。事前にお問い合わせを	〒294-0307 千葉県館山市波左間1012 TEL：0470-29-1648 FAX：0470-29-1647 http://hsmop.web.fc2.com/
23	宮城	仙台 うみの杜 水族館	2015年にオープンした新しい水族館。飼育が難しいヨシキリザメの飼育展示を試みている。美しいサメとして人気のヨシキリザメの展示成功は、サメ好きにとっても大きな関心ごとのひとつである	〒983-0013 宮城県仙台市宮城野区中野4-6 TEL：022-355-2222 http://www.uminomori.jp/umino/
24	宮城	宮城 ダイビング サービス ハイブリッジ	定置網ダイビングを開催する数少ないダイビングサービス。6月ごろが狙い目で、ヨシキリザメなどが定置網に迷い込んでくるため、運が良ければ、網の中で野生のヨシキリザメとダイビングをすることができる	〒986-2261 宮城県牡鹿郡女川町女川浜字大原1-42 シーパルピア女川D16 TEL：0225-90-4416 http://high-bridge1.com/

おもな参考資料

参考文献

◆『新版 魚類学（上）』 松原喜代松、落合 明、岩井 保　恒星社厚生閣　1979
◆『水産養殖学講座１ 魚類解剖学』 落合 明・編著　緑書房　1987
◆「Annotated checklist of the living sharks, batoids and chimaeras (Chondrichthyes) of the world, with a focus on biogeographical diversity」 Weigmann, S.　Journal of Fish Biology　doi:10.1111/jfb.12874　2016
◆『Rays of the World 』 Last,P.R., White,W.T., de Carvalho,M.R., Séret,B., Stehmann,M.F.W., Naylor,G.J.P.　Cornell University Press　2016
◆「尿素を利用する体液調節：その比較生物学 その１：軟骨魚類（サメ・エイ）を中心に」 兵藤 晋，今野紀文，内山 実　日本比較内分泌学会　比較内分泌学 34 巻 (2008) 130 号 pp. 137-145　2008
◆『ペンギンが教えてくれた物理のはなし』 渡辺佑基　河出ブックス　2014
◆「New Host and Ocean Records for the Copepod *Ommatokoita elongata* (Siphonostomatoida: Lernaeopodidae), a Parasite of the Eyes of Sleeper Sharks」 Benz,G.W., Lucas,Z., Lowry,L.F.　The Journal of Parasitology Vol. 84, No. 6 (Dec., 1998), pp. 1271-1274　1998
◆『鮫』 矢野憲一　法政大学出版局　1979
◆『知られざる動物の世界 11 サメのなかま』 ジョン・ドーズ　山口敦子・監訳　朝倉書店 2013
◆『化石から生命の謎を解く　恐竜から分子まで』 化石研究会・編集　朝日新聞出版　2011
◆『Sharks of the World 』 Ebert, D. A., Fowler, S. L., Compagno, L. J. V., Dando, M.　Wild Nature Press　2013
◆『日本産魚類検索 全種の同定 第三版』 中坊徹次・編　東海大学出版会　2013
◆『サメ・ウォッチング』 ビクター・G・スプリンガー　ジョイ・P・ゴールド（仲谷一宏・訳・監修）　平凡社　1992
◆『サメの自然史』 谷内 透　東京大学出版会　1997
◆『世界の美しいサメ図鑑』 仲谷一宏・監修　宝島社　2015
◆『美しき捕食者（プレデター）　サメ図鑑』 田中 彰・監修　実業之日本社　2016
◆『サメのおちんちんはふたつ』 仲谷一宏　築地書館　2003
◆『鮫の世界』 矢野憲一　新潮社　1976
◆「Slingshot feeding of the goblin shark *Mitsukurina owstoni* (Pisces: Lamniformes: Mitsukurinidae)」 Nakaya, K., Tomita, T., Suda, K.,et al.　Scientific Reports., 2016, Vol. 6, No. 27786, pp. 1–10　doi 10.1038/srep27786　2016
◆『生物の科学　遺伝 vol.62 no.3　軟骨魚類のふしぎ』 遺伝学普及会編集委員会　エヌ・ティー・エス　2008
◆「A symmoriiform chondrichthyan braincase and the origin of chimaeroid fishes」 Coates, M. I., Gess,R.W., Finarelli, J.A., Criswell, K.E., Tietjen, K.　Nature. 541, pp. 208–211　doi:10.1038/nature20806　2017
◆「*Chlamydoselachus africana*, a new species of frilled shark from southern Africa (Chondrichthyes, Hexanchiformes, Chlamydoselachidae)」 Ebert, D. A., Compagno, L. J. V.　Zootaxa, (2173), pp. 1-18　2009
◆『Biology of the Megamouth Shark』 Yano,K.,et al.　Tokai University Press　1997
◆「An acoustic tracking of a megamouth shark, *Megachasma pelagios*: a crepuscular vertical migrator」 Nelson,D.R., McKibben,J.N., Strong Jr.,W.R., Lowe,C.G., Sisneros,J.A., Schroeder,D.M., Lavenberg,R.J.　Environmental Biology of Fishes Vol. 49, Issue 4, pp. 389–399　1997
◆「講演録　メガマウスザメのふしぎ」 田中 彰　化石研究会会誌 49 巻１号，pp. 13–17　2016
◆「Reproduction and embryonic development of the sand tiger shark, *Odontaspis Taurus* (Rafinesque)」 Gilmore,R.G., Dodrill, J.W., Linley, P.A.,　Fishery Bulletin: Vol. 81, No.2, pp.201–225　1983

◆「New data on the distribution and size composition of the North Pacific spiny dogfish *Squalus suckleyi* (Girard, 1854)」Orlov,A.M., Savinykh,V.F., Kulish,E.F., Pelenev,D.V. Scientia Marina 76(1) March 2012, pp. 111-122 doi: 10.3989/scimar.03439.22C 2012
◆『魚のとむらい　供養碑から読み解く人と魚のものがたり』 田口理恵・編著　東海大学出版会　2012
◆『SHRAKS サメ 一海の王者たち一改訂版』 仲谷一宏　ブックマン社　2016
◆『海のギャング サメの真実を追う』 中野秀樹　成山堂書店　2007
◆「Great hammerhead sharks swim on their side to reduce transport costs」 Payne,N.L., Iosilevskii,G., Barnett,A., Fischer,C., Graham, R.T., Gleiss,A.C., Watanabe,Y.Y. Nature Communications, 7. pp.1-5 2016

参考WEBサイト

◆ **IUCN（国際自然保護連合）レッドリスト**
http://www.iucnredlist.org
◆ **International Shark Attack File（国際サメ被害目録）**
https://www.floridamuseum.ufl.edu/shark-attacks/
◆ **Chondrichthyan Tree of Life**
https://sharksrays.org
◆ **南極なう！　特別編 渡辺佑基「マグロは時速100キロで泳がない」（ナショナルジオグラフィック日本版）**
http://natgeo.nikkeibp.co.jp/nng/article/20140605/401161/
◆ **約400歳のサメが見つかる、脊椎動物で最も長寿（ナショナルジオグラフィック日本版NEWS）**
http://natgeo.nikkeibp.co.jp/atcl/news/16/081000304/
◆ **“処女懐胎”のトラフザメ、過去に通常の産卵も（ナショナルジオグラフィック日本版NEWS）**
http://natgeo.nikkeibp.co.jp/atcl/news/17/012000021/
◆ **アジアで初の公式記録 幻の巨大ザメ「メガマウス」の化石を沖縄で発見（沖縄美ら島財団プレスリリース）**
https://churashima.okinawa/userfiles/files/topics/pressrelease/nr_150121.pdf
◆ **The Sharkman（Alex Buttigiegのメガマウスザメ目録）**
http://sharkmans-world.eu/mega.html
◆ **環境省【魚類】海洋生物レッドリスト2017**
http://www.env.go.jp/nature/kisho/hozen/redlist/kaiyo_redlist_all.pdf
◆ **サメ類の国際的な漁獲動向と管理措置をめぐる最近の進展（TRAFFIC East Asia-Japan）**
http://www.trafficj.org/publication/J-2010-Trends_in_Global_Shark_Catch.pdf
◆ **Shark Attack: Cookiecutter Shark Makes First Documented Attack on Human in Hawaii**
http://abcnews.go.com/Technology/shark-attack-documented-cookiecutter-shark-attack-human-hawaii/story?id=14001710
◆ **エポレットシャークのサイト（Scott Michael）**
http://www.advancedaquarist.com/2004/6/fish
◆ **Big Fish Expeditions（Andy Murchのシャークダイビングのツアーサイト）**
http://bigfishexpeditions.com
◆ **FAO FISHERIES TECHNICAL PAPER 389**
http://www.fao.org/docrep/005/x3690e/x3690e00.htm
◆ **日本板鰓類研究会**
http://www.jses.info

本書を執筆するにあたり、多くの方々から
サメに関する情報やご助言、ご協力をいただきました。
心から感謝申し上げます。（五十音順、敬称略）

饗場空璃、赤松尚美、荒川寛幸、荒木美妃、有松真、石坂進、石澤燈太、石原元、一木重夫、井上啓、井部真理、岩瀬暖花、宇井賢二郎、大久保正昭、梶明広、上口幸雄、川島秀一、川田晃一、川辺勝俊、菊原崇夫、木村ジョンソン、久保誠、久保匡伸、熊谷牧子、黒澤靖大、黒田俊一、後藤友明、後藤ゆかり、小林康弘、齊藤正人、坂本衣里、櫻井誠、佐々木豊、佐藤圭一、佐藤春彦、佐藤文彦、鮫島百桃子、塩田 寛、篠原直道、下村実、杉崎周太郎、鈴木克美、鈴木啓司、瀬戸信吾、髙栞祐司、髙橋滉、髙橋正祥、高松琢弥、高嶺太一、田向常城、田村みどり、田村結、豊田朔弥、中村卓哉、西源二郎、にしおしょうこ、錦織一臣、西本康生、野口文隆、野原健司、長谷川久志、長谷川一孝、長兼丸ご家族の皆様、深澤壮志、福田航平、福島剛、堀江琢、増子均、松坂孝憲、的場浩司、水沢洋、水原猛、村田健、望月保志、森恭一、森力也、山田鉄也、山中一男、山西秀明、山本貴道、山本龍香、吉田ゆう、吉田義弘、吉沼優吉、脇谷量子郎、渡辺佑基、Andy Murch、Austin Gallagher、David Jacoby、Huahsun Hsu、Tré Packard、Yannis Papastamatiou

伊戸ダイビングサービスBOMMIE、魚津水族館、「海のハンター サメ 限界探検」（BSジャパン）の制作スタッフ、小笠原水産センター、沖縄美ら海水族館、国立極地研究所、サメサメ倶楽部、サメの街気仙沼構想推進協議会、水中造形センター、ダイビングサービスKAIZIN、東海大学海洋科学博物館、沼津港深海水族館、波左間海中公園、神子元ハンマーズ、宮城ダイビングサービス High-Bridge、そして東海大学海洋学部と、田中彰研究室のOBOG……お写真提供や取材にご協力をいただいたすべてのみなさん

最後に、長年にわたりご指導をいただき、
本書についてご教示くださった
東海大学海洋学部・田中彰教授に深く感謝申し上げます。

絵　寄藤文平
構成　萱原正嗣
装幀・デザイン　文平銀座／寄藤文平、鈴木千佳子
編集　石川真知子、加藤企画編集事務所
協力　BOA AGENCY

ほぼ命《いのち》がけサメ図《ず》鑑《かん》

著 者

沼《ぬま》口《ぐち》麻《あさ》子《こ》

1980年生まれ。静岡県在住。東海大学海洋学部を卒業後、

同大学院海洋学研究科水産学専攻修士課程修了。

在学中は小笠原諸島周辺海域におけるサメ相調査と

その寄生虫（Cestoda 条虫綱）の出現調査を行う。

現在は、世界で唯一の「シャークジャーナリスト」として、

世界中のサメを取材し、サメという生き物の魅力をメディアなどで発信している。

「サメ談話会」や「サメサメ倶楽部」を主宰。

Twitter https://twitter.com/sharkjournalist

Instagram https://www.instagram.com/sharkjournalist/

Facebook https://www.facebook.com/samezanmai/

2018年5月10日　第1刷発行

2018年5月29日　第2刷発行

発行者　渡瀬昌彦

発行所　株式会社 講談社

〒112-8001　東京都文京区音羽2-12-21

電話　編集 03-5395-3522　販売 03-5395-4415　業務 03-5395-3615

印刷所　慶昌堂印刷株式会社

製本所　株式会社国宝社

ISBN978-4-06-220518-4